Data Warehouse & Data Mining

Informatik

die Grundlagen | für die Praxis | Schritt für Schritt

Gerhard Heyer, Uwe Quasthoff, Thomas Wittig
Text Mining: Wissensrohstoff Text
Konzepte, Algorithmen, Ergebnisse

Christoph Engels
Basiswissen Business Intelligence

Martin Hesseler, Marcus Görtz
Basiswissen ERP-Systeme
Auswahl, Einführung & Einsatz
betriebswirtschaftlicher Standardsoftware

Thomas Allweyer
Geschäftsprozessmanagement
Strategie, Entwurf, Implementierung, Controlling

Heide Balzert
UML 2 in 5 Tagen
Der schnelle Einstieg in die Objektorientierung

Wirtschaft

die Grundlagen | für die Praxis | Schritt für Schritt

Klaus Mentzel
BWL für Manager
Das Wichtigste an Beispielen erklärt

Soft Skills

Petra Motte
Moderieren, Präsentieren, Faszinieren

Zu vielen dieser Bände gibt es »E-Learning-Zertifikatskurse« unter www.W3L.de.

Roland Gabriel
Peter Gluchowski
Alexander Pastwa

Data Warehouse & Data Mining

W3L-Verlag | Herdecke | Witten

Autoren:
Prof. Dr. Roland Gabriel
E-Mail: rgabriel@winf.ruhr-uni-bochum.de
Prof. Dr. Peter Gluchowski
E-Mail: peter.gluchowski@wirtschaft.tu-chemnitz.de
Dr. Alexander Pastwa
E-Mail: alexander.pastwa@sks-ub.de

Bibliografische Information Der Deutschen Bibliothek:
Die Deutsche Bibliothek verzeichnet diese Publikation in der Deutschen Nationalbibliografie. Detaillierte bibliografische Daten sind im Internet über http://dnb.ddb.de/ abrufbar.

Der Verlag und der Autor haben alle Sorgfalt walten lassen, um vollständige und akkurate Informationen in diesem Buch und den Programmen zu publizieren. Der Verlag übernimmt weder Garantie noch die juristische Verantwortung oder irgendeine Haftung für die Nutzung dieser Informationen, für deren Wirtschaftlichkeit oder fehlerfreie Funktion für einen bestimmten Zweck. Ferner kann der Verlag für Schäden, die auf einer Fehlfunktion von Programmen oder ähnliches zurückzuführen sind, nicht haftbar gemacht werden. Auch nicht für die Verletzung von Patent- und anderen Rechten Dritter, die daraus resultieren. Eine telefonische oder schriftliche Beratung durch den Verlag über den Einsatz der Programme ist nicht möglich. Der Verlag übernimmt keine Gewähr dafür, dass die beschriebenen Verfahren, Programme usw. frei von Schutzrechten Dritter sind. Die Wiedergabe von Gebrauchsnamen, Handelsnamen, Warenbezeichnungen usw. in diesem Buch berechtigt auch ohne besondere Kennzeichnung nicht zu der Annahme, dass solche Namen im Sinne der Warenzeichen- und Markenschutz-Gesetzgebung als frei zu betrachten wären und daher von jedermann benutzt werden dürften. Der Verlag hat sich bemüht, sämtliche Rechteinhaber von Abbildungen zu ermitteln. Sollte dem Verlag gegenüber dennoch der Nachweis der Rechtsinhaberschaft geführt werden, dann wird das branchenübliche Honorar gezahlt.

© 2011 W3L GmbH | Herdecke | Witten | ISBN 3-937137-66-7

Das Werk einschließlich aller seiner Teile ist urheberrechtlich geschützt. Jede Verwertung außerhalb der engen Grenzen des Urheberrechtsgesetzes ist ohne Zustimmung des Verlages unzulässig und strafbar. Das gilt insbesondere für Vervielfältigungen, Übersetzungen, Mikroverfilmungen und die Einspeicherung und Verarbeitung in elektronischen Systemen.

1. Auflage: August 2009
1. Nachdruck: Oktober 2011

Gesamtgestaltung: Prof. Dr. Heide Balzert, Herdecke
Herstellung: M. Sc. Kerstin Kohl, Witten; Dagmar Fraude, Witten
Satz: Das Buch wurde aus der E-Learning-Plattform W3L automatisch generiert. Der Satz erfolgte aus der Lucida, Lucida sans und Lucida casual.
Druck und Verarbeitung: CPI buchbücher.de gmbh, Birkach

Vorwort

Dieses Buch behandelt einen aktuellen Themenbereich der Informatik bzw. der Wirtschaftsinformatik. *Data Warehouse*-Systeme stellen Informationssysteme dar, die umfangreiche Datenmengen enthalten und die für anspruchsvolle betriebswirtschaftliche Analysen genutzt werden. In Abgrenzung zu den operativen, i.d.R. transaktionsorientierten Informationssystemen bzw. Datenbanksystemen (auch OLTP-Systeme genannt – *On Line Transaction Processing*-Systeme) werden die *Data Warehouse*-Systeme mitsamt den zugehörigen Aufbereitungs- und Auswertungskomponenten auch als analyseorientierte Systeme bezeichnet. OLAP *(On Line Analytical Processing)* repräsentiert in diesem Kontext eine Systemtechnologie, die multidimensionale Zugriffe auf die gespeicherten Daten ermöglicht. Anspruchsvolle Analysemethoden bieten die unterschiedlichen *Data Mining*-Verfahren.

Nach einer Einführung in den Themenbereich in Teil 1, in dem auch die Kategorien der konventionellen Managementunterstützungssysteme (*ManagementSupport*-Systeme) MIS, DSS, EIS und ESS behandelt werden, folgt in Teil 2 die Vorstellung der *Data Warehouse*- und OLAP-Systeme. Teil 3 greift die in Wissenschaft und Praxis intensiv diskutierten und genutzten *Data Mining*-Verfahren auf. Um ein besseres Verständnis der Lehrinhalte zu erreichen, begleitet eine Fallstudie das Buch.

Entscheidungsorientierte Systeme, heute oft auch als *Business Intelligence*-Systeme (BI-Systeme) bezeichnet, bilden einen Forschungsschwerpunkt der Autoren.

Alle Fachbegriffe, die im Text verwendet werden, erläutert ein Glossar, so dass dieses Lehrbuch auch ein Kompendium relevanter Begrifflichkeiten beinhaltet. Glossar und Index lassen den interessierten Nachschlager gesuchte Sachverhalte unmittelbar im erläuternden Kapitel finden.   Glossar

Der Buchaufbau und die didaktischen Elemente sind auf der vorderen Buchinnenseite beschrieben.   Didaktik

Kostenloser E-Learning-Kurs

Ergänzend zu diesem Buch gibt es den kostenlosen E-Learning-Kurs »Schnelleinstieg DW & DM«. Sie finden den Kurs auf der Website http://Akademie.W3L.de. Unter Startseite & Aktuelles finden Sie in der Box E-Learning-Kurs zum Buch den Link zum Registrieren. Nach der Registrierung und dem Einloggen geben Sie bitte die folgende Transaktionsnummer (TAN) ein: 3626789135.

Kostenpflichtiger E-Learning-Kurs

Zusätzlich gibt es zu diesem Buch einen umfassenden, gleichnamigen Online-Kurs mit Mentor-/Tutorunterstützung, der zusätzlich zahlreiche interaktive Übungen, Tests und Aufgaben enthält, und der mit qualifizierten Zertifikaten abschließt. Sie finden ihn ebenfalls unter http://Akademie.W3L.de.

Dank

Bedanken möchten wir uns bei den wissenschaftlichen Mitarbeitern Herrn Dipl-Ök. Tobias Hoppe für die fachliche Unterstützung und bei Herrn Dipl.-Ök. Son Le und Herrn Dipl.-Ök. Tom Domanski für die technische Gestaltung.

R. Gabriel, P. Gluchowski und A. Pastwa

Inhalt

1	**Einleitung ***	1
1.1	Einordnung und Abgrenzung *	1
1.1.1	Betriebliche Informations- und Kommunikationssysteme – Arten und Integrationsrichtungen *	2
1.1.2	Data Warehouse als integrierte Datenbasis analyseorientierter Informationssysteme *	6
1.1.3	OLAP *	10
1.1.4	Data Mining *	12
1.2	Historische Entwicklung *	16
1.2.1	MIS – Management Information-Systeme **	20
1.2.2	DSS – Decision Support-Systeme **	24
1.2.3	EIS – Executive Information- Systeme **	28
1.2.4	ESS – Executive Support-Systeme **	33
1.3	Fallstudie: TOPBIKE **	35
2	**Data Warehouse und OLAP ***	41
2.1	Grundlagen *	41
2.1.1	Einordnung und Komponenten des Data Warehouse-Konzeptes *	43
2.1.1.1	Data Warehouse-Architekturen und -Komponenten *	45
2.1.1.2	Prozesse zum Extrahieren, Transformieren und Laden von Daten **	49
2.1.2	OLAP – On-Line Analytical Processing *	52
2.1.2.1	Die zwölf OLAP-Evaluierungsregeln *	54
2.1.2.2	Multidimensionalität durch die Verwendung von Datenwürfeln *	57
2.1.2.3	Speicherkonzepte für OLAP-Lösungen **	59
2.1.2.4	Navigation in multidimensionalen Datenstrukturen *	60
2.1.2.5	Frontend-Techniken und -Funktionen *	61
2.1.3	Vorgehensmodell zur Gestaltung multidimensionaler Informationssysteme **	65
2.1.4	Einsatzbereiche multidimensionaler Informationssysteme *	69
2.2	Modellierung und Implementierung **	73
2.2.1	Bestandteile multidimensionaler Datenstrukturen **.	74
2.2.2	Gestaltung multidimensionaler Datenstrukturen bzw. -modelle **	78
2.2.3	Semantische Modellierung **	81
2.2.4	Implementierung mit multidimensionalen Datenbanksystemen **	90
2.2.5	Implementierung mit relationalen Datenbanksystemen **	93

2.3	Fallstudie: TOPBIKE – BI **	102
3	***Data Mining* – Datenmustererkennung ***	**115**
3.1	Grundlagen des *Data Mining* *	116
3.1.1	Treiber des *Data Mining* *	116
3.1.2	Auslegungen zum *Data Mining* *	120
3.1.3	Das CRISP-DM-Modell *	123
3.1.3.1	Überblick über das CRISP-DM-Modell *	124
3.1.3.2	*Business Understanding* *	125
3.1.3.3	*Data Understanding* – Auswahl und Sichtung der Daten *	127
3.1.3.4	*Data Preparation* – Datenaufbereitung *	128
3.1.3.5	*Data Modeling* – Anwendung der *Data Mining*-Verfahren *	134
3.1.3.6	Evaluation und *Deployment* *	138
3.1.4	Betriebswirtschaftliche Einsatzgebiete des *Data Mining* *	139
3.1.5	*Web Mining* und *Text Mining* als alternative Analyseansätze **	142
3.2	Ausgewählte Methoden des *Data Mining* ***	144
3.2.1	Künstliche Neuronale Netze ***	145
3.2.2	Entscheidungsbaumverfahren ***	151
3.2.3	Clusterverfahren ***	156
3.2.4	Verfahren zur Assoziationsanalyse ***	161
3.3	Fallstudie: TOPBIKE – *Data Mining* **	165
3.3.1	Fallstudie: TOPBIKE – *Business Understanding* (Phase1) **	166
3.3.2	Fallstudie: TOPBIKE – *Data Understanding* (Phase 2) **	174
3.3.3	Fallstudie: TOPBIKE – *Data Preparation* (Phase 3) **	180
3.3.4	Fallstudie: TOPBIKE – *Data Modeling* (Phase 4) **	185
3.3.5	Fallstudie: TOPBIKE – Evaluation und Deployment (Phase 5 und Phase 6) **	205
4	**Zusammenfassung und Ausblick ** **	**209**
Glossar		215
Literatur		225
Sachindex		232

1 Einleitung *

Im ersten Teil dieses Buches, der Einleitung, erfolgt zunächst eine Einordnung und Abgrenzung des gesamten Themenbereichs. Nach diesen einführenden Erläuterungen werden die konventionellen Managementunterstützungssysteme beschrieben, welche die betriebliche Praxis in den letzten Jahrzehnten als MIS, DSS, EIS und ESS erfolgreich nutzt und die die Basis für moderne analyseorientierte Systeme bilden. Die abschließende Präsentation einer Fallstudie dient dann im zweiten Teil als Grundlage zum Aufbau eines *Data Warehouse-* bzw. OLAP-Systems und im dritten Teil als praktisches Beispiel zum Einsatz von *Data Mining*-Methoden:

- »Einordnung und Abgrenzung«, S. 1
- »Historische Entwicklung «, S. 16
- »Fallstudie: TOPBIKE «, S. 35

Ausgehend von einem allgemeinen Überblick über die betrieblichen IuK-Systeme (Informations- und Kommunikationssysteme) bzw. Anwendungssysteme schließt sich die Vorstellung der beiden Schwerpunkte des zweiten und dritten Teils des Buches an, d. h. es folgt eine Einführung in das Themengebiet *Data Warehouse* und OLAP (Teil 2) und in den Bereich *Data Mining* (Teil 3):

- »Data Warehouse und OLAP«, S. 41
- »Data Mining – Datenmustererkennung«, S. 115

1.1 Einordnung und Abgrenzung *

Die folgenden Ausführungen geben eine Einordnung und Abgrenzung des Themenbereichs. Zunächst werden die betrieblichen IuK-Systeme (Informations- und Kommunikationssysteme) im Überblick dargestellt:

- »Betriebliche Informations- und Kommunikationssysteme – Arten und Integrationsrichtungen«, S. 2

Ziel ist die Beschreibung der betrieblichen Anwendungssysteme, die sich einerseits in Administrations- und Dispositionssysteme als operative Systeme einteilen lassen, und andererseits in analyseorientierte Systeme in Form von Planungs-, Entscheidungs- und Kontrollsystemen. Wichtig ist auch die Vorstellung der Integrationsrichtungen, die sich als horizontale und vertikale Integration anhand der Systempyramide sehr gut erklären lassen.

Die weiteren Betrachtungen beziehen sich auf die analyseorientierten Systeme, d. h. auf die *Data Warehouse-* und OLAP-Systeme, die im Folgenden grundlegend vorgestellt und später in Teil 2 detailliert erläutert werden:

- »Data Warehouse als integrierte Datenbasis analyseorientierter Informationssysteme«, S. 6
- »OLAP«, S. 10

Neben allgemeinen Definitionen erfolgt die Beschreibung des Architekturkonzeptes eines *Data Warehouse* einschließlich der zugehörigen OLAP-Komponenten *(On-Line Analytical Processing)*. Zur Analyse der Informationen stehen anspruchsvolle Methoden zur Verfügung, die im *Data Mining* zusammengefasst werden. Eine kurze Vorstellung der Methoden, die Teil 3 ausführlich behandelt, schließt dieses Kapitel ab:

- »Data Mining«, S. 12

1.1.1 Betriebliche Informations- und Kommunikationssysteme – Arten und Integrationsrichtungen *

Betriebliche Informations- und Kommunikationssysteme können in operative und analyseorientierte Informationssysteme unterteilt werden. Während die Verknüpfung operativer Informationssysteme entlang der Wertschöpfungskette deren horizontale Integration repräsentiert, beinhaltet die vertikale Integration eine Kopplung operativer und analyseorientierter Informationssysteme, insbesondere mit dem Ziel eines automatisierten Datenaustausches. Diese Zusammenhänge lassen sich in einer Systempyramide visualisieren.

Klassen von IuK-Systemen

Für heute am internationalen Markt erfolgreiche Unternehmungen sind moderne Hardware- und Softwaretechnologien unerlässlich. Ein wesentliches Element dieser Technologien stellen die betrieblichen IuK-Systeme (**Informations- und Kommunikationssysteme**) dar. Der Begriff Informa-

1.1 Einordnung und Abgrenzung *

tionssystem wird als globale Kategorie betriebswirtschaftlicher IT-Systeme verstanden und nicht ausschließlich als Subsystem im Sinne zielgerichteter Informationsbereitstellung [GGD08]. Informationssysteme dienen der Abbildung der Leistungs- und Austauschbeziehungen innerhalb einer Unternehmung sowie zwischen Unternehmungen und der Umwelt [HaNe05].

Die IuK-Systeme lassen sich in zwei Klassen unterteilen: Die erste Klasse wird durch die Administrations- und Dispositionssysteme (**operative Informationssysteme**) repräsentiert, die eine Aufgabenbearbeitung auf der operativen Ebene der Unternehmung begleiten bzw. unterstützen. Die zweite Klasse bilden die AIS (**analyseorientierten Informationssysteme**).[1] Ihre Aufgabe ist die entscheidungsgerechte Informationsversorgung der betrieblichen Fach- und Führungskräfte zu Analysezwecken, d. h. zur Unterstützung der **Planungs- und Entscheidungsprozesse** in Unternehmungen [ChGl06a].

Unterteilung in Klassen

Abgrenzung analyseorientierter von operativen Informationssystemen

Informationssysteme, deren Aufgabe es ist, operative und leistungserstellende Prozesse zu unterstützen, sind de facto in allen Unternehmungen in unterschiedlicher Ausprägung anzutreffen. Durch sie werden standardisierte Arbeitsvorgänge automatisiert. Der Einsatz derartiger operativer Systeme ist auf die Rationalisierung der administrativen Abläufe abgestimmt. Die in diesen Abläufen in großer Menge anfallenden **Daten** werden effizient verarbeitet und in operativen **Datenbanksystemen** gespeichert und verwaltet. Dadurch wird eine Verkürzung der Durchlaufzeiten von Prozessen erzielt [Müll00]. Operative Informationssysteme setzen sich aus einer Anzahl von Einzelsystemen zusammen, die zur Erledigung des Tagesgeschäfts notwendig sind.

Operative Informationssysteme

Derartige operative Informationssysteme lassen sich in Administrations- und Dispositionssysteme aufgliedern. Durch Administrationssysteme wird der Einsatz der Elementarfaktoren (Potenzial- und Verbrauchsfaktoren) im Leistungspro-

Administrations- & Dispositions-Systeme

---

[1] Diese Systeme wurden in der Vergangenheit häufig auch als MSS (Management Support Systeme) bezeichnet. Heute erfolgt dagegen oftmals die synonyme Verwendung des Begriffs *Business Intelligence*-Systeme.

zess einer Unternehmung dargestellt, dokumentiert und bewertet. Zum Einsatz kommen diese Systeme z. B. bei der Verwaltung von Kunden-, Lieferanten- und Produktstammdaten sowie bei der Erfassung, Bearbeitung und Kontrolle von Kundenaufträgen, Lagerbeständen, Produktionsvorgaben und Bestellungen. Die Dispositionssysteme unterstützen das untere und mittlere Management bei operativen, klar strukturierten Entscheidungssituationen. Beispiele hierfür sind Bestelldispositionssysteme oder das Mahnwesen einer Debitorenbuchhaltung [GGD08].

Information als Wettbewerbsfaktor

Der Faktor Information nimmt für die Wettbewerbsfähigkeit einer Unternehmung eine wichtige Stellung ein. Es werden nur die Unternehmungen Wettbewerbsvorteile erzielen, die durch den Einsatz innovativer Technologien schnell und flexibel auf sich rasch verändernde Marktfaktoren und Kundenbedürfnisse reagieren können. In den Datenbanken der operativen Informationssysteme findet sich eine beachtliche, jedoch nur unzureichend genutzte Menge an Daten. Wesentliche Informationen stehen den Entscheidungsträgern einer Unternehmung für Zwecke der Analyse und Entscheidungsfindung nicht zum richtigen Zeitpunkt oder in nicht geeigneter Form zur Verfügung. Deshalb wird auf allen Unternehmungsebenen und -bereichen der Zugang zu betrieblichen Informationen mit entsprechenden Analysemöglichkeiten verlangt, um diese Informationen für die jeweiligen Entscheidungen nutzbar zu machen.

Analyseorientierte Informationssysteme

Es müssen also Möglichkeiten geschaffen werden, um aus den umfangreichen unternehmungsinternen und unternehmungsexternen Datenbeständen personen-, problem- und situationsgerechte Informationen bereitzustellen. Analyseorientierte Informationssysteme bzw. *Business Intelligence*-Systeme bewältigen diese Aufgabe und versorgen die Fach- und Führungskräfte mit entscheidungsgerechten Informationen zu Analysezwecken [ChGl06a]. Häufig bieten sie dem Anwender eine mehrdimensionale Sicht auf die relevanten Datenbestände. Diese Sichtweise auf die Daten entspricht weitgehend dem Geschäftsverständnis der Fach- und Führungskräfte [Hahn06]. Eine intuitive Nutzbarkeit der analyseorientierten Informationssysteme, besonders die Möglichkeit einer flexiblen und interaktiven Generierung verschiedener Perspektiven auf den Datenbestand, ist der Haupt-

1.1 Einordnung und Abgrenzung

grund, weshalb diese Systeme heutzutage unverzichtbare Werkzeuge bei der Analyse entscheidungsrelevanter Informationen darstellen [Gluc01a].

Analyseorientierte Informationssysteme sind nicht als ein System zu verstehen, sondern setzen sich einzelfallbezogen aus verschiedenen Komponenten zusammen [Bang06]. Ein zentraler Baustein ist mit dem **Data Warehouse** gegeben, das selektierte und aufbereitete Informationen aus den operativen Vorsystemen speichert. Eng damit verknüpft ist die Komponente zum **OLAP** *(On-Line Analytical Processing)*, das eine schnelle Bereitstellung von mehrdimensionalen Daten zur Analyse bietet. Zur Visualisierung, Navigation und weiterführenden Auswertung lassen sich unterschiedliche *Frontend*-Werkzeuge nutzen. Die einzelnen Komponenten werden in den folgenden Kapiteln aufgegriffen und näher erläutert.

Komponenten eines analyseorientierten Informationssystems

Integrationsrichtungen in der Systempyramide

Die Wirtschaftsinformatik interpretiert den Begriff Integration z. B. als die Verknüpfung von Menschen, Aufgaben und Technik zu einem soziotechnischen System. Die aus der Unternehmungsorganisation gebildeten Funktions-, Prozess- und Abteilungsgrenzen sollen überwunden werden, indem der zugehörige Informationsfluss die realen Zusammenhänge der Vorgänge in der Unternehmung abbildet.

Definition »Integration«

Diese Integration lässt sich in einer Systempyramide abbilden. Hierbei kann, bezogen auf die Integrationsrichtung, zwischen horizontaler und vertikaler Integration unterschieden werden.

Integrationsrichtungen

Die Verknüpfung der Administrations- und Dispositionssysteme (operative Informationssysteme) entlang der betrieblichen Wertschöpfungskette stellt die horizontale Integration dar. Beispielsweise werden die Geschäftsprozesse bei der Abwicklung von Kundenaufträgen, von der Angebotserstellung bis zur Kundenzahlung, entlang der **Wertkette** horizontal integriert.

Horizontale Integration

Bei der vertikalen Integration steht heute die Bereitstellung der Daten von Administrations- und Dispositionssystemen für die Nutzung in analyseorientierten Informationssystemen im Vordergrund [MBK+01], indem Teilsysteme verschie-

Vertikale Integration

1 Einleitung *

dener Stufen miteinander verknüpft werden und sich dadurch ein Informationsfluss über die Hierarchieebenen hinweg ergibt. Die Abb. 1.1-1 verdeutlicht diese Zusammenhänge.

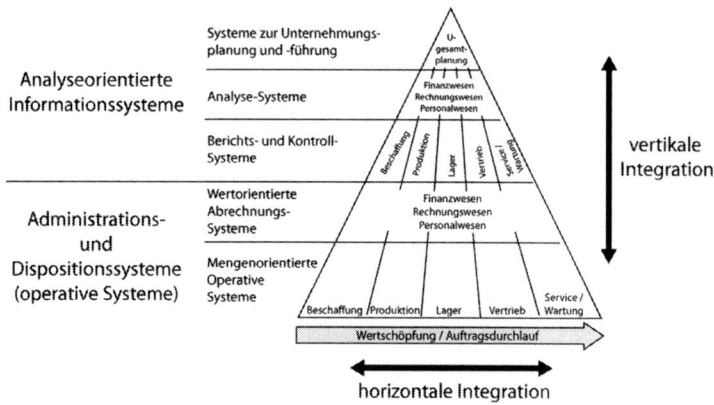

Abb. 1.1-1: Integrationsrichtungen in der Systempyramide.

1.1.2 *Data Warehouse* als integrierte Datenbasis analyseorientierter Informationssysteme *

Ein *Data Warehouse* stellt eine unternehmungsweite Datenbasis für Zwecke der Analyse und Entscheidungsvorbereitung dar. Die gespeicherten Daten müssen inhaltlich konsistent und harmonisiert abgelegt werden, um den Informationsbedarf des Managements in geeigneter Art abdecken zu können. Der strukturelle Aufbau eines *Data Warehouse* ist stets von spezifischen Anforderungen und der vorhandenen Infrastruktur abhängig.

Data Warehouse als Lösungsansatz

Die Hauptaufgabe **analyseorientierter Informationssysteme** besteht in der Bereitstellung von Informationen und Bearbeitungsfunktionalitäten für Fach- und Führungskräfte. Die Ansammlung, Verdichtung und Zurverfügungstellung entscheidungsrelevanter Inhalte kann jedoch nur auf der Basis einer fehlerbereinigten und konsistenten **Daten**haltung erfolgen [GGD08, S. 266]. Die Datenbanken der operativen Systeme erweisen sich als dafür ungeeignet. Sie dienen vor

1.1 Einordnung und Abgrenzung

allem der Verarbeitung von **Transaktionen** und sind meist auf spezielle Funktionsbereiche ausgerichtet. Die spezifischen Daten und Funktionen sowie die Heterogenität der operativen Systeme verhindern, dass sich ein konsistentes Gesamtbild der Unternehmungsdaten und des Marktgeschehens einstellt. Vielmehr erweist sich eine systematische Zusammenführung der operativen Datenbestände als notwendig, um das Management mit entscheidungsunterstützenden Daten zu versorgen [Grof97, S. 8 ff.]. *Data Warehouse*-Konzepte bieten hierzu geeignete und leistungsfähige Lösungsansätze an.

Definition *Data Warehouse*

Der Begriff *Data Warehouse* wurde Mitte der 1980er Jahre geprägt [Devl97, S. 7 ff.]. Unter einem *Data Warehouse* ist kein käufliches Produkt zu verstehen, sondern ein Konzept, das beschreibt, wie eine logisch einheitliche, konsistente Datensammlung für die Managementunterstützung gestaltet und betrieben werden kann [Grof97, S. 10]. Das *Data Warehouse* beinhaltet somit eine von den operativen DV-Systemen physikalisch getrennte Datenbank, die als unternehmungsweite Datenbasis die Aufgabe hat, Informationen inhaltsorientiert, integriert und dauerhaft zur Entscheidungsunterstützung zu sammeln, zu transformieren und zu verteilen [Muck06, S. 421]. Im Folgenden werden Merkmale, Komponenten und Erscheinungsformen von *Data Warehouse*-Lösungen kurz dargestellt.

Data Warehouse als Konzept

Merkmale, Komponenten und Architekturformen eines *Data Warehouse*

Idealtypische Merkmale eines *Data Warehouse*

Inmon, einer der Begründer des *Data Warehouse*-Gedankens, beschreibt die idealtypischen *Merkmale* eines *Data Warehouse* folgendermaßen: »*A Data Warehouse is a subject oriented, integrated, non volatile and time variant collection of data in support of management's decisions.*« [Inmo96, S. 33].

Idealtypische Merkmale

Die gespeicherten Daten im *Data Warehouse* sollen sich folglich auf inhaltliche Themenschwerpunkte konzentrieren

Daten im Data Warehouse

und ausschließlich nach dem Informationsbedarf des Managements richten. Dabei sind die internen Daten aus den operativen Vorsystemen zu vereinheitlichen sowie um externe Daten zu ergänzen, um eine inhaltlich konsistente Datensammlung zu erhalten. Im *Data Warehouse* wird eine beständige Bevorratung von Zeitreihendaten angestrebt. Darin unterscheidet es sich von den operativen Systemen, denn dort werden die vorhandenen Daten häufig aktualisiert und verändert. Der Zeithorizont der gespeicherten Daten ist im *Data Warehouse* mit etwa 3 bis 10 Jahren um ein Vielfaches höher als in den operativen Systemen. Jedoch reicht die Aktualität der abgelegten Daten nur bis zum Zeitpunkt der letzten Datenübernahme, was allerdings für eine Managementunterstützung in aller Regel vollkommen ausreicht [Inmo96, S. 35 ff.].

Komponenten eines *Data Warehouse*

Importkomponente

Die *Importkomponente* des *Data Warehouse* verfolgt das Ziel, in regelmäßigen Zeitabständen festgelegte Dateninhalte über eine Schnittstelle mittels Transformationsprogrammen aus den internen operativen Datenquellen und den externen Datenquellen zu lesen, zu vereinheitlichen, ggf. zu aggregieren und anschließend in die zentrale Datenbasis zu übertragen. Für diesen Import der Daten in das *Data Warehouse* werden häufig ETL-Werkzeuge[2] genutzt. Im Idealfall existiert nur eine ETL-Schnittstelle zwischen den datenliefernden Vorsystemen und dem *Data Warehouse* [Muck06, S. 179 ff.].

Verwaltungskomponente

Die Verwaltungskomponente des *Data Warehouse* (*Data Warehouse* i. e. S.) hat die Aufgabe, die umfangreichen Datenbestände in geeigneter Form und dauerhaft zu organisieren, und nutzt dazu unterschiedliche Speicherbereiche und -technologien. Dabei müssen Daten aus allen angebundenen Unternehmensbereichen in verschiedenen Verdichtungsstufen abgelegt werden [Muck06, S. 176 ff.]. Zusätzlich zu den Problemdaten enthält das *Data Warehouse* auch **Metadaten**, die in einem Metadatenbanksystem hinterlegt sind, welches verschiedene DV-technische und betriebswirtschaftliche Informationen über die abgelegten Inhalte aufweist. Eine weitere Verwaltungskomponente ist das Archivierungssystem,

---

[2] ETL steht für Extraktion, Transformation und Laden.

das für die Sicherung und die Archivierung der Datenbestände sorgt [Muck06, S. 182 ff.]. Das *Data Warehouse* kann auch kleinere, separate Speichersysteme umfassen, die als **Data Marts** bezeichnet werden.

Die Zugriffskomponente des *Data Warehouse* bietet definierte Schnittstellen, über die auf die abgelegten Inhalte zugegriffen werden kann. Häufig erfolgt dieser Zugriff mittels spezieller Endbenutzerwerkzeuge *(BI-Frontend-Tools)*, über die beispielsweise eine multidimensionale Sichtweise auf die Datensammlung im Sinne der **OLAP**-Technologie gewährleistet ist. Darüber hinaus lassen sich die Daten auch für einfache Berichte oder mit anspruchsvollen **Data Mining-Systemen** nutzen.

Zugriffskomponente

Architekturformen

Die *architektonische Umsetzung* des *Data Warehouse*-Konzeptes ist stets abhängig vom Aufbau und von der Organisation der jeweiligen Anwenderunternehmung sowie der vorhandenen DV-Infrastruktur. Ein *Data Warehouse* kann, in Abhängigkeit von den spezifischen Anforderungen, als zentrale oder verteilte Datenbasis analyseorientierter Informationssysteme sowie mit beliebigen Mischformen implementiert werden. Ein gänzlicher Verzicht auf eine zusätzliche physische *Data Warehouse*-Datenbasis, wie einige Zeit lang mit dem Konzept des virtuellen *Data Warehouse* propagiert [Grof97, S. 13], dürfte sich jedoch nur in Ausnahmefällen als zielführend erweisen.

Architektur

Das *Data Warehouse*-Konzept bietet einen architektonischen Rahmen für die Ansammlung, Verdichtung, Selektion und Bereitstellung entscheidungsrelevanter Daten für das Management und bildet damit die zentrale Datenbasis für alle Spielarten analyseorientierter Informationssysteme in einer Unternehmung. Die folgende Abb. 1.1-2 visualisiert die einzelnen Komponenten des *Data Warehouse*-Konzeptes zusammenfassend in grafischer Form. In der Mitte der Abb. 1.1-2 befindet sich das *Data Warehouse*, das von den unten stehenden Vorsystemen mit Informationen gespeist wird. Über die in der Abb. 1.1-2 oben angeordneten Endbenutzerwerkzeuge lässt sich das *Data Warehouse* nutzen.

Fazit

1 Einleitung *

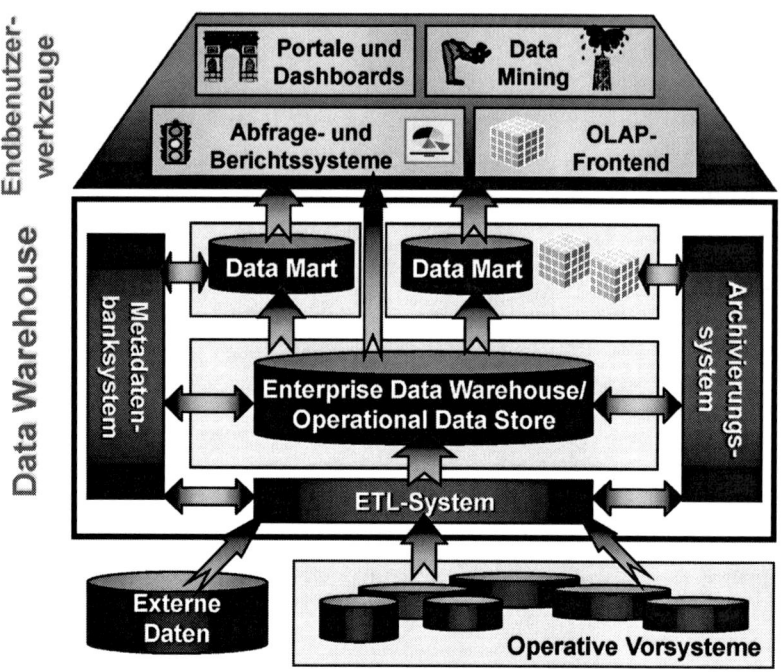

Abb. 1.1-2: Architekturkomponenten und Datenflüsse in *Data Warehouse*-Lösungen.

1.1.3 OLAP *

Die transaktionsorientierte Datenverarbeitung operativer Informationssysteme konzentriert sich auf die rasche Verarbeitung der Eingaben zahlreicher angeschlossener Endbenutzer und erweist sich durch diesen Einsatzschwerpunkt als kaum geeignet für die Durchführung anspruchsvoller und komplexer Analysen auf den vorliegenden Daten. OLAP *(On-Line Analytical Processing)* verspricht dagegen als Softwaretechnologie geeignete Sichtweisen auf und Navigationsmöglichkeiten in den Daten, um Fach- und Führungskräften einen angemessenen und nutzbaren Zugang zu eröffnen.

OLTP-Systeme

Die Forderung der Führungskräfte nach aufbereiteten und konsolidierten **Daten** zur Erfüllung analyseorientierter Aufgaben ist mit den operativen (OLTP)-Informationssystemen

(*On-Line Transaction Processing*) nicht unmittelbar zu erfüllen. Unter OLTP ist ein Benutzungsparadigma von **Datenbanksystemen** zu verstehen, bei dem die Verarbeitung von Transaktionen, also Lese- und Schreiboperationen, in Echtzeit (online) auf kurzfristig veränderlichen Datenbeständen im Vordergrund steht. OLTP-Datenbanken speichern typischerweise nur den aktuellen Datenzustand, der abgefragt oder mittels Transaktionen aktualisiert werden kann. Beim OLTP stehen die Transaktionssicherheit bei parallelen Zugriffen, Minimierung der Antwortzeit von einzelfallbezogenen Detailabfragen sowie ein möglichst hoher Datendurchsatz im Vordergrund. Die Transaktionskriterien der OLTP-Technologie stellen die Konsistenz der Datenbank sicher. OLTP-Systeme finden im operativen Tagesgeschäft der Unternehmung ihre Anwendung [Mull93].

Die wohlstrukturierten OLTP- Datenbestände, die aufgrund der notwendigen **Normalisierung** aus vielen flachen Tabellen bestehen, verhindern eine ganzheitliche Sicht auf die benötigten Informationsobjekte. Aus diesem Grund erweisen sich die operativen-Systeme wegen ihrer fragmentierten und verarbeitungsbezogenen Datenhaltung als ungeeignete Werkzeuge für Analysezwecke [ChGl06b]. Einen besseren technologischen Zugang zu entscheidungsrelevanten Daten verspricht dagegen die *OLAP*-Technologie.

Defizite von OLTP-Systemen

Der Begriff OLAP (*On-Line Analytical Processing*) ist in bewusster Abgrenzung zum OLTP *(On-Line Transaction Processing)* von [CCS93] gebildet worden. Insgesamt hebt OLAP teils aus fachlicher, teils auch aus systemtechnischer Perspektive die Aspekte hervor, die für eine anforderungsgerechte Nutzung analyseorientierter Systeme unabdingbar sind. Demgemäß repräsentiert *On-Line Analytical Processing* eine Softwaretechnik, die Managern wie auch qualifizierten Mitarbeitern aus den Fachabteilungen schnelle, interaktive und vielfältige Zugriffe auf relevante und konsistente Informationen ermöglichen soll [ChGl06b]. Im Vordergrund stehen dabei dynamische und multidimensionale Analysen auf historischen, konsolidierten Datenbeständen.

Definition OLAP

1 Einleitung *

Geschäftssicht des Endanwenders

Informationssysteme, die betrieblichen Fach- und Führungskräften bei ihren Entscheidungsaufgaben wertvolle Unterstützung liefern wollen, müssen sich an dem Geschäftsverständnis bzw. an der Sichtweise auf die eigene Unternehmung orientieren. Vor allem multidimensionale Perspektiven auf verfügbare quantitative Datenbestände haben sich als geeignet erwiesen, um den Mitarbeitern einen flexiblen und intuitiven Zugang zu den benötigten Informationen zu eröffnen.

Multidimensionalität

Unter Multidimensionalität ist hierbei eine bestimmte Form der Anordnung quantitativer, betriebswirtschaftlicher Größen zu verstehen, die relevantes Zahlenmaterial simultan entlang unterschiedlicher Klassen logisch zusammengehöriger Informationsobjekte aufgliedert und dadurch mit der naturgemäß mehrdimensionalen Problemsicht der Unternehmungsanalytiker weitgehend korrespondiert. Bedeutsame Dimensionen sind z.B. Kunden, Artikel und Regionen, entlang derer sich betriebswirtschaftliche Kenngrößen (wie z.B. Umsatz oder Deckungsbeitrag) im Zeitablauf untersuchen lassen. Als charakteristisch erweist sich, dass die Elemente einer Dimension hierarchische Beziehungen aufweisen und dadurch Navigationspfade für den Endanwender wie auch Verdichtungspfade für die zugehörigen Zahlenwerte bestimmt werden (Umsatz einer Artikelgruppe als Summe der Umsätze zugehöriger Einzelartikel).

Fazit

OLAP repräsentiert eine Software-Technologie, die entsprechend dem Geschäftsverständnis des Endanwenders geeignete Sichtweisen auf das zugrunde liegende Datenmaterial und leistungsfähige Optionen zur Navigation im Datenbestand eröffnet. OLAP folgt dabei dem Paradigma der Multidimensionalität.

1.1.4 *Data Mining* *

Mittels DM *(Data Mining)* können in grossen Datenmengen verborgene, aber wertvolle Muster und Strukturen identifiziert werden. Den Untersuchungen liegt zumeist ein strukturiertes Vorgehensmodell zugrunde. Die Anwendungsbereiche der gewonnenen Erkenntnisse erweisen sich als sehr vielfältig.

1.1 Einordnung und Abgrenzung *

Die Vermutung, dass in den Datenbanken der Unternehmungen wertvolle Informationen versteckt sind, die mit den konventionellen Mitteln der Datenanalyse nicht entdeckt werden können, ließ die Forschungsdisziplin des *Data Mining* entstehen. *Data Mining* beschreibt die effiziente Suche nach verborgenen, aber wertvollen Mustern in großen unternehmungsinternen und -externen Datenmengen sowie deren Interpretation und Anwendung. Die zu gewinnenden Informationen sind dabei nicht offensichtlich. Im Gegensatz zur induktiven Statistik, bei der vorformulierte und zu überprüfende Hypothesen den Ausgangspunkt der Analyse darstellen, soll durch die Datenmustererkennung des *Data Mining* neues entscheidungsrelevantes Wissen weitgehend hypothesenfrei generiert werden können [ScMü01, S. 60].

Entstehungsgeschichte des Data Mining

Data Mining als Teilprozess des *Knowledge Discovery* in Databanken

Oftmals wird *Data Mining* (DM) als autonomer Prozess der Datenmustererkennung dargestellt. *Data Mining* kann jedoch auch als ein Teilprozess des KDD (**Knowledge Discovery in Databases**) verstanden werden. Dieser Gesamtprozess umschreibt die interaktive und iterative Entdeckung und Interpretation von nützlichem Wissen aus Datenbeständen [Düsi06, S. 347].

Data Mining als autonomer Prozess oder Teilprozess

Das in der *Data Mining*-Literatur etablierte *Vorgehensmodell von Fayyad* et al. [FPS96a, S. 9] strukturiert den KDD-Prozess in 5 Teilprozesse (Abb. 1.1-3):

Vorgehensmodell nach Fayyad

- Zunächst muss im Rahmen der Datenauswahl der Anwendungsbereich erfasst werden. Nach Festlegung des Untersuchungsgegenstandes lassen sich problemadäquate Daten bestimmen.
- Im Anschluss daran sind die Daten aufzubereiten und zu bereinigen, um die Qualität des Datenbestandes zu verbessern. Die Datenvorverarbeitung hat zum Ziel, einen auswertungsfähigen Datenbestand zu generieren.
- Durch Datenbereinigung und Datenreduktion wird der zu untersuchende Datenbestand gemäß der Zielsetzung in eine geeignete Form transformiert. Der Einsatz eines **Data Warehouse** kann diese bisherigen Teilprozesse vereinfachen und beschleunigen, da es dessen originäre

Aufgabe ist, regelmäßig und systematisch Daten zusammenführen.
- Den Kernprozess des KDD stellt das *Data Mining* dar. Durch die Auswahl und Anwendung geeigneter Methoden sollen, bezüglich des betrachteten Untersuchungsgegenstandes, Muster und Beziehungen in den Daten entdeckt werden.
- In einem letzten Teilprozess sind die gewonnenen Informationen auf ihre Plausibilität hin zu untersuchen und in geeigneter Form für den Betrachter zu visualisieren. Das Ziel des KDD-Prozesses ist die Generierung von Wissen aus den Erkenntnissen der Untersuchung [Küst01, S. 97 ff].

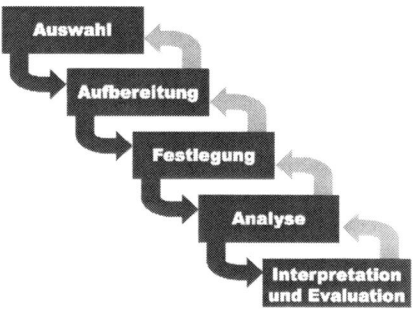

Abb. 1.1-3: *Data Mining*-Vorgehensmodell.

Eignung des *Data Mining*

Zusätzlich zu Inspiration, Wissenstransfer und zufälligen Ereignissen sind vor allem Daten und Beobachtungsaussagen die Objekte, aus denen mittels **Induktion** Gesetzmäßigkeiten abgeleitet werden können. Das *Data Mining* ist bestens dazu geeignet, Informationen aus vorliegenden Daten zur Theorieentwicklung zu gewinnen. Durch die Entdeckung von Mustern oder Strukturen in den Datenbeständen können Hypothesen aufgestellt werden, deren Überprüfung sodann mit Hilfe neuer Datensätze und **konfirmatorischer Verfahren** erfolgt. Dabei kann allein das Entdecken von Strukturen bereits ökonomisch wertvoll sein.

1.1 Einordnung und Abgrenzung *

Anwendungsbereiche des *Data Mining*

Im Wesentlichen haben sich mit der Segmentierung, Klassifizierung, Assoziation und Vorhersage vier *Einsatzbereiche* für *Data Mining*-Anwendungen herausgebildet. In diesem Abschnitt erfolgt lediglich eine Skizzierung dieser Anwendungsgebiete, da sich ein separater Teil mit diesem Themenbereich ausführlich befasst.

Einsatzbereiche

Die **Segmentierung** *(Clustering)* ermöglicht das Aufspüren von Gemeinsamkeiten und Ähnlichkeiten, aber auch von Unterschieden der Daten verschiedener Datenobjekte und die schrittweise Einteilung in nicht vordefinierte Klassen und Gruppen. Als eine mögliche Methode wird die Clusteranalyse z. B. bei der Kundensegmentierung eingesetzt, um individuelle Produkte bzw. Dienstleistungen den gefundenen homogenen Zielgruppen zuordnen zu können. Zur Durchführung dienen häufig **künstliche neuronale Netze** [GaRö03, S. 344].

Segmentierung

Eine **Klassifizierung** wird dagegen dann vorgenommen, wenn die die Gruppen und Klassen, denen die zu untersuchenden Objekte des Datenbestandes zugeordnet werden sollen, bereits vorgegeben sind. Die Klassenzugehörigkeit der Objekte stellt sich hierbei anhand gegebener Merkmale heraus. Eine Ableitung typischer Verhaltensregeln für die einzelnen Objekte ist dadurch möglich. Zur Klassifizierung können die Analyseverfahren Diskriminanzanalyse, künstliche neuronale Netze oder Entscheidungsbäume angewendet werden [Schw99, S. 59].

Klassifizierung

Unter Assoziation ist die Aufdeckung von Mustern und kausalen Abhängigkeiten zwischen einzelnen Objekten des Datenbestandes mit Hilfe von Regeln zu verstehen. Formal erklären diese Regeln, dass mit dem Eintritt der Ereignisse $X_1,...,X_n$ mit einer bestimmten Wahrscheinlichkeit auch die Ereignisse $Y_1,...,Y_m$ auftreten.

Assoziation

Das Ergebnis einer Assoziationsregel kann beispielsweise lauten, dass jemand, der beim Einkauf gleichzeitig Bier und Chips kauft, auch mit einer Wahrscheinlichkeit von 85 Prozent Salzstangen erwirbt. Diese Regel gilt es, durch die Analyse des Datenbestandes zu verifizieren. Als klas-

Beispiel

sische Methode findet hier die Assoziationsanalyse ihre Anwendung [Schw99, S. 57].

Vorhersage — Eine Prognose ist mit *Data Mining*-Methoden ebenfalls möglich. Auf Basis einer geschätzten funktionalen Beziehung werden die zukünftigen Werte einer abhängigen quantitativen Variable prognostiziert. Hier kommen insbesondere die Analyseverfahren Regressionsanalyse, künstliche neuronale Netze oder Entscheidungsbäume zum Einsatz [Lusti02, S. 265 ff.].

Fazit — DM *(Data Mining)* bzw. KDD *(Knowledge Discovery in Databases)* bieten als wissenschaftliche Disziplin Vorgehensmodelle und insbesondere Methoden, um aus umfangreichen Datenbeständen signifikante und ökonomisch relevante Muster zu identifizieren und einer Nutzung zuzuführen.

1.2 Historische Entwicklung *

Computergestützte Informationssysteme lassen sich in operative und analyseorientierte Informationssysteme einteilen. Speziell bei den analyseorientierten Informationssystemen erweist sich eine weitere Unterteilung und Abgrenzung in der Praxis als kaum trennscharf durchführbar, dennoch kann eine Kategorisierung den Blickwinkel auf benötigte Werkzeuge und Einsatzgebiete fokussieren. Aus der chronologischen Entwicklung lassen sich einige Katagorien analyseorientierter Informationssysteme in der historischen Entstehung identifizieren, wie die folgenden Ausführungen belegen.

Einführung MSS — Seit mehr als 40 Jahren werden computergestützte **Informationssysteme** entwickelt, die der Unterstützung des Managements dienen sollen. Diese MSS *(Management Support Systeme)* sind auch heute noch in einer schier unüberschaubaren Vielfalt verfügbar und im Einsatz. Sie bieten spezifische DV-Lösungen für konkrete Problemstellungen bzw. Nutzergruppen, aber auch Werkzeuge *(Tools)* für die einfache und flexible Erstellung von **Managementapplikationen** [GGD08]. Viele dieser Systeme konnten jedoch aus unterschiedlichen Gründen die an sie gestellten Erwartungen nicht erfüllen [ChGl06a].

1.2 Historische Entwicklung *

Eine Klassifikation der etablierten Systemkategorien lässt sich gemäß der chronologischen Abfolge vornehmen. Entsprechend werden zunächst die MIS (*Management Information Systeme*) betrachtet, die der reinen Informationsversorgung des Managements dienen:

Grobe Untergliederung MSS

- »MIS – Management Information-Systeme«, S. 20

Anschließend erfolgt die Behandlung der DSS (*Decision Support Systeme*), deren Aufgabenbereiche nicht nur die Informationsversorgung, sondern vor allem die Entscheidungsunterstützung des Managements einschließen:

- »DSS – Decision Support-Systeme «, S. 24

Die darauf folgenden EIS (*Executive Information Systeme*) zeichnen sich vor allem durch einen verbesserten Informationszugang für das Management sowie durch eine zusätzliche Kommunikationsunterstützung aus:

- »EIS – Executive Information-Systeme«, S. 28

Durch eine Integration von EIS und DSS ergibt sich die Systemkategorie der ESS (*Executive Information Systeme*):

- »ESS – Executive Support-Systeme«, S. 33

Die Zusammenfügung der unterschiedlichen Systemklassen MIS, DSS, EIS und ESS führt schließlich zu einem systemorientierten und »naiven« Verständnis der *Management Support*-Systeme, wie sie in der Abb. 1.2-1 dargestellt ist [LLS06].

Die terminologischen Abgrenzungen sind in der Praxis nicht in voller Schärfe aufrecht zu halten und wohl eher von akademischem Interesse. Für den Praktiker ist weniger die Bezeichnung eines computergestützten Informationssystems für Planung und Entscheidung ausschlaggebend, als die Funktionsfähigkeit des Systems für seine Anwendungen. Als ernsthaftes praktisches Problem bei der Umsetzung von MSS-Konzepten ergibt sich ein Trade-off zwischen der Einfachheit und Transparenz in der Benutzerführung einerseits und der Flexibilität der abgebildeten Strukturen und der Mächtigkeit angebotener Funktionalitäten andererseits. Dennoch kann die Differenzierung von ESS, EIS, DSS und MIS den Blick für die Einsatzgebiete, Werkzeuge und Entwicklungsprozesse schärfen. Weiterhin unterstützt diese Systematisierung die Auswahl und Bewertung der Systeme. Zu-

Unscharfe Abgrenzungen in der Praxis

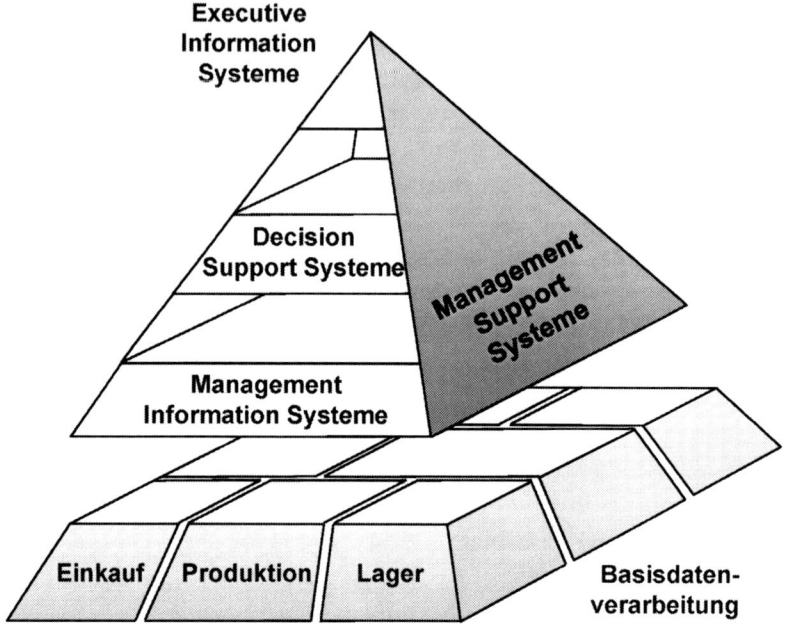

Abb. 1.2-1: Management Support Systeme in der Systempyramide.

sammenfassend lassen sich die einzelnen Systemkategorien damit anordnen und von ihrer Ausrichtung her klassifizieren. Die Abb. 1.2-2 stellt diese Zusammenhänge dar [GGD08].

Integration durch ESS

Als Kombinationen von EIS und DSS stellen *ESS* einen entscheidenden Entwicklungsschritt hin zu einer angemessenen Managementunterstützung dar. Das EIS ist überwiegend datenorientiert *(Data Support)* und kommunikationsorientiert *(Communication Support)*. Bei den datenorientierten Systemen lassen sich *Management Information-* Systeme (MIS in klassischer und moderner Form), die vorwiegend das betriebliche Standardberichtswesen abdecken, und Ad-hoc-Informationssysteme zur Befriedigung des spontanen Informationsbedarfs unterscheiden. DSS dagegen weisen eine eher modell- und methodenorientierte Ausrichtung *(Model and Method Support, Decision Support* i. e. S.) auf. Mit dieser funktionserweiternden Zusammenführung in einem ESS ist ein erster Integrationsschritt gelungen [GGD08].

1.2 Historische Entwicklung

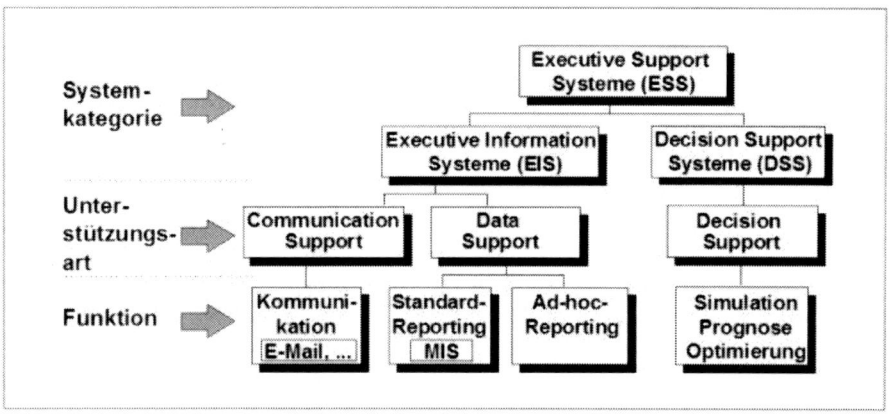

Abb. 1.2-2: Typologie von Executive Support Systemen.

Eine Erweiterung erfährt die Betrachtung dann, wenn neben den managementspezifischen Anwendungssystemen auch die Büro-Basissysteme (z. B. zur Textverarbeitung, Tabellenkalkulation oder Terminverwaltung), die von allen im Bürobereich tätigen Mitarbeitern genutzt werden können, einbezogen werden. Dieses sehr breite Systemverständnis führt schließlich zu einer Definition der *Management Support*-Systeme [KrRi87]:

Erweiterung durch Büro-Basissysteme

Management Support Systeme erklären sich durch alle Einsatzformen von Datenverarbeitungs-, Informations- und Kommunikationstechnologien zur Unterstützung unternehmerischer Aufgaben, wobei sie eine individuelle, konzeptionelle Lösung zur Steuerung und Kontrolle von Unternehmungen auf informationstechnologisch modernstem Niveau versprechen und das gesamte Unterstützungsspektrum von Managern (Fach- und Führungskräften) durch den Einsatz computergestützter Informations- bzw. Kommunikationstechnolgien abdecken.

Definition MSS

Als Grundlage dienen hier individuell konfigurierte, hybride Softwaresysteme, die frei skalierbar sind und sich den wandelnden Bedürfnissen des Entscheidungsträgers anpassen müssen, um den **Entscheidungsprozess** als Werkzeuge begleiten und beeinflussen zu können. Die Schlagkraft und Ef-

MSS-Effizienz durch Individualität & Dynamik

fizienz eines Managementunterstützungssystems liegt dann primär in der dem Arbeitsplatz angepassten Kombination von Teilsystemen, die sich dynamisch erweitern und austauschen lassen.

Erweiterungsmöglichkeiten von MSS

Heute existieren weitere moderne und leistungsfähige Konzepte wie auch Systeme, die die Funktionalitäten der beschriebenen *Management Support Systeme* sinnvoll und erfolgreich erweitern. **Data Warehouse**, **OLAP** und **BI** sind heutzutage Schlagworte im Bereich der Managementunterstützung. Diese Begriffe werden unter dem Oberbegriff »**Analyseorientierte Informationssysteme**« bzw. Analytische Informationssysteme zusammengefasst und später näher betrachtet.

1.2.1 MIS – *Management Information-Systeme* **

Aus den frühen Anforderungen von Führungskräften an Informationssysteme entwickelten sich ab den späten 1960er Jahren Management Information Systeme. Schnell wurden allerdings Grenzen dieser Systeme deutlich, wodurch *Management Information Systeme* in der Praxis nur noch im Rahmen des Standardberichtswesens zum Einsatz kommen.

Anfänge operativer Systeme

In den 1960er Jahren wurde eine Vielzahl von **Dialog- und Transaktionssystemen** entwickelt und damit die elektronische Speicherung von großen betrieblichen Datenmengen ermöglicht. Diese **operativen Systeme** (Administrations- und Dispositionssysteme) waren nicht über alle Funktionsbereiche deckend, sondern sie glichen als Sammlung von Insellösungen mit flachen Strukturen und unzureichenden Schnittstellen eher einem IT-technischen Flickenteppich. Dennoch erwies sich ab einem gewissen Verfügbarkeitsgrad der DV-Unterstützung in den wichtigsten Geschäftsbereichen der Wunsch des Managements nach Datenversorgung als vehement. Das Management verlangte automatisch generierte Informationen, die für Planungs- und Kontrollzwecke genutzt werden können.

1.2 Historische Entwicklung *

Folgende *Anforderungen* stellten die Führungskräfte an das **Informationssystem**:

- Periodische, standardisierte Berichte,
- Verfügbarkeit auf allen Managementebenen,
- verdichtete, zentralisierte Informationen über alle Geschäftsaktivitäten,
- größtmögliche Aktualität und Korrektheit [GGD08, S. 149 ff.].

Anforderungen an das Informationssystem

Um diese Zielvorgaben zu erfüllen, erfolgte die Projektierung zahlreicher DV-Anwendungssysteme, die oberhalb der operativen Systeme angesiedelt und direkt mit diesen verbunden waren, um dem Top-, Middle- und Lower-Management **Monitorfunktionen** auf vergangenheitsbezogene Geschäftsaktivitäten zu eröffnen und somit als wirksames Expost-Überwachungsinstrument dienen zu können. Der aus diesen Ideen Ende der 1960er Jahre entstandene MIS-Begriff lässt sich in folgender Definition zusammenfassen:

Lösungsansätze für Anforderungen

> MIS (*Management Information Systeme*) sind IT-gestützte Systeme, die Managern verschiedener Hierarchieebenen erlauben, detaillierte und verdichtete Informationen aus der operativen Datenbasis ohne (aufwändige) Modellbildung und logisch-algorithmische Bearbeitung (Anwendung von anspruchsvollen Methoden) zu extrahieren.

Definition MIS

Außer der reinen Datenzusammenstellung boten MIS folglich weder ordnende Problemstrukturierungshilfen (**Modelle**) noch algorithmische Problemlösungsverfahren (**Methoden**). Ein Einsatz der Systeme über die den Managementprozess abschließende Kontrollphase hinaus blieb aus diesem Grund weitgehend aus. Vielmehr musste der Entscheidungsträger, ausgehend von den problemspezifisch weitgehend unselektierten und unsortierten Berichtsdaten, selbständig weitere Aufbereitungs- und Verarbeitungsschritte durchführen. Zudem erwiesen sich die Berichte nur bei zufällig »richtiger« Sortierung des Datenbestandes in Verbindung mit einem angemessenen Aggregationsgrad im konkreten Problemfall als hilfreich. Dieser Umstand stellt sich bei Standardberichten jedoch eher selten ein.

Grenzen des MIS

Diese Berichte wurden durch die DV-Abteilung im **Batch-Verfahren** periodisch erzeugt und überwiegend in Form

Beispiel eines Berichtes

von Listen an die entsprechenden Führungskräfte weitergeleitet. Die Berichte bestanden meistens aus einer unübersichtlichen tabellarischen Auflistung von Zahlenkolonnen. Eine flexible Nutzung im Sinne eines dialogorientierten und spontanen Zugriffs (**Ad-hoc-Reporting**) war aus diesem Grund nicht möglich [GGD08, S. 152 ff.].

Aktuelle Einsatzgebiete & Ausprägungen

Als fester Bestandteil der betrieblichen Systempyramide sind auch heute in fast jeder Unternehmung *Management Information Systeme* (MIS) im Einsatz. Basierend auf den operativen Basissystemen zur Administration und Disposition greifen sie verdichtend auf deren Daten zu und bieten ein DV-gestütztes Standardberichtswesen mit einfachen algorithmischen Auswertungen. Die innerbetriebliche Distribution erfolgt häufig noch in Papierform, wenngleich eine verstärkte Hinwendung zur Übertragung auf elektronischem Wege festzustellen ist.

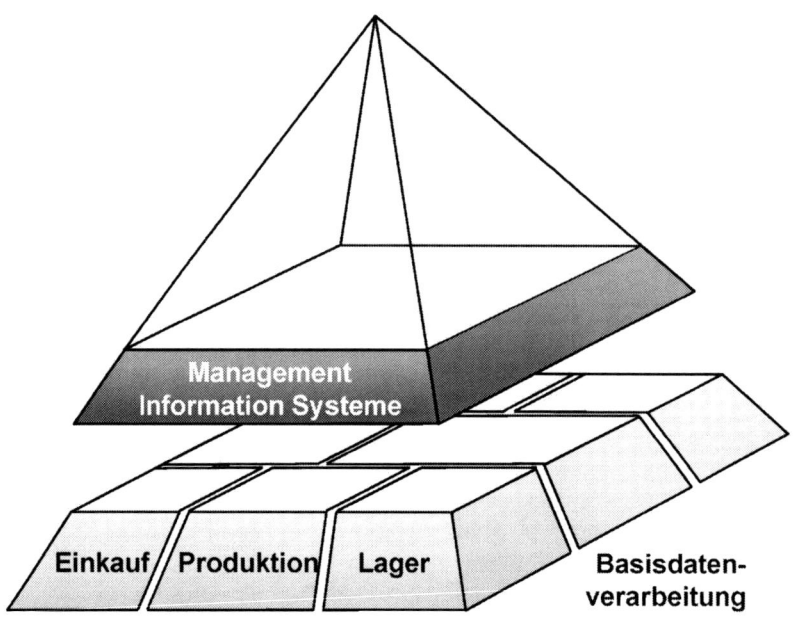

Abb. 1.2-3: MIS in der Anwendungspyramide.

Einsatzbereich im Controlling

Beschränkt auf einzelne betriebliche Funktionalbereiche und konzentriert auf das Tagesgeschäft bieten die Berich-

1.2 Historische Entwicklung

te dann bereichsspezifische Mengen- und/oder Wertgrößen und stellen somit operative Kontrollinstrumente mit kurz- und mittelfristigem Entscheidungshorizont für das untere und mittlere Management dar. Im operativen **Controlling** beispielsweise werden Controllinginformationssysteme genutzt. Diese ermöglichen sowohl den Zugriff auf Kennziffern und Indikatoren als auch die Aufdeckung von Abweichungen zwischen Istdaten und zuvor aufgestellten Budgetwerten sowie deren Analyse [BiHu94]. Bei geeigneter Ausgestaltung lassen sich zudem Monatsabschlüsse und -berichte sowie Kosten- und Erlösübersichten direkt am Bildschirm anzeigen. Im Vertriebsbereich dagegen geben Vertriebsinformationssysteme häufig in Form von Kontrollberichten Auskunft über mengen- und wertmäßige Absatzzahlen (vgl. Abb. 1.2-4). Als weitere Einsatzbereiche können vor allem der Produktions- und der Personalsektor angeführt werden.

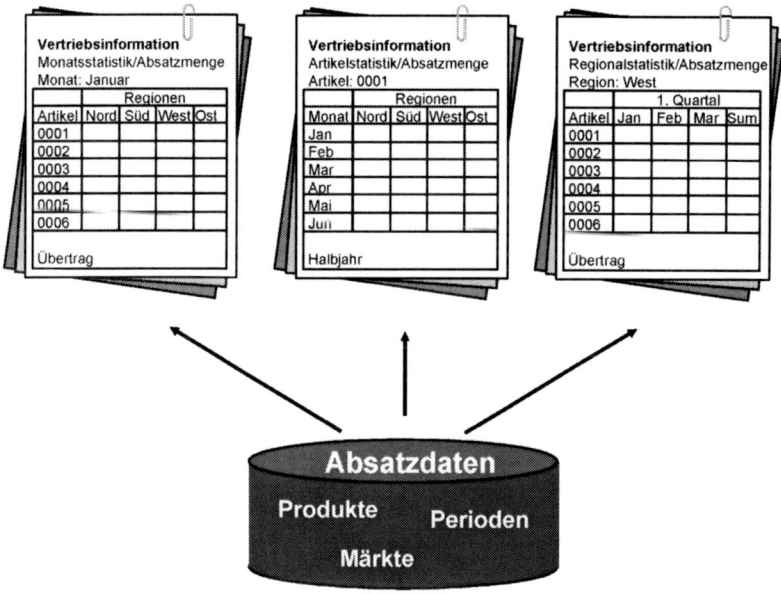

Abb. 1.2-4: MIS-Beispiel.

In der Frühphase konnten zunächst die Forderungen des Managements erfüllt werden. Jedoch Ende der 1960er Jahre wa- ⸺ Hauptgründe des Scheiterns ren die MIS (der früheren Jahre) bereits zum Scheitern verurteilt. Insbesondere wurde kritisiert, dass das vorher vorhandene Informationsdefizit in eine Informationsflut verwandelt wurde. Dies lag daran, dass eine sachgerechte und angemessene Filterung, Säuberung und Verdichtung der operativen Daten unterblieb. Dadurch wurde der Manager oft mit irrelevanten Fakten überhäuft, was die Entscheidungsqualität nicht verbesserte [GGD08, S. 162 ff.]. Das Ergebnis dieser frühen Systeme war eine Situation, die als »Informationsmangel im Datenüberfluss« beschrieben werden kann [Kore71, S.10]. Ein weiterer Grund für das Scheitern des MIS-Gedankens war die Diskrepanz zwischen den hohen Erwartungen des Managements an die Systeme und der damaligen technischen Machbarkeit. Weder war die gegebene Hard- und Software in der Lage, Datenbestände in gewünschtem Volumen und notwendiger Schnelligkeit vorzuhalten, noch artikulierte und spezifizierte das Management seine Wünsche nach entscheidungsrelevanter Information in einer operativ umsetzbaren Form. Diesem Dilemma wurde in zweierlei Richtungen entgegengewirkt.

Einsatzschwerpunkte

Zur Lösung des Informationsproblems ist eine Aufsplittung in dezentralisierte, in Größe und Struktur handhabbare Module erforderlich. Zweckmäßigerweise entsprechen die Module betrieblichen Bereichen, so z.B. Produktion, Vertrieb oder Personal. In dieser Form werden *MIS* heute als moderne, datenbankbasierte Anwendungssoftware zur Erzeugung von Standardberichten intensiv genutzt. Eine adäquate Unterstützung von **Entscheidungsprozessen** können die MIS jedoch nicht bieten. Ausschließlich durch eine Modellierung und Analyse der relevanten Entscheidungsvariablen und Lösungsalternativen kann diese Unterstützung angeboten werden [GGD08, S. 163 ff.]. Diesen Ansatz verfolgen die DSS (*Decision Support*-Systeme).

1.2.2 DSS – *Decision Support*-Systeme **

Basierend auf den erkannten Schwachstellen von MIS adressieren DSS das Problemlösungsverhalten im Management und unterstützen mit Modellen, Methoden und problembezogenen Daten im Entscheidungsprozess. Allerdings können auch *Decision Support*-Systeme keine unternehmungsüberspannenden Modelle zur Simultanplanung anbieten. Durch die Spezialisierung auf Teilprobleme bleibt *Decision Support*-Systemen nur der Einsatz in Stabstellen und Fachabteilungen mit abgrenzbaren Problemfeldern.

Mitte der 1970er Jahre kamen die *DSS*, auch als EUS (Entscheidungsunterstützungssysteme) bezeichnet, verstärkt zum Einsatz. DSS strebten an, die erkannten Schwachpunkte der MIS durch eine Abbildung des Verhaltens von Entscheidungsträgern bei der Lösung von Fachproblemen zu vermeiden [ChGl06a], [LLS06]. Bei diesen Systemen stand nicht die reine Versorgung des Managements mit zeit- und sachgerechter Information im Vordergrund sondern die effektive Unterstützung im **Planungs- und Entscheidungsprozess**. Das Ziel war es, das Urteilsvermögen des Managers und dadurch die Entscheidungsqualität zu verbessern. Als allgemeingültige Definition der DSS lässt sich festhalten:

Ansatzpunkte des DSS

DSS (*Decision Support Systeme*) oder EUS (Entscheidungsunterstützungssysteme) sind interaktive IT-gestützte Systeme, die Manager (Entscheidungsträger) mit Modellen, Methoden und problembezogenen Daten in ihrem Entscheidungsprozess bei der Lösung von Teilaufgaben in eher komplex strukturierten Entscheidungssituationen unterstützen.

Definition DSS

Charakteristisch für DSS ist die ausgeprägte Model- und Methodenorientierung. Dadurch wird eine situationsspezifische Unterstützung des Managers im Sinne einer Assistenz gewährleistet. Der Anwendungsschwerpunkt von DSS liegt im operativen und taktischen Management und dient der Lösung von strukturierten und semi-strukturierten Problemen. Zugleich ist ein Einsatz bei unstrukturierten Problemen, beispielsweise für die strategische Planung (strategisches Management) denkbar. Zur Unterstützung dieser Entscheidungssituationen erfolgt die Erstellung von Modellen der Ausgangsproblemstellung, welche unter Zuhilfenahme geeigneter Methoden gelöst werden können [GGD08].

Charakteristika & Anwendungsschwerpunkte

Der Aufbau eines DSS unterscheidet sich signifikant von den MIS. Die DSS besitzen eine eigene Datenbank, in der die aus der operativen Datenbasis entnommenen Daten entsprechend aufbereitet werden. Zusätzlich fließen hier Daten aus

Abgrenzung zum MIS

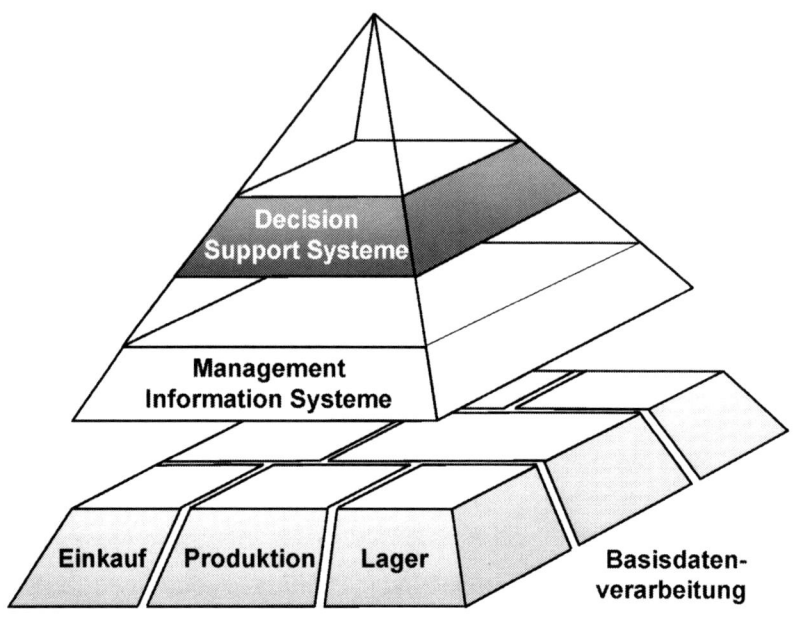

Abb. 1.2-5: DSS in der Systempyramide.

externen Quellen, persönliche Datenbestände und allgemeine Planungsdaten ein [GGD08]. Zwei weitere Komponenten der DSS, gegenüber den MIS, sind die Modell- und Methodenbank. Sie enthalten die Modelle und Methoden zur Unterstützung der Planungs- und Kontrollaufgaben des Managements. In der Reportbank werden vorformulierte Berichte bzw. Berichtsschablonen in Text- und/oder Grafikform bereitgehalten, die die Ergebnisse der Problemberechungen aufbereiten und darstellen. Ein **Dialogsystem** ermöglicht dem Manager als **Benutzungsoberfläche**, mit dem DSS interaktiv zu arbeiten [GGD08].

Verbreitung durch Tabellenkalkulationsprogramme

Heutzutage sind *Decision Support*-Systeme insbesondere in Stabsstellen und Fachabteilungen im Einsatz. Große Verbreitung erfuhr diese Systemkategorie in den 1980er Jahren durch die Nutzung von PCs und durch den Einzug von Tabellenkalkulationsprogrammen in die Fachabteilungen (vgl. hierzu das Beispiel in der Abb. 1.2-6). Zu dieser Zeit wurden unter dem Begriff DSS zahlreiche elektronische Kalkulationsarbeitsblätter ad-hoc für den einmaligen Gebrauch erstellt [GGD08].

Region:	Marktvolumen aktuell in Euro	Eigenanteil aktuell in %	Eigenanteil aktuell in Euro	Prognose Marktvolumen (lin. Reg.)	Prognose Eigenanteil (lin. Reg.)	Prognose Eigenanteil in Euro	Veränderung des Eigenanteils (wertmäßig) in %
Nord	270000	35,45%	95715	350000	40,00%	140000	31,63%
Süd	350000	23,40%	81900	400000	30,00%	120000	31,75%
Ost	230000	12,45%	28635	350000	15,00%	52500	45,46%
West	430000	52,60%	226180	500000	55,00%	275000	17,75%
Gesamt	1280000	33,78%	432430	1600000	36,72%	587500	26,39%

Vertriebsplanung
Artikelgruppe: Diverse
Planjahr: 2008

Abb. 1.2-6: DSS-Beispiel.

Hier lässt sich ein erster Kritikpunkt an den Entscheidungsunterstützungssystemen formulieren. Nicht die Verbreitung der Technologie verbessert die Planung, sondern der bewusste Einsatz von problemadäquaten Modellen und beherrschbaren Methoden. Weiterhin konnten sich die DSS nicht in allen Managementebenen durchsetzen. Der Grund hierfür liegt darin, dass viele Manager nur über rudimentäres IT-Know-How verfügen. Der letzte Kritikpunkt knüpft an die Erwartungshaltung der MIS an. Auch die DSS konnten keine unternehmungsüberspannenden Modelle zur **Simultanplanung** anbieten. Sie haben sich auf Teilprobleme spezialisiert, die sie mit viel Kompetenz bearbeiten, d. h. Partialmodelle prägen das Bild der DSS-Landschaft. Durch diese lokale Ausrichtung erweist sich die Integration der Lösungen in ein unternehmungsweites DV-Konzept nach wie vor als sehr schwierig [GGD08].

Kritik & Gründe für stagnierende Verbreitung

Ohne Zweifel dienen die Decision Support Systeme der Problemstrukturierung sowie der Alternativengenerierung und -bewertung bei erkanntem Problemlösungsbedarf. Zur Problemerkennung und Wahrnehmung von Signalen, die häufig nur die intuitive Rezeptivität des Managers ansprechen, sind sie allerdings weniger geeignet [GGD08]. Der Rückzug in die Stabstelle und Fachabteilung mit abgrenzbaren Problemlösungsstrategien hat den Entscheidungsunterstützungssystemen das Schicksal der MIS erspart. Diese wiede-

Fazit

rum erlangten Auftrieb unter der Bezeichnung EIS (*Executive Information-System*) in den 1980er Jahren.

1.2.3 EIS – *Executive Information-Systeme* **

Als konzeptionelle und funktionale Weiterentwicklung der MIS versuchen EIS eine technische Lösung anzubieten, die sich auch in den frühen Phasen der Entscheidungsfindung nutzbringend einsetzen lässt. Entgegen der ursprünglichen Sichtweise lassen sich die Vertreter dieser Systemkategorie nicht nur im Top-Management sondern von allen analyseorientiert arbeitenden Mitarbeitern in der Unternehmung nutzen. Dabei soll eine Integration von »hard facts« und »soft facts« unter einer Oberfläche erreicht werden.

Wurzeln der EIS

Mitte der 1980er Jahre, mit der Etablierung einer zunehmenden Vernetzung der DV-Systeme und leistungsstarken Personal Computern (PC), die eine anwendungsfreundliche **Benutzungsoberfläche** boten, entstand eine bessere Basis für den damaligen MIS-Gedanken. Auf diesem aufbauend wurden unter der Bezeichnung EIS (*Executive Information Systeme*) neue leistungsfähige Systeme entwickelt, die der Unterstützung betrieblicher Entscheidungsträger dienten (zur Einordnung von EIS vgl. Abb. 1.2-7). Häufig werden auch die Synonyme FIS (Führungsinformationssysteme), CIS (Chefinformationssysteme) oder VIS (Vorstandsinformationssysteme) verwendet.

Einsatzgebiete & Abgrenzung

Executive Information-Systeme sind unternehmungsspezifisch aufgebaut und aufgrund der von ihnen geforderten Flexibilität und Aktualität nicht allein als Softwareprodukt, sondern mehr als ein durch Werkzeugeinsatz gestützter evolutionärer und adaptiver Entwicklungsprozess zu sehen. Das Einsatzgebiet ist hauptsächlich in den frühen Phasen des **Entscheidungsprozesses** angesiedelt, in denen der Entscheidungsträger explorativen Data **Support** benötigt, um frühzeitig unternehmungsbedeutsame Entwicklungstendenzen zu erkennen und Analysen zu initiieren. Aber auch in der Kontrollphase können EIS zur Überprüfung der Auswirkungen angeordneter Maßnahmen sinnvoll eingesetzt werden. Als Datenlieferanten kommen eine eigene EIS-Datenbasis, in der das Datenmaterial meistens multidimensional in unterschiedlichen Verdichtungsstufen zur Verfügung steht, die operative Datenbasis, eine Planungsdatenbank, gefüllt mit Soll- oder Plandaten, sowie auch aufwändig aufbereitete und verdichtete Istdaten und externe Datenquellen, wie z. B. Online-Datenbanken, in Frage. Im Vergleich zu den DSS erweisen sich die EIS als eher modell- und methodenarm. Eine eigenständige Modell- und Methodenbank ist deshalb nicht vorgesehen. Außer der reinen Informationsversorgung wie bei den MIS bieten diese Systeme noch eine umfangreiche Kommunikationsunterstützung [GGD08, S. 201 ff.].

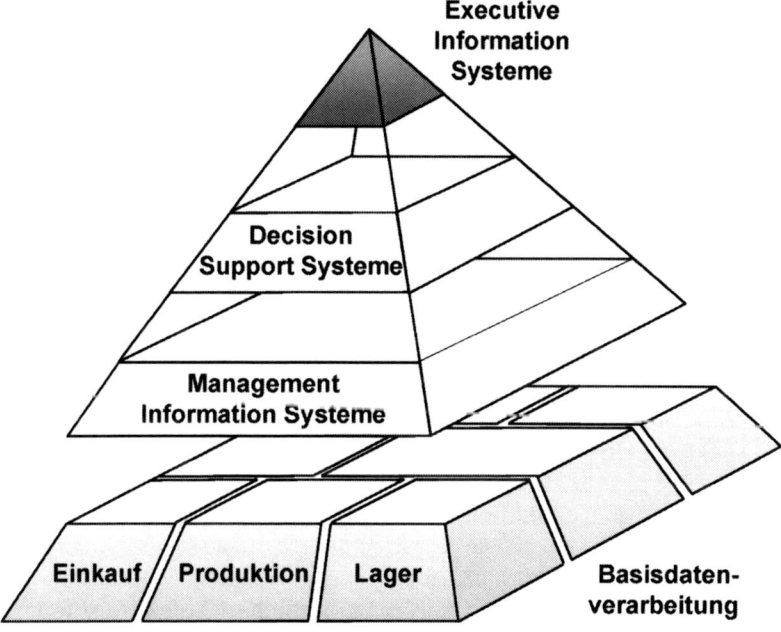

Abb. 1.2-7: EIS in der Systempyramide.

Häufig wird in der Literatur nur das Top-Management als EIS-Endanwender genannt. Da die Einführung eines EIS jedoch oftmals auch die Anpassung des betrieblichen Führungssystems (Organisationsstrukturen, Prozessabläufe und Informationsinhalte) bedingt, ist nicht einzusehen, warum die implementierten Kommunikationswege und Informationskanäle nicht auch vom mittleren und unteren Management

Anwendergruppen

genutzt werden sollen. Dann jedoch bietet es sich an, die verfügbaren Systeme benutzerspezifisch auf allen Managementebenen zugänglich zu machen, zumal eine Vereinfachung der Computerbedienung durch grafische Benutzungsoberflächen, Präsentationstechniken und flexible Abfragen sicherlich gern angenommen wird [BKN93, S. 34]. In diesem Sinne wird das **Akronym** EIS in der folgenden Definition eher als »*Everybody's Information System*« verstanden:

Definition EIS

> EIS (*Executive Information Systeme*) sind rechnergestützte, dialog- und datenorientierte Informationssysteme für das Management mit ausgeprägten Kommunikationselementen, die einzelnen Entscheidungsträgern (oder Gruppen von Entscheidungsträgern) aktuelle entscheidungsrelevante interne und externe Informationen ohne Entscheidungsmodell zur Selektion und Analyse über intuitiv benutzbare und individuell anpassbare Benutzungsoberflächen anbieten.

Anwendungsgebiete

Um derartige Managementunterstützung zur Verfügung zu stellen, erfüllen die EIS verschiedene Funktionen. Als Überwachungs- und Kontrollinstrument übernehmen sie die Aufgabe, den Entscheidungsträger frühzeitig auf Abweichungen vom Sollzustand aufmerksam zu machen.

Exception Reporting

Das *Exception Reporting* wird im Sinne von Signalsystemen oder Früherkennungssystemen aufgebaut. Durch farbliche Markierungen werden entsprechende Abweichungen kenntlich gemacht *(Color-Coding)*. Dadurch bekommt der Anwender einen schnellen und umfassenden Eindruck über die aktuelle Situation. Die Möglichkeiten zur Darstellung der Informationen sind sehr umfangreich, wobei vor allem Tabellen und Grafiken in den unterschiedlichen Spielarten genutzt werden.

Drill-Down

Die **Drill-Down**-Funktionalität gibt dem Manager die Möglichkeit, relevante Sachverhalte auf frei wählbaren Verdichtungsstufen darzustellen und Detailinformationen gezielt abzufragen. Dadurch ist es möglich, Abweichungsursachen bis auf die operative Datenbasis zurückzuverfolgen. Bei seinen Informationsrecherchen kann sich der Entscheidungsträger innerhalb des verfügbaren Informationsraumes bewegen. Die von ihm durchgeführten Navigationsschritte

1.2 Historische Entwicklung

werden mit Hilfe einer Retrace-Funktion nachvollziehbar dokumentiert.

Außer der Darstellung formatierter Grafik- und Zahleninformationen ermöglicht eine News-Funktion den Zugang zu unternehmungsinternen und -externen Nachrichten (vgl. Abb. 1.2-8). Die Informationsversorgung mit tagesaktuellen Kennzahlen steht zwar bei den EIS im Vordergrund, doch lassen sich mit ihnen, wenn auch nur beschränkt, Trendanalysen durchführen.

News & Trends

Um eine unternehmungsinterne und -externe Kommunikation zu ermöglichen, können E-Mail-Dienste in das EIS integriert werden. Eine Erweiterung dieser Kommunikationskomponente ist die Paperclip-Funktion. Mit ihr können Bildschirmdokumente vor ihrer Weiterleitung mit persönlichen Markierungen und Randbemerkungen versehen werden [GGD08, S. 216 ff.].

E-Mail-Dienste & Paperclip-Funktion

Diese Funktionalitäten der EIS bieten dem Management zahlreiche Benutzungsmöglichkeiten. Es kann auf verschiedene Präsentationsformen zugegriffen und Ad-hoc-Abfragen ausgeführt werden. Die EIS sind aufgrund ihrer grafischen Benutzungsoberfläche intuitiv nutzbar und individuell konfigurierbar. Weitere Komponenten des PIM (**Personal Information Management**) wie Kalender und Telefonverzeichnisse lassen sich ebenfalls in die Systeme einbeziehen [GGD08, S. 206].

Individualität

Die besonderen Vorteile des EIS-Gedankens liegen in der managementgerechten Aufbereitung von »harten« und »weichen« Informationen zum Status der unternehmungsspezifischen KEF (**kritischen Erfolgsfaktoren**), die in Verbindung mit der dem individuellen Arbeitsstil anpassbaren Benutzungsoberfläche dazu beitragen sollen, Handlungsbedarf frühzeitig zu erkennen. Nur so kann eine spontane und intuitive direkte Nutzung durch das Management sichergestellt werden. Ein EIS muss als Monitoring-System den Blick auf die Gesamtleistung einer Unternehmung ermöglichen, aber gleichzeitig auch die Verbindung zu weichen Informationen wie Gerüchten, Eindrücken und Spekulationen herstellen, die interner oder externer Art sein können.

Kombination harter & weicher Informationen

Ein weiteres Mal fokussierte die Informationsverarbeitung mit dem EIS-Ansatz auf das Top-Management. Nach dem

Eingliederung

1 Einleitung *

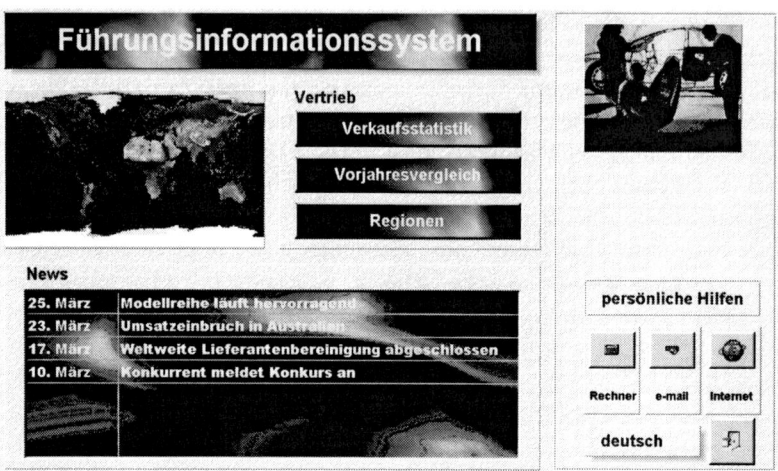

Abb. 1.2-8: EIS-Beispiel.

»MIS-Misserfolg« in den 1970er Jahren verließ man sich nicht mehr auf technologische Versprechen, sondern nimmt explizit das Management in die Verantwortung, um im Windschatten des organisatorischen Drucks FIS (Führungsinformationssysteme) zu etablieren. Der Anspruch ist sehr hoch gesetzt, und viele EIS-Projekte sind aus den genannten Gründen früher oder später gescheitert.

Integration des Informationssystems

Insbesondere darf nicht vergessen werden, dass ein wie auch immer geartetes **Informationssystem** nur als Teil eines umfassenden Führungssystems verstanden werden kann und eine Abstimmung mit Organisationsstrukturen und Ablaufprozessen als unabdingbare Voraussetzung für die erfolgreiche Einführung zu werten ist. Gewachsene, teils informelle Informationskanäle können schließlich nicht ohne Einbußen in elektronische Meldesysteme integriert werden. Erfolgt dennoch ein Festhalten am überkommenen Berichtswesen in Verbindung mit dem Versuch, parallel ein EIS zu installieren, so wird dieses politisch unterlaufen und damit inkonsistent und obsolet.

Bündelung im ESS

Es hat sich gezeigt, dass nur ein kombinierter Einsatz der Informations- und Kommunikationssysteme zur Unterstützung des Managements den Anforderungen von *Manage-*

ment Support Systemen entsprechen kann. Ebenso ist nicht nur das Top-Management als Benutzergruppe der MSS zu sehen, sondern alle Mitarbeiter mit Führungs-, Planungs-, Steuerungs- und Kontrollaufgaben. Ende der 1980er Jahre wurde daher versucht, die DSS und die EIS zu so genannten ESS *(Executive Support Systemen)* zu kombinieren und ggf. um Basissysteme wie z. B. Textverarbeitung oder Tabellenkalkulationsprogramme zu ergänzen [GGD08, S. 237 ff.].

1.2.4 ESS – *Executive Support-Systeme* **

Executive Support-Systeme setzen sich das Ziel, die Funktionalitäten aus *Decision Support*-Systemen und *Executive Information*-Systemen zu kombinieren. Folglich vereinen ESS die vergangenheitsorientierte Informationsversorgung und die zukunftsorientierte Analyse in einer Lösung.

Der Begriff ESS (*Executive Support System*) wurde durch Rockart und DeLong [RoDe88] geprägt und oft mit EIS (*Executive Information*-Systemen) bzw. mit FIS (Führungsinformationssystemen) und CIS (Chefinformationssystemen) gleichgesetzt.

Begriffsherkunft

Im eigentlichen Sinne geht die Managementunterstützung bei *Executive Support*-Systemen über die reine Informationsbereitstellung der EIS hinaus. Die ESS streben eine ganzheitliche, phasen- und problemübergreifende Unterstützung des Management-Arbeitsplatzes an. Dabei werden einerseits die herausragenden Visualisierungs- und Präsentationsmöglichkeiten der EIS zur schnellen Aufdeckung grundlegender Zusammenhänge genutzt und andererseits die betriebswirtschaftlichen Kausalmodelle sowie konventionelle und wissensbasierte Methoden zur Analyse, Prognose, Simulation und Optimierung im Sinne einer DSS-Unterstützung angeboten.

Wesen der ESS

ESS verkörpern somit eine Integration von *Data Support* und *Decision Support*, verbunden mit einer umfangreichen Kommunikationsunterstützung (Abb. 1.2-9). Mit den ESS ist sowohl eine vergangenheitsorientierte Informationsversorgung als auch eine zukunftsorientierte Analyse möglich [GGD08, S.241 ff.]. Neben den konventionellen DSS werden

Umfang von ESS

vermehrt auch wissensbasierte DSS genutzt, die als Expertensysteme eingesetzt werden, so z. B. für Konfigurations- und Diagnoseproblemstellungen.

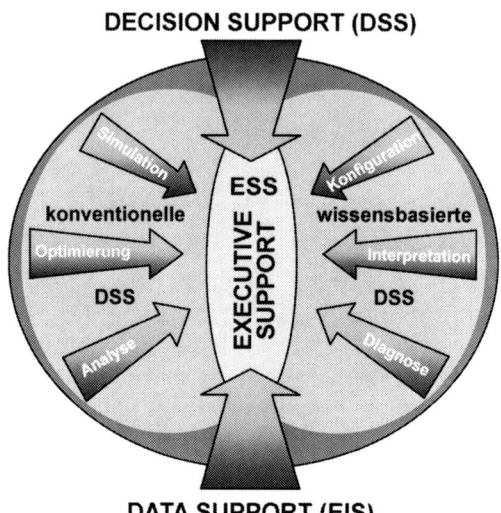

Abb. 1.2-9: Data Support und Decision Support bei Executive Support Systemen.

Als definitorische Abgrenzung lässt sich festhalten:

Definition ESS
: ESS (*Executive Support Systeme*) sind arbeitsplatzbezogene Kombinationen aus problemlösungsorientierten DSS- sowie präsentations- und kommunikationsorientierten EIS-Funktionalitäten, die an Anwendertypen und Problemspektren ausgerichtet sind. Unter Umständen werden neben konventionellen DSS auch wissensbasierte DSS einbezogen.

Synergieeffekte
: Die Leistungsfähigkeit von ESS ist deutlich höher als die der separat betrachteten und genutzten EIS und DSS, da durch die Verbindung der Benutzungsfreundlichkeit, der grafischen Informationsaufbereitung und der Reduktion komplexer Informationszusammenhänge eines EIS mit den entscheidungsunterstützenden Analyse- und Modellfunktionen eines DSS Synergiepotenziale ausgeschöpft werden können.

Außerdem wird beim ESS sowohl vergangenheitsorientiert dokumentiert als auch zukunftsorientiert analysiert.

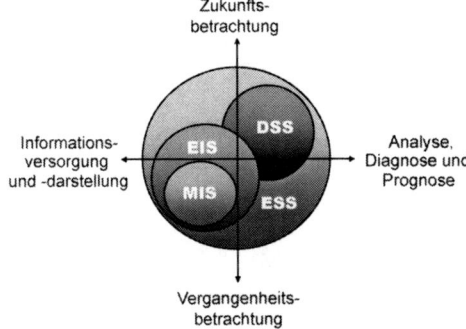

Abb. 1.2-10: Funktion und Zeitorientierung von MIS, EIS, DSS und ESS.

Der Schwerpunkt bei der Konzipierung eines ESS kann nur im Integrationsgedanken zu finden sein. Ein ESS-Designer muss nicht nur die diversen Problemlösungsfelder für den gezielten DSS-Einsatz sowie die Datenversorgung und managementgerechte Informationsdarstellung eines EIS im Auge halten, sondern sich auch um die Abfolge logisch zusammenhängender Arbeitsabläufe im Management kümmern, die es abzubilden gilt. Zur Unterstützung dieser unterschiedlichen Managementaktivitäten kann er aus dem Fundus der DSS- und EIS-Komponenten die jeweils passenden zusammenstellen und für den Entscheidungsträger konfektionieren. Ein ESS ist damit ebenso kein fertiges Produkt, sondern ein Konzept bzw. eine Strategie zum Aufbau von Managementunterstützungssystemen, die methodisch-technisch und organisatorisch-gestaltend eingesetzt werden muss.

Zentrale Aspekte der Konzipierung eines ESS

1.3 Fallstudie: TOPBIKE **

Anhand einer durchgängigen Fallstudie werden die vermittelten Inhalte auf ein konkretes Anwendungsbeispiel übertragen.

Abb. 1.3-1: Die Unternehmung TOPBIKE.

Die Unternehmung TOPBIKE

TOPBIKE
Die TOPBIKE GmbH ist eine mittelständische Unternehmung, deren Geschäftsfelder in der Produktion und dem Vertrieb von Fahrrädern sowie Fahrradzubehörartikeln liegen. Dabei produziert die Unternehmung selbst keinerlei Bauteile, sondern kauft alle notwendigen Vorprodukte bei verschiedenen Lieferanten ein. Die Kernkompetenz der Unternehmung besteht in der Montage dieser Einzelteile zu einem zielgruppengerechten Endprodukt. Zu den Kunden der Unternehmung zählen insbesondere große Warenhausketten und Versandhäuser. Darüber hinaus werden natürlich auch kleinere Fach-Einzelhandelsgeschäfte sowie Discounter bedient, die sich zumeist auf spezielle Marktsegmente im Fahrradbereich spezialisiert haben. Da die TOPBIKE GmbH an einer internationalen Expansion interessiert ist, existieren ebenfalls Kooperationsvereinbarungen mit Exporteuren. Für die Zukunft ist auch ein Vertrieb über das Internet geplant. Je nach Kundenstatus werden Rabattsätze von 1 bis 5 % mit einer gleich bleibenden Zahlungsfrist von 14 Tagen gewährt.

Produkte
Das wichtigste und umsatzstärkste Produktsegment von TOPBIKE bilden die Fahrräder. Im Programm der TOPBIKE GmbH finden sich unterschiedliche Baureihen, die das ge-

samte Spektrum des Massenmarktes abdecken, z. B. stabile Kinderräder, sportliche Alltagsräder (City-Bikes) und Freizeiträder. Für die sportlich ambitionierten Kunden von TOPBIKE bietet die Unternehmung Rennräder in den verschiedensten Größen und Preiskategorien zum Kauf. Weiterhin umfasst das Sortiment im boomenden Marktsegment der Mountainbikes (MTB) Räder sowohl für Einsteiger als auch höherwertige Modelle. Das derzeitige Angebot in diesem Segment umfasst die Artikelgruppen »MTB Suspension« und »MTB Race«. Zur erfolgreichen Marktplatzierung tragen die jeweiligen Artikelgruppen Markennamen.

Die Fahrräder der TOPBIKE GmbH bestechen aber nicht nur durch eine erstklassige Qualität, sondern auch durch eine einzigartige Eleganz, die insbesondere durch die Rahmenkonstruktionen sowie die Farbgebung beeinflusst wird. Auf die heterogene Nachfrage reagiert die Unternehmung flexibel mit der Produktion von Fahrrädern in allen gängigen Rahmengrößen und Farben. Die Farbpalette reicht von »racing-rot« über »post-gelb«, »satin-silber«, »metallic-blau«, »nacht-schwarz«, »champagner«, »bordeaux«, »grasgrün«, »schnee-weiß«, »signal-orange« bis zu »dunkelgrün«.

Farben

Aufgrund signifikanter Absatzsteigerungen im Bereich der professionellen Sporträder (Rennräder und MTB) hat die Geschäftsleitung beschlossen, dieses Marktsegment in den nächsten Jahren zu forcieren. Zur Steigerung des Bekanntheitsgrads der Marke »TOPBIKE« hat man gemeinsam mit der Telekommunikationsgesellschaft »TeKo« und der Unternehmung »Power« aus dem Energiebereich einen »Rennstall« gegründet, der demnächst an den bekannten Straßenklassikern in Europa teilnehmen wird. Im MTB-Bereich wurden Verträge mit mehreren Fahrern im Worldcup abgeschlossen.

Rennstall

Der sich durch den erfolgreichen Verkauf von Fahrrädern einstellenden Nachfrage nach weiteren Zubehörartikeln konnte die Unternehmung in den vergangenen Jahren mit einer sukzessiven Ausweitung ihres Produktsortiments um drei weitere Produktkategorien begegnen. Eine der wichtigsten Produktgruppen richtet sich auf den Verkauf von Fahrradbekleidung bzw. -accessoires.

Zubehör

Abteilungen	Alle relevanten Aufgabenbereiche, die bei diesem Unternehmungsgegenstand anfallen, werden intern abgewickelt. Dazu gehören in der Materialwirtschaft der termingerechte Einkauf benötigter Vormaterialien und Zubehörartikel sowie deren Lagerung und Verwaltung. Bei den Vormaterialien handelt es sich um standardisierte Fahrradteile, wie z.B. Lenkstangen, Gabeln, Räder, Reifen oder Ketten. In der Produktion werden aus diesen Vormaterialien bzw. Einsatzstoffen Fahrräder als Endprodukte gefertigt, die zugehörigen Konstruktionstätigkeiten durchgeführt sowie alle Maßnahmen zur Qualitätssicherung geleistet. Die Endprodukte werden entweder auf Lager oder auf Bestellung gefertigt. Der Aufgabenbereich Vertrieb umfasst neben der Verarbeitung eingehender Anfragen und Aufträge auch das Marketing, insbesondere hinsichtlich der Großkundenbetreuung im Warenhaus- und Versandhausbereich durch Key-Account Manager. Das Rechnungswesen wickelt alle Tätigkeiten ab, die zum Finanz- und Personalwesen zu zählen sind. Insbesondere gehört dazu eine Kostenträgerstückrechnung (Kalkulation), die auf Basis einer Kostenstellenrechnung durchgeführt wird. Neben dem Controlling ist in der Abteilung Rechnungswesen auch die zentrale Datenverarbeitung (IT) angesiedelt. Über eine Neustrukturierung und Einordnung der Datenverarbeitung in die Unternehmungsorganisation soll später entschieden werden.
Organisation	Entsprechend dieser Aufgabenteilung weist die organisatorische Struktur der TOPBIKE GmbH die Hauptabteilungen Materialwirtschaft, Produktion, Rechnungswesen und Vertrieb auf. Das Organigramm der folgenden Abb. 1.3-2 gibt einen Überblick über die Struktur der Beispielunternehmung, deren Geschäftsführung aus einem technischen und einem kaufmännischen Leiter besteht.
Berichte & Analysen	Bereits vor einiger Zeit hat sich die TOPBIKE GmbH für eine integrierte Branchensoftwarelösung auf Basis eines leistungsfähigen Datenbanksystems entschieden, welche die wesentlichen Prozesse in der Unternehmung abdeckt. Leider hat sich herausgestellt, dass die benötigte Analyse- und Berichtsfunktionalität auf Basis eines MIS bzw. EIS nur ansatzweise gegeben ist. Die Geschäftsführung hat daher beschlossen, mittelfristig eine flächendeckende *Data Warehouse*-Lösung aufbauen zu lassen, die den Forderungen des OLAP

Abb. 1.3-2: Organigramm der Struktur der TOPBIKE GmbH.

(On-Line Analytical Processing) entsprechen soll. Das Management verspricht sich mit dieser Maßnahme einen strategischen Wettbewerbsvorteil gegenüber seinen Mitbewerbern. Dem Projektteam gehören neben dem Projektleiter unterstützend jeweils zwei Mitarbeiter aus den Hauptabteilungen Materialwirtschaft, Produktion und Vertrieb an. Aus der Hauptabteilung Rechnungswesen wird zusätzlich noch jeweils ein Mitarbeiter aus den Abteilungen Finanzen, IT und Controlling dem Team zugeordnet.

Unglücklicherweise weiß man im Hause TOPBIKE nicht genau, welche Informationen in den einzelnen Bereichen benötigt werden. Dennoch sollen in einem ersten Schritt vor allem relevante Vertriebszahlen visualisiert und anschließend analysiert werden. Für die Implementierung des *Data Warehouse*-Systems lässt sich auf die Informationen des dem operativen Datenbanksystem von TOPBIKE zurückgreifen.

2 Data Warehouse und OLAP *

Fach- und Führungskräfte in den Unternehmungen sehen sich mit einer steigenden Datenflut bei einem gleichzeitigen Informationsdefizit konfrontiert. Zahlreiche Unternehmungen besitzen zwar große Mengen an Daten, ohne diese effektiv und effizient nutzen zu können. Vor diesem Hintergrund ist es Anliegen des folgenden zweiten Teils, die in der Praxis bewährten Ansätze zur Verbesserung der unternehmungsweiten Informationsversorgung zu diskutieren.

Zunächst werden dazu die Grundlagen von Data Warehouse- und OLAP-Systemen dargestellt, die heute als zentrale Technologien zur anforderungsgerechten Versorgung mit entscheidungsorientierten Informationen verstanden und genutzt werden:

- »Grundlagen«, S. 41

Anschließend erfolgt die Beschreibung der verfügbaren Methoden zur Modellierung multidimensionaler Datenstrukturen, die bei entscheidungs und analyseorientierten Informationssystemen im Mittelpunkt stehen und daher in der gebührenden Breite und Tiefe zu behandeln sind:

- »Modellierung und Implementierung«, S. 73

Schließlich wird die im ersten Teil präsentierte Fallstudie aufgegriffen und eine exemplarische, phasenorientierte Systemgestaltung für das fiktive Unternehmungsszenario vorgestellt:

- »Fallstudie: TOPBIKE – BI«, S. 102

2.1 Grundlagen *

Entscheidungs- und analyseorientierte Informationssysteme erweisen sich sowohl im Hinblick auf die verfolgte Zielrichtung als auch bezüglich der eingesetzten Bausteine und Komponenten als grundsätzlich verschieden zu den Vertretern der operativen Systemwelt. Nicht die zeitpunktgenaue und höchstaktuelle Erfassung von Daten, die das betriebliche Tagesgeschehen begleiten und dokumentieren, steht im Vordergrund, sondern die anforderungsgerechte Zurverfügungstellung eines aufbereiteten Informationsbestandes mit geeigneten Zugriffstechnologien. Die vorgestellten Konzepte in den folgenden Ausführungen versprechen, eine umfassende Abdeckung dieser Anforderungen mit modernen Softwaretechnologien leisten zu können.

Zunächst soll dazu das Data Warehouse-Konzept vertiefend erörtert werden, welches das Ziel verfolgt, die Verfügbarkeit, Qualität und Integrität entscheidungsorientierter Informationsbestände herzustellen und langfristig zu sichern:

- »Einordnung und Komponenten des Data Warehouse-Konzeptes«, S. 43

Neben der allgemeinen Einordnung und Abgrenzung von Data Warehouse-Lösungen sind hier auch Architekturen und Komponenten zu diskutieren. Der nachfolgende Abschnitt widmet sich dem On-Line Anlytical Processing (OLAP), welches die Aspekte hervorhebt, die für eine anforderungsgerechte Nutzung analyseorientierter Informationssysteme nötig sind:

- »OLAP – On-Line Analytical Processing«, S. 52

Mit Hilfe der OLAP-Technologie wird dem Management ein mächtiges Werkzeug geboten, um schnelle, interaktive und vielfältige Zugriffe auf relevante und konsistente Informationen in Verbindung mit dynamischen und multidimensionalen Analysen durchzuführen [ChGl06a, S. 18]. Danach wird ein Phasenmodell präsentiert, anhand dessen sich Data Warehouse- und OLAP-Systeme stufenweise und systematisch gestalten und betreiben lassen:

- »Vorgehensmodell zur Gestaltung multidimensionaler Informationssysteme«, S. 65

Das Modell bietet eine idealtypische Vorgehensweise, die sich durch vielfache Rücksprünge und Wiederholungen auszeichnet, und bildet die Basis für die an späterer Stelle durchgeführte Fallstudie (vgl. »Fallstudie: TOPBIKE – BI«, S. 102). Das letzte Kapitel ist den vielfältigen Einsatzbereichen von Data Warehouse- und OLAP-Systemen gewidmet:

- »Einsatzbereiche multidimensionaler Informationssysteme«, S. 69

2.1.1 Einordnung und Komponenten des *Data Warehouse*-Konzeptes *

Das Thema *Data Warehouse* (DW) erfreut sich in Theorie und Praxis einer großen Beachtung. Schließlich verspricht es den betrieblichen Anwendern Lösungsvorschläge für den Aufbau einer abgestimmten Informationsinfrastruktur auf der Basis verfügbarer Hard- und Softwaretechnologien. Da ein spezifisches Data Warehouse-System für den praktischen Einsatz immer auf die Besonderheiten der jeweiligen Anwenderunternehmung ausgerichtet sein muss, kann das Konzept allerdings stets nur einen Orientierungsrahmen anbieten und kein Patentrezept.

In der einschlägigen Literatur besteht weitgehende Einigkeit über den Zweck und das Wesen eines *Data Warehouse*, wie die folgenden Beispiele belegen:

Der Begriff *Data Warehouse* im engeren Sinne bezeichnet eine von den operationalen DV-Systemen isolierte, unternehmungsweite Datenbasis, die anhand einer konsequenten Themenausrichtung unternehmungsrelevanter Sachverhalte (z. B. Absatzkanäle, Kunden- und Produktkriterien) speziell für Endbenutzer aufgebaut ist [ChGl06a]).	DW-Definition Mucksch
Ein *Data Warehouse* ist eine physische Datenbank, die eine integrierte Sicht auf beliebige Daten zu Analysezwecken ermöglicht [BaGü04, S. 7].	DW-Definition Bauer/Günzel

Für die weiteren Überlegungen soll folgendem Begriffsverständnis gefolgt werden, das vor allem auch die inhaltliche Trennung zu den operativen Datenbasen betont:

Unter einem Data Warehouse ist eine Systemlösung zu verstehen, die die unternehmungsweite Versorgung der Front-End-Systeme zur Managementunterstützung mit den benötigten Informationen gewährleistet. Zweckmäßigerweise wird das *Data Warehouse* getrennt von den operativen Vorsystemen aufgebaut und betrieben. Nur so läßt sich eine konsistente unternehmungsweite Datenbasis etablieren, in die selektierte und verdichtete Informationen anwendungsgerecht aufbereitet einfließen und auf die interaktiv und intuitiv zugegriffen werden kann.	DW-Definition

> Für die gespeicherten Dateninhalte ist deren thematische Ausrichtung sowie Vereinheitlichung, Dauerhaftigkeit und Zeitorientierung charakteristisch.

DW-Schwerpunkt

Somit sind es beim Data Warehousing primär die technischen Implikationen auf der Back-End-Seite (Hintergrundstruktur), auf denen der Fokus liegt. Von den Oberflächenwerkzeugen wird dagegen zunächst weitgehend abstrahiert, wenngleich das *Data Warehouse* sicherlich effiziente Zugriffsformen ermöglichen und so ausgerichtet sein soll, dass die Analysierbarkeit und Auswertbarkeit der Daten auch durch Nicht-Computerexperten gewährleistet ist.

DW-Ziel

Schließlich gilt es als explizites *Ziel* des Ansatzes, den Datenbestand derart vorzuhalten, dass der Endbenutzer (bzw. das entsprechende Endbenutzersystem) wie in einem realen Warenhaus auf die für ihn relevanten Informationen zugreifen und diese nutzen kann. Beim Aufbau eines *Data Warehouse*-Konzeptes sind sowohl betriebswirtschaftlich-organisatorische als auch technische Gestaltungsaspekte sorgfältig zu durchdenken.

Betriebswirtschaftlich-organisatorische Gestaltungsziele

Aus betriebswirtschaftlich-organisatorischer Sicht ist zu überlegen, welche Informationen auf welchen Verdichtungsstufen im Datenspeicher abgelegt werden müssen und welchen Mitarbeitern diese zugänglich gemacht werden sollen. Dabei eignet sich eine direkte und ausschließliche Verwendung der in den operativen Systemen abgelegten Rohdaten nur sehr eingeschränkt für eine angemessene Unterstützung betrieblicher Entscheidungsprozesse. Vielmehr müssen die Daten aufbereitet werden, um als entscheidungsgerechte Informationen dem Endbenutzer wertvolle Dienste leisten zu können. Zudem ist zu klären, was konkret unter einzelnen Begriffen zu verstehen ist bzw. woraus sich die einzelnen Größen zusammensetzen, was sie repräsentieren und wie sie ermittelt werden. Die Definition betriebswirtschaftlicher Größen erweist sich in größeren Unternehmen als durchaus ernstzunehmendes und schwieriges Unterfangen, insbesondere wenn in den einzelnen unternehmerischen Organisationseinheiten unterschiedliche Begriffsverständnisse existieren.

2.1 Grundlagen *

Daneben muss ebenfalls ein tragfähiges technisches Realisationskonzept erarbeitet werden. Wie bereits ausgeführt, sind bei der Realisierung eines *Data Warehouse* Anforderungen zu erfüllen, die in ähnlicher Weise auch für die Datenhaltungssysteme der operativen Anwendungsebene Gültigkeit aufweisen. Daneben allerdings sind weitere Aspekte zu beachten, die eine reine Adaption der im operativen Bereich erfolgreichen Konzepte als untauglich erscheinen lässt.

Technische Gestaltungsziele

Folgende Themen werden detaillierter behandelt:
- »Data Warehouse-Architekturen und -Komponenten«, S. 45
- »Prozesse zum Extrahieren, Transformieren und Laden von Daten«, S. 49

2.1.1.1 *Data Warehouse*-Architekturen und -Komponenten *

Data Warehouse-Lösungen lassen sich heute auf der Basis unterschiedlicher Architekturvarianten realisieren. Unterscheidungskriterien stellen insbesondere die Anzahl der Ebenen und Art der eingesetzten Datenhaltungseinrichtungen (Daten-*Layer*), die Möglichkeiten des Datenzugriffs einschließlich der zugehörigen, weiterführenden Analyseoptionen sowie die Techniken und Werkzeuge zur Umwandlung und Aufbereitung der Daten beim Austausch zwischen den einzelnen Hierarchieebenen dar.

Ein erster, fast naiver Ansatz kann in einem Durchgriff auf die Datenspeicher der operativen Systeme mit lokaler Ablage der Extrakte gesehen werden. In der Regel erfolgt hierbei über feste Verknüpfungen ein periodischer Datenimport auf die lokale Festplatte, um auf diesen Daten benötigte Auswertungen mit den gängigen Desktop-Softwarewerkzeugen (z. B. MS Excel) durchzuführen. Auch können die Datenextrakte durch individuelle Softwarelösungen genutzt werden, die etwa mit den verbreiteten GUI-Entwicklungswerkzeugen (Delphi oder Visual Basic) erstellt worden sind.

Lokale Datenablage

Die Funktionsfähigkeit derartiger Lösungen wird in hohem Maße durch die Mächtigkeit der Extraktionswerkzeuge und durch die Flexibilität der verwendeten Schnittstelle bestimmt. Einschränkungen ergeben sich häufig durch die begrenzte lokale Speicherkapazität sowie im Falle von Struktur- oder Bedarfsänderungen durch den hohen Anpassungsaufwand bei vielen angeschlossenen Endbenutzergeräten. Dennoch kann ein derartiges Vorgehen zu akzeptablen Lösungen führen, insbesondere wenn die Endbenutzerrechner auch im mobilen Einsatz benötigt werden (etwa im Außendienst).

Virtuelles Data Warehousing

Ganz ohne separate Datenhaltung kommen Architekturkonzepte aus, die einen direkten Ad-Hoc-Durchgriff auf die operativen Datenbestände ermöglichen und dadurch die Bildung zusätzlicher multidimensionaler Datenpools in einer Unternehmung vermeiden (Virtuelles *Data Warehousing*). Leistungsstarke und grafisch-orientierte Abfragewerkzeuge, die bis auf die operativen Datenbasen durchgreifen können, versprechen hier besonders leichten Zugriff auf relevante Informationen. Eine spezielle Middleware sorgt für die korrekte Abwicklung von Benutzeranfragen (z. B. EDA/SQL).

Dem Vorteil dieser Lösung, dass direkt und ohne vielfältige konzeptionelle Vorüberlegungen sowie ohne redundante Datenhaltung auf die benötigten Daten zugegriffen werden kann, stehen allerdings gravierende Nachteile gegenüber. Zunächst ergeben sich große semantische Probleme. Die Bedeutung der oftmals unverständlichen Feldbezeichnungen operativer Datenbanksysteme nämlich kann nur über ein ausreichend dokumentiertes und vollständiges *Data Dictionary* erschlossen werden, das allerdings wohl eher selten in dieser Form vorliegt und erst mühsam erarbeitet werden muss. Die bei dieser Architekturform häufig erforderliche Nutzung von SQL als Datenbankabfragesprache durch den Endbenutzer kann zudem nur dann erfolgreich sein, wenn dieser sich ausgezeichnet mit den Sprachmechanismen auskennt, da ansonsten Datenbankabfragen leicht zu Ergebnissen führen, die fehlinterpretiert werden können.

Des weiteren werden die operativen Systeme, deren originäre Aufgabe in der Abwicklung des Tagesgeschäftes zu sehen ist, durch zeitaufwändige und rechenintensive Abfragen stark belastet, so dass diese Lösung nur in Ausnahmefällen akzeptabel sein dürfte (z. B. bei Zugriffen durch spezielle Anwendungen, bei denen es auf größte Aktualität ankommt). Da entsprechende Abfragen allerdings häufig im Rahmen eines Standard-Berichtswesens bereits durch die operativen Systeme abgedeckt werden, entfällt die Notwendigkeit zur Installation zusätzlicher Durchgriffe. Wenn überhaupt, dann lässt sich diese Architekturform darüber hinaus lediglich als Ad-Hoc-Informationsquelle für technisch geschulte Anwender sinnvoll einsetzen. Eine Nutzung des Datenmaterials im Sinne flexibler Navigation in mehrdimensionalen und hierarchisch organisierten Datenbeständen lässt sich auf diese Art allerdings kaum realisieren.

Bedingt durch die Probleme, die aus einem direkten Zugriff auf die operativen Datenbestände erwachsen, wird heute oftmals eine Architekturform bevorzugt, die auf separaten Datenbanksystemen basiert. Losgelöst von den operativen Datenbeständen verwalten diese Datenbanksysteme ein auf die Belange der betrieblichen Entscheidungsträger zugeschnittenes Informationsangebot. Häufig werden derartige Datenbanklösungen heute als *Enterprise Data Warehouse* oder auch als *Core Data Warehouse* bezeichnet. Da der Betrieb dieser *Data Warehouse*-Datenbasis von den operativen Systemen separiert erfolgt, entfällt das oben beschriebene Problem der Beeinträchtigung operativer Anwendungen. Im Zuge des Datenimports aus den angeschlossenen Vorsystemen in diese Datenbank sind die Daten von Inkonsistenzen zu bereinigen und unter Umständen zu verdichten. *Enterprise Data Warehouse*

Hierzu werden oftmals spezielle Zusatzwerkzeuge (ETL-Werkzeuge) eingesetzt, deren Funktionalität vielfältige Möglichkeiten zur Umwandlung und Aufbereitung von Daten umfasst. Die Datenablage erfolgt dann anwendungs- und auswertungsorientiert, d. h. losgelöst von den operativen Geschäftsabläufen sowie hinsichtlich relevanter Themen organisiert. Das in diesem zentralen *Data Warehouse* abgelegte Datenmaterial umfasst beliebige Verdichtungsstufen, die von aktuellen (z. B. Vortagsdaten) und detaillierten (z. B. Einzelartikel- und -kundendaten) Informationseinheiten bis zu stark verdichteten Kennzahlen reichen. ETL-Werkzeuge

Data Marts Allerdings erweist sich auch die Datenablage in einem zentralen, relationalen *Data Warehouse* als zu wenig performant, wenn es darum geht, umfangreiche Datenbestände rasch und flexibel zu analysieren. Häufig werden deshalb Datenextrakte zur weiteren Verarbeitung gebildet, die sich als personen-, anwendungs-, funktionsbereichs- oder problemspezifische Segmente des zentralen *Data Warehouse*-Datenbestandes verstehen lassen und als *Data Mart* bezeichnet werden (*Hub and Spoke*-Architektur). Auf diesen dezentralen Teildatenbeständen können dann anforderungsgerechte Untersuchungen erfolgen, z. B. indem mit Statistikpaketen Regressionsanalysen und Trendberechnungen durchgeführt oder aufwändige Verfahren zur Datenmustererkennung (*Data Mining*) auf der Basis statistischer Methoden oder neuronaler Netze angewendet werden.

Aufgrund ihres eingeschränkten Datenvolumens erweisen sich dezentrale *Data Marts* per se als geeigneter für die Durchführung anspruchsvoller Operationen auf den Datenbeständen. Dennoch kann auch hier eine Ad-Hoc-Befriedigung des variierenden Informationsbedarfs nur durch den Einsatz spezieller Komponenten gewährleistet werden. Welche Komponenten dabei zum Einsatz gelangen, hängt von der gewählten Datenbanktechnologie ab. Einerseits ist es möglich, als Speichertechnik auch für die *Data Marts* auf die verbreiteten relationalen Datenbanksysteme zurückzugreifen, andererseits werden alternativ in verstärktem Maße multidimensionale Datenbanksysteme eingesetzt.

Zusammenfassend lassen sich die unterschiedlichen Strukturkomponenten und Prozesse dann in einem Schaubild visualisieren (Abb. 2.1-1), wobei die Richtungen der verbindenden Pfeile die jeweiligen Datenflüsse darstellen. Zu beachten ist, dass die vorgestellten Architekturbestandteile eine grobe Einteilung der im Umfeld multidimensionaler Informationssysteme vorzufindenden Komponenten vornehmen. Auch lassen sich konkrete Softwarewerkzeuge nicht immer trennscharf einzelnen Komponentenblöcken zuordnen, sondern übernehmen zum Teil die Funktionen mehrerer Blöcke.

2.1 Grundlagen *

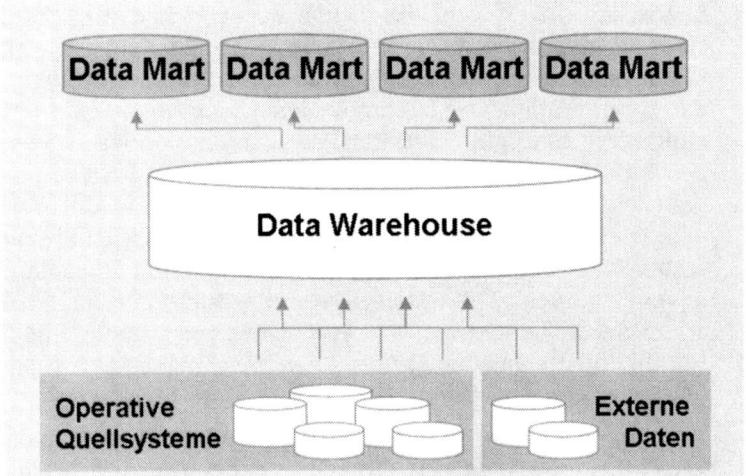

Abb. 2.1-1: *Hub and Spoke*-Architektur für die Anordnung von *Data Warehouse*- und *Data Mart*-Komponenten.

2.1.1.2 Prozesse zum Extrahieren, Transformieren und Laden von Daten **

Das Befüllen eines *Data Warehouse* stellt ein schwieriges und komplexes Unterfangen dar, da die Datenbestände u. U. aus einer Reihe unterschiedlicher und häufig sehr heterogener Vorsysteme stammen können. Als Datenlieferanten kommen neben den für die Abwicklung des Tagesgeschäftes zuständigen operativen Anwendungen auch Speziallösungen für Planung und Budgetierung sowie kommerzielle Informationsanbieter in Betracht. Bei den operativen Systemen ist weiterhin zwischen betriebswirtschaftlichen Standardlösungen und individuellen Anwendungen zu unterscheiden, da sich diese Systemkategorien in der Regel erheblich hinsichtlich ihrer Offenheit und damit Zugänglichkeit unterscheiden.

Grundsätzlich sind mit dem initialen Befüllen vor Produktivsetzung sowie dem periodischen Aktualisieren im Betrieb zwei unterschiedliche Anwendungsszenarien für die Datenübergabe an ein *Data Warehouse*-System gegeben.

Initiales Befüllen — Bevor sich das System durch den betrieblichen Anwender sinnvoll nutzen lässt, sind die benötigten Datenstrukturen in der Zielumgebung anzulegen und erstmalig mit Problemdaten zu befüllen. Da sich das initiale Laden *(initial load)* als einmaliger, häufig nicht zeitkritischer Prozess erweist, können hier Vorgehensweisen mit geringem Automatisierungsgrad und weitgehend manueller Koordination gewählt werden. Wichtig ist dagegen, dass der Anwender bereits bei der ersten Nutzung des Systems auf einen breiten Informationspool zurückgreifen kann. Da eine wesentliche Analyseart in der Untersuchung längerer Zeitreihen besteht, müssen die Inhalte gegebenenfalls sogar aus Langzeitarchivsystemen extrahiert werden.

Periodische Aktualisierung — Als vergleichsweise anspruchsvoll gegenüber dem erstmaligen Laden erweist es sich, einen Übernahmeprozess zu konzipieren und zu implementieren, der eine dauerhafte periodische Aktualisierung der *Data Warehouse*-Datenbasis ermöglicht. Da jede Übernahme sowohl auf der Seite der Vorsysteme als auch in der multidimensionalen Zielumgebung Zeit kostet und Ressourcen verbraucht, sind in Abstimmung mit dem Anwender anforderungsgerechte und wirtschaftliche Übernahmezeitpunkte und -datenvolumina zu bestimmen.

Kompletter Neuaufbau — Prinzipiell kann auch bei diesen periodischen Ladevorgängen der komplette Datenbestand einschließlich der zugehörigen Datenstrukturen jeweils neu aufgebaut werden. Diese Strategie erweist sich allerdings lediglich dann als sinnvoll, wenn das gesamte zu übernehmende Datenvolumen relativ gering ist und/oder weitreichende Strukturänderungen in den Daten der Vorsysteme auch im Falle einer partiellen Datenübernahme zu erheblichen Reorganisationsmaßnahmen im multidimensionalen Datenspeicher führen würden. Einen besonderen Problemkreis bildet bei dieser Vorgehensweise die Behandlung der Informationsobjekte, die zwischenzeitlich in den Vorsystemen gelöscht oder archiviert worden sind, bei einer Übernahme also folglich keine Berücksichtigung finden. Da multidimensionale Informationssysteme häufig eine Betrachtung langer Zeiträume gewährleisten sollen, müssen für diese Objekte gesonderte Verfahren gefunden werden, um den zugehörigen Informationsgehalt nicht zu verlieren.

Häufiger wird dagegen bei der periodischen Datenübernahme eine inkrementelle Vorgehensweise *(incremental load)* einzuschlagen sein, die nur jene Problemdaten berücksichtigt, die sich seit der letzten Datenübernahme geändert haben bzw. neu hinzugekommen sind.

Inkrementelle Aktualisierung

Bevor ein Transformationskonzept implementiert werden kann, sind zusammen mit den Endanwendern die zu übernehmenden Dateninhalte sowie die Häufigkeit und die Aktualität des Datentransfers zu diskutieren. Vor allem die Granularität und Breite der Dateninhalte hat erheblichen Einfluss sowohl auf Datenvolumen in der Zielumgebung als auch auf die Komplexität und Ressourcenintensität des Transformationsprozesses.

Granularität

Die Häufigkeit und Aktualität der Datenübernahme werden primär durch die Granularität der Zeitdimension im multidimensionalen System bestimmt. Häufig finden sich hier Tages-, Wochen- oder Monatsgrößen. Tagesdaten werden oftmals nachts überspielt, vor allem um die operativen Verarbeitungsaufgaben der datenliefernden Systeme nicht zu beeinträchtigen. Eine Übernahme von Monatsdaten kann gegebenenfalls auch am Wochenende vorgenommen werden. In jedem Fall ist dafür Sorge zu tragen, dass das verfügbare Zeitfenster für die Datenübernahme ausreicht, zumal hier auch andere Aufgaben erfolgen müssen, wie beispielsweise Backup- oder Replikations-Läufe, die nicht gestört werden dürfen.

Jede Datenübernahme erweist sich als Sammlung unterschiedlicher Bearbeitungs- und Transportschritte, die teilweise aufeinander aufbauen. Nur wenn alle Schritte durchlaufen und erfolgreich abgeschlossen werden, liegen die Daten anschließend im multidimensionalen Informationsspeicher in der gewünschten Form und Qualität vor. Insofern erscheint es angebracht, von einem Prozess der Datenübernahme zu sprechen. Teilweise wird die Aktionskette auch als Transformationsprozess bezeichnet, um herauszustellen, dass hierbei neben dem reinen Austausch von Daten zwischen verschiedenen Speicherkomponenten auch vielfältige Umwandlungsoperationen durchzuführen sind. In idealisierter Form läuft der Prozess ab, wie in der Abb. 2.1-2 dargestellt.

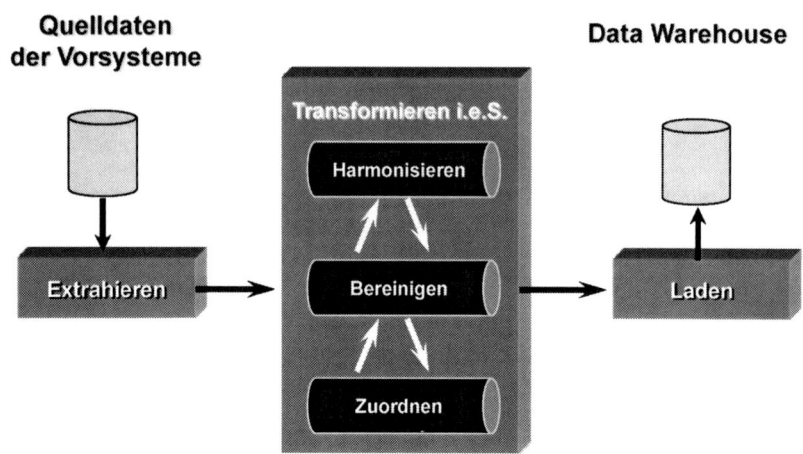

Abb. 2.1-2: ETL-Prozess zur Befüllung analyseorientierter Datenspeicher.

2.1.2 OLAP – On-Line Analytical Processing *

Charakterisierung OLAP

Mit dem Konzept des *OLAP* scheint ein Leitbild gegeben zu sein, das teils aus fachlicher teils auch aus systemtechnischer Perspektive die Aspekte hervorhebt, die für eine anforderungsgerechte Nutzung entsprechender Systeme unabdingbar sind. Demgemäß repräsentiert *On-Line Analytical Processing* eine Softwaretechnik, die Managern wie auch qualifizierten Mitarbeitern aus den Fachabteilungen schnelle, interaktive und vielfältige Zugriffe auf relevante und konsistente Informationen ermöglichen soll. Im Vordergrund stehen dabei dynamische und multidimensionale Analysen auf historischen, konsolidierten Datenbeständen. Durch die gewählte Begrifflichkeit werden OLAP-Systeme bewußt von OLTP-Systemen abgegrenzt, die transaktionsorientiert die Abwicklung der operativen Geschäftstätigkeit unterstützen.

Multidimensionalität

Als zentrales Charakteristikum von OLAP wird zumeist die Multidimensionalität gewertet. Diese zielt auf eine Anordnung betriebswirtschaftlicher Variablen bzw. Kennzahlen (wie z. B. Umsatz- oder Kostengrößen) entlang unterschiedlicher Dimensionen (wie z. B. Kunden, Artikel, Niederlassungen oder Regionen), wie sie spätestens seit der Etablierung von EIS *(Executive Information Systemen)* als geeignete Sichtweise für das Management auf betriebswirtschaftliches Zahlenmaterial akzeptiert ist. Versinnbildlicht erscheinen die quantitativen Größen dann als Sammlung von Würfeln, wobei die einzelnen Dimensionen durch entsprechend textindizierte Würfelkanten verkörpert werden.

Als besondere Anekdote der DV-Geschichte ist der Umstand zu verstehen, dass es mit E.F. Codd einer der geistigen Urväter der relationalen Datenbanken war, der dem Begriff des *On-Line Analytical Processing* Leben einhauchte. Unbestritten erweisen sich relationale Technologien als stabile, sichere und schnelle Alternative bei der Datenspeicherung in ungezählten transaktionsorientierten Anwendungssystemen. Allerdings offenbaren relationale Datenbanken Schwächen bei der flexiblen und benutzeradäquaten Zurverfügungstellung entscheidungsrelevanter Informationen für das Management. Schließlich, so argumentiert Codd, sind relationale Systeme auch nicht darauf ausgelegt, multidimensionale Analysen mit der geforderten Funktionalität und in der gewünschten Schnelligkeit zu gewährleisten. Als Konsequenz definieren Codd et al. zwölf *Evaluation*sregeln, die bei Erfüllung die OLAP-Fähigkeit der Informationssysteme garantieren sollen.

12 Evaluierungsregeln

Die Evaluationsregeln werden im Folgenden aufgegriffen und detailliert vorgestellt:

- »Die zwölf OLAP-Evaluierungsregeln«, S. 54

Die multidimensionale Anordnung von betriebswirtschaftlichem Datenmaterial in Datenwürfeln wird einer eingehenden Betrachtung unterzogen:

- »Multidimensionalität durch die Verwendung von Datenwürfeln«, S. 57

Bei der Implementierung von OLAP-Systemen sind alternative Realisierungsformen möglich:

- »Speicherkonzepte für OLAP-Lösungen«, S. 59

Für die Endanwender stehen die Funktionalitäten zur Navigation im Vordergrund, die letztlich durch die eingesetzten Front-End-Werkzeuge bestimmt werden:

- »Navigation in multidimensionalen Datenstrukturen«, S. 60
- »Frontend-Techniken und -Funktionen«, S. 61

2.1.2.1 Die zwölf OLAP-Evaluierungsregeln *

Es gibt zwölf Evaluierungsregeln, die eine Liste idealtypischer Anforderungen an OLAP-Systeme darstellen.

1. Mehrdimensionale konzeptionelle Sichten
Die konzeptionelle Sicht der OLAP-Modelle muss, bezogen auf die Problemsicht des Benutzers, mehrdimensional sein. Bezugsgrößen, wie etwa Kunden, Artikel oder Regionen, bilden die Dimensionen, entlang derer sich die betriebswirtschaftlichen Kenngrößen (z. B. Umsatz) im zeitlichen Verlauf untersuchen lassen. Die Abfragetechnik von OLAP-Systemen besteht aus Manipulationen des mehrdimensionalen Datenraums. Durch die Auswahl eines bestimmten Abfrageergebnisses wird die Extraktion beliebiger Aggregate aus dem originären Datenbestand veranlasst. Der Benutzer muss sich dabei frei in dem **Datenwürfel** bewegen und an beliebiger Stelle Schnitte durch den Würfel ziehen bzw. den Datenwürfel drehen können, um aus verschiedenen Perspektiven auf den Datenbestand blicken zu können. Dies ermöglicht dem Entscheider, Informationen zu vergleichen und selbständig Berichte erstellen zu können.

2. Transparenz
OLAP-Werkzeuge sollen sich problemlos in die offene Architektur der Arbeitsumgebung einbetten lassen. Das Ziel ist eine möglichst homogene Benutzungsoberfläche mit allen notwendigen Funktionalitäten. Dadurch soll erreicht werden, dass der Benutzer keinen formalen Unterschied zwischen Informationseinheiten aus unterschiedlichen Datenquellen ausmachen kann.

3. Zugriffsmöglichkeit
Der Zugriff auf möglichst viele heterogene unternehmungsinterne und externe Datenquellen und -formate soll durch eine offene Architektur der OLAP-Systeme ermöglicht werden. Diese Daten bilden die Basis eines umfassenden analy-

tischen Datenmodells und müssen daher sorgfältig konvertiert werden, damit eine einheitliche, konsistente Datensicht für den Benutzer gewährleistet ist.

4. Gleichbleibende Berichtsperformance
Stabile Antwortzeiten und gleichbleibende Berichtsleistung bei Datenabfragen sind zwei wichtige Punkte für die Nutzung des OLAP-Systems. Auch bei einer überproportionalen Zunahme der Dimensionen bzw. des Datenvolumens sollte sich die Antwortzeit nicht signifikant ändern.

5. Client-Server-Architektur
OLAP-Systeme sind derart zu gestalten, dass sie den Einsatz von **Client-Server-Architekturen** unterstützen. Dabei sollte sowohl eine verteilte Programmausführung als auch eine verteilte Datenhaltung möglich sein. Die verteilten Datenquellen sollten beliebig integriert und aggregiert werden können. Das *Data Warehouse*-Konzept bietet hierbei eine gute Problemlösung.

6. Gleichgestellte Dimensionen
Alle Dimensionen sind als gleichwertig anzusehen. Es soll ein einheitlicher Befehlsumfang zum Aufbauen, Strukturieren, Bearbeiten, Pflegen und Auswerten der Dimensionen vorhanden sein.

7. Dynamische Verwaltung dünn besetzter Matrizen
Multidimensionale Datenmodelle enthalten dünn besetzte Matrizen. Das begründet sich daraus, dass nicht alle denkbaren Kombinationen der Dimensionselemente werttragende Verbindungen eingehen. Durch eine optimale Datenspeicherung müssen diese Lücken in den Datenwürfeln effizient gehandhabt werden, ohne die multidimensionale Datenmanipulation zu beeinträchtigen.

8. Mehrbenutzerfähigkeit
Der Mehrbenutzerbetrieb ist eine grundlegende Anforderung an ein OLAP-System. Das heißt, es müssen mehrere Benutzer gleichzeitig auf den Datenwürfel zugreifen können,

um ihre Analysen durchzuführen. Dazu gehört aber auch ein Sicherheitskonzept, das den Datenzugriff und die Datenverfügbarkeit der verschiedenen Benutzer regelt.

9. Unbeschränkte kreuzdimensionale Operationen
Zur Datenanalyse (z. B. Kennzahlenberechnungen oder Konsolidierungen) werden Operationen über die Dimensionen hinweg benötigt. Dafür sind eine vollständige, integrierte **Datenmanipulationssprache** sowie eine unbeschränkte Abfragemöglichkeit notwendig.

10. Intuitive Datenmanipulation
Eine einfache und ergonomische Benutzerführung und Benutzungsoberfläche erleichtern das intuitive Arbeiten an der Datenbasis. Exemplarisch soll hier die verständliche Adressierung der Daten im multidimensionalen Raum und ein einfacher **Drill-Down** in weitere Detaillierungsebenen genannt werden. Dem Benutzer müssen somit Zugriffe auf die Basiselemente der Dimensionen und Werkzeuge zur beliebigen Zusammenstellung neuer Konsolidierungsgruppen zur Verfügung gestellt werden.

11. Flexibles Berichtswesen
Aus dem multidimensionalen Modell müssen leicht und flexibel aussagekräftige Berichte hergeleitet werden können. Diese sollen, je nach den Anforderungen des Benutzers, als tabellarische **(Ad-hoc-)**Berichte oder dynamische Grafiken zur Verfügung stehen. Das OLAP-Werkzeug soll darüber hinaus dem Benutzer derart Unterstützung bieten, dass Daten flexibel in beliebiger Form bearbeitet, analysiert und betrachtet werden können.

12. Unbegrenzte Dimensions- und Aggregationsstufen
Ein OLAP-System soll eine unbegrenzte Anzahl an Dimensionen, Relationen und Variablen innerhalb der einheitlichen Datenbank ermöglichen. Weiterhin soll keine Limitie-

rung der Anzahl und Art der Aggregationen der Daten bestehen.[1]

Die zwölf aufgestellten Anforderungen an OLAP-Systeme sind z. T. sehr heftig kritisiert worden. Grundsätzlicher Angriffspunkt ist die unscharfe Trennung zwischen fachlich-konzeptionellen Anforderungen und technischen Realisierungsaspekten. So bleibt etwa unklar, ob die konzeptionelle mehrdimensionalen Datensichten auch die zwingende Nutzung spezieller Speicher- und Datenverwaltungstechniken impliziert, wie sie durch die mehrdimensionalen Datenbanken abgedeckt werden. Zudem wurden von unterschiedlichen Produktanbietern Sinnhaftigkeit und Notwendigkeit einzelner Forderungen bestritten, nicht zuletzt, weil deren Produkte eine abweichende Funktionalität aufweisen. So wird insbesondere die Regel 6 angegriffen, die die Dimensionen eines mehrdimensionalen Modells gleichstellt. Bestimmte Dimensionen jedoch – wie z. B. die Zeitdimension mit ihrer inhärenten Zeitlogik, für die gar eine compilierte Zeitintelligenz gefordert wird – unterscheiden sich erheblich von den übrigen Dimensionen.

Kritik

2.1.2.2 Multidimensionalität durch die Verwendung von Datenwürfeln *

Auf der Speicherebene kann die Struktur eines multidimensionalen Datenmodells als Sammlung von Datenwürfeln verstanden werden, wobei die einzelnen Elemente der Dimensionen eines Würfels oftmals hierarchische Verknüpfungen aufweisen.

Die Organisation multidimensional gestalteter Inhalte erfolgt in Form so genannter Datenwürfel *(Cubes)*. Ein Würfel besteht aus der logischen Anordnung quantitativer Größen bzw. betriebswirtschaftlicher Variablen (z. B. Kennzahlen) entlang sachlich zusammengehöriger Beschreibungsobjekte (z. B. Produkte, Zeit oder Region). Gruppierungen dieser Objekte, die dann als Dimensionen bezeichnet werden, finden sich als Kanten des Würfels wieder [GaGl98]. In der betrieblichen Umsetzung sind derartige Würfel nicht auf drei Dimensionen beschränkt, sondern weisen häufig sechs, acht

Datenwürfel

---
[1] Unter DV-technischen Gesichtspunkten ist eine unbegrenzte Anzahl an Elementen natürlich nicht realisierbar. Besser wäre vielleicht der Begriff »ausreichend«.

oder noch mehr Dimensionen auf. Der einzelnen **Datenzelle**, adressierbar und sachlogisch beschrieben durch die zugeordneten Dimensionselemente, lässt sich der zu speichernde Wert zuordnen. Die Abb. 2.1-3 verdeutlicht diese Zusammenhänge.

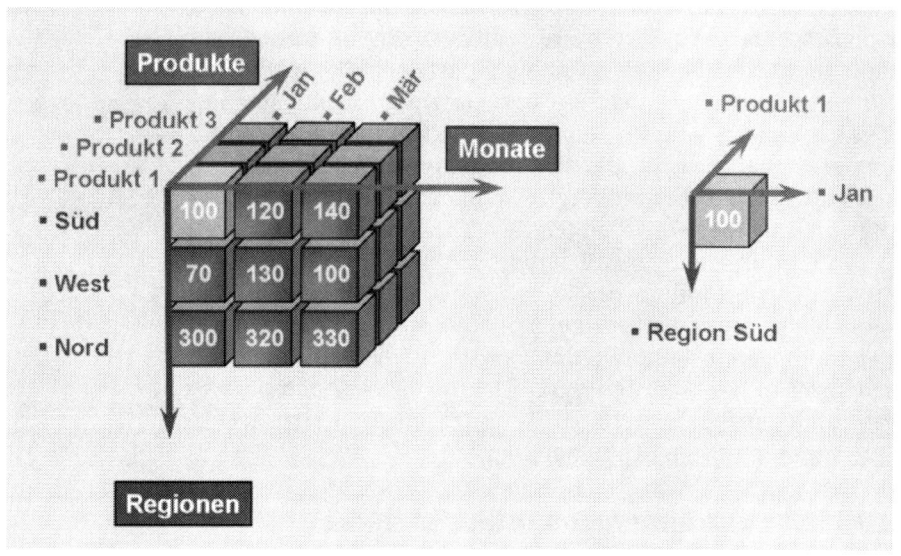

Abb. 2.1-3: Mehrdimensionale Würfel und Datenzellenprinzip.

Die Abb. 2.1-3 stellt einen Würfel mit den drei Dimensionen Produkte, Monate und Regionen dar. Die Werte in den Datenzellen repräsentieren den zugeordneten Umsatz (in Tausend €) dar. So hat z.B. Produkt 1 im Monat Januar in der Region Süd einen Umsatz von 100.000 € erzielt.

Hierarchien Als charakteristisch erweist sich, dass die Elemente einer Dimension hierarchische Beziehungen aufweisen und dadurch Navigationspfade für den Endanwender wie auch Verdichtungspfade für die zugehörigen Zahlenwerte bestimmt werden (Umsatz einer Artikelgruppe als Summe der Umsätze zugehöriger Einzelartikel). Insofern erscheint es angebracht, von Dimensionsstrukturen zu sprechen. Die durch die stufenweise Zusammenfassung von Dimensionselementen entstandenen Elementhierarchien lassen sich durch den Endbenutzer zur Navigation im Datenbestand nutzen.

2.1.2.3 Speicherkonzepte für OLAP-Lösungen **

Die OLAP-Technologie dient der anforderungsgerechten Aufbereitung und Präsentation von entscheidungsorientiertem Datenmaterial. Je nach Bedarf und Anwendungsfall lassen sich dabei unterschiedliche Speicherkonzepte verwenden.

Um die geforderte **OLAP**-Funktionalität zu erreichen, lassen sich unterschiedliche *Speichertechnologien* einsetzen. Entweder erfolgt die Datenhaltung in relationalen oder in echten multidimensionalen Datenbanksystemen. Darüber hinaus existieren noch einige Mischformen. *(Speicherkonzepte)*

Beim ROLAP *(Relational On-Line Analytical Processing)* werden die Daten mit einem relationalen Datenbanksystem verwaltet. Die multidimensionale Anwendersicht wird in diesem Fall auf Ebene des Datenbanksystems durch Relationen beschrieben. Zur Abbildung der Multidimensionalität präsentieren sich die zugehörigen Datenmodelle in einer besonderen Struktur. Strukturen zur Darstellung multidimensionaler Daten in relationalen Datenbanken sind z. B. das »*Star*-Schema« oder das »*Snowflake*-Schema« [GaRö03], [GGD08]. *(ROLAP)*

Das konzeptionelle Gegenstück zu den ROLAP-Systemen sind MOLAP *(Multidimensional On-Line Analytical Processing)*-Systeme, bei denen die Daten physikalisch multidimensional gespeichert werden. Dazu erfolgt die Verwendung speziell für OLAP-Zwecke entwickelter **Datenbanksysteme**. Diese Datenbanksysteme verwenden zur Datenablage eine physische Zellstruktur in Verbindung mit speziellen und sehr schnellen Zugriffsmechanismen [ChGl06b]. *(MOLAP)*

Ein weiteres Architekturkonzept von OLAP-Systemen ist das HOLAP (hybride OLAP), welches die beiden vorherigen Alternativen vereint. Je nach Abfragehäufigkeit und Aggregationsstufe wird hierbei ein Teil der Daten physikalisch multidimensional gespeichert, wobei der andere (detailliertere) Teil in einer relationalen Datenbank verbleibt und lediglich zur Laufzeit multidimensional aufbereitet wird [Kurz99]. *(HOLAP)*

DOLAP (Desktop-basierte OLAP)-Lösungen speichern die Daten zur multidimensionalen Analyse lokal auf dem Desktop. Aufgrund der eingeschränkten Kapazität und Funktionalität *(DOLAP)*

2 Data Warehouse und OLAP *

können mit dieser Vorgehensweise nur kleinere Lösungen für überschaubare Probleme erstellt werden [Bang06].

Mobiles OLAP — In der Zukunft könnte *mobiles OLAP* zur ortsungebundenen Analyse (z. B. mit PDA oder Mobiltelefon) eine bedeutende Stellung einnehmen. Bereits heute ist die internetbasierte Browsertechnologie zur Darstellung der Berichte und Analyseergebnisse in den modernen OLAP-Frontends integriert.

Fazit — Die OLAP-Technologie bietet somit gleichberechtigt unterschiedliche Vorgehensweisen zur Speicherung von multidimensionalem Datenmaterial an. Für den Endanwender erweisen sich vor allem die Funktionalitäten am Bildschirm als wichtig, die den Gegenstand des folgenden Abschnittes bilden.

2.1.2.4 Navigation in multidimensionalen Datenstrukturen *

In OLAP-Lösungen stehen dem Anwender mehrere Navigationsmöglichkeiten zur Verfügung. Während mittels *Slicing* der Datenwürfel schichtweise dargestellt werden kann, bewirkt »Rotation« das Drehen oder Kippen eines Datenwürfels. Die Funktionen *Drill-Down* und *Roll-Up* eröffnen darüber hinaus ein Zoomen in oder aus dem Datenbestand heraus.

Navigation — Die Organisation der zur Analyse benötigten Unternehmungsdaten in multidimensionalen Strukturen begünstigt eine einfache Navigation. Eine problemgerechte Auswahl gewünschter Informationsinhalte ist durch die interaktive Navigation unmittelbar innerhalb des verfügbaren Datenbestandes gewährleistet. Mit Hilfe von vier elementaren Navigationsfunktionen lassen sich beliebige Ausschnitte aus dem gesamten Datenraum schnell visualisieren [Gluc01b].

Slicing — Das **Slicing** unterstützt den Anwender dabei, einzelne Scheiben oder kleine Würfel aus dem Datenraum herauszuschneiden. Dadurch lässt sich die Anzeige auf diejenigen Objekte beschränken, die für die jeweilige Aufgabenstellung von Relevanz sind. Die Änderung der Schnittebene durch den **Datenwürfel** führt zu einer veränderten Sicht. Im Beispiel wird der oben dargestellte Würfel mit drei Dimensionen betrachtet.

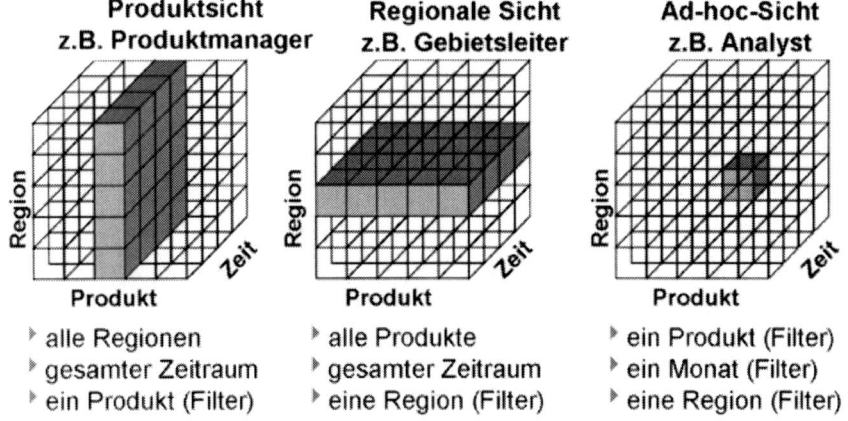

Abb. 2.1-4: Herausschneiden einzelner Scheiben, Schichten oder kleiner Würfel aus dem Datenraum.

Als weitere Navigationsmöglichkeit steht das Rotieren des Datenwürfels zur Verfügung (**Dicing** oder Rotation). Die Rotation des Datenwürfels durch Drehen oder Kippen gestattet es, eine andere Perspektive auf die Daten zu generieren.

Rotation

Durch die stufenweise Zusammenfassung von Dimensionselementen entstehen innerhalb der Dimensionen Elementhierarchien. Dadurch ergeben sich zwei weitere Navigationsoptionen. Bei einer Tiefensuche mittels **Drill-Down** können die Daten in einem feineren Detaillierungsgrad innerhalb der Elementhierarchie einer Dimension untersucht werden.

Drill-Down

Als entgegengesetzte Operation blendet ein **Roll-Up** die jeweils höhere Verdichtungsstufe ein bzw. niedrigere Verdichtungsstufen aus. Ziel dieser Methode ist eine schrittweise Analyse der Werte auf der nächst höheren Hierarchieebene.

Roll-Up

2.1.2.5 Frontend-Techniken und -Funktionen *

Je nach Ausprägung lassen sich OLAP-Frontends zur Befriedigung spontaner Informationsabfragen aber auch zur Erstellung komplexer Analyse- und Reportinglösungen nutzen. Durch dieses breite Einsatzspektrum in Verbindung

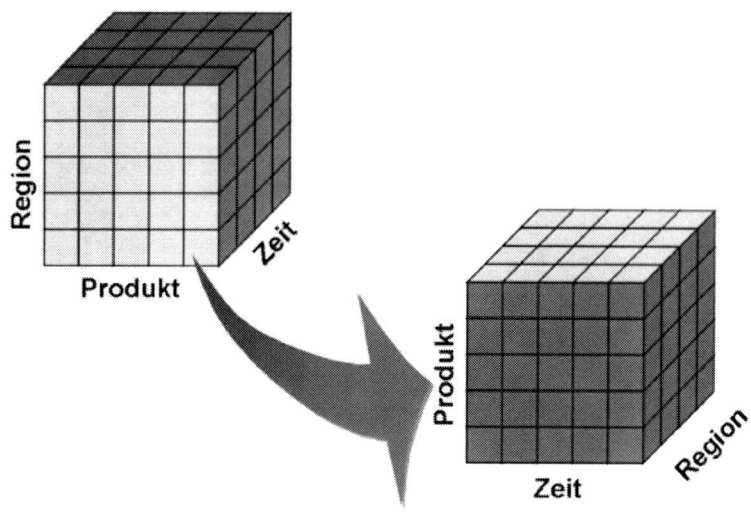

Abb. 2.1-5: Rotation des Datenwürfels durch Drehen oder Kippen, um eine andere Perspektive auf die Daten zu ermöglichen.

mit der Option zur Vornahme individueller Einstellungen finden sich Anwendungsbereiche in der gesamten Unternehmung.

Aufgabe

OLAP-Frontends helfen den Fach- und Führungskräften in Unternehmungen, die im Sinne der OLAP-Technologie aufbereiteten und konsolidierten Daten entscheidungsorientiert zu untersuchen und darzustellen. Diese Werkzeuge bieten dem Management den Zugriff auf (meist vergangenheitsgerichtete) Daten mitsamt der benötigten Navigationsfunktionalität.

Arbeitsweise

Durch die integrierte OLAP-Technologie sind die multidimensionalen Datenbestände dem Anwender unmittelbar zugänglich. Ein als Frontend eingesetzter *Cube Viewer* gestattet beispielsweise eine direkte Auswahl des relevanten **Datenwürfels** sowie Optionen zur Anordnung der anzuzeigenden Dimensionen und Auswahl der Dimensionselemente, um rasch den benötigten Ausschnitt aus dem Datenraum einstellen und anzeigen zu können. Die dadurch entstandenen Datensichten lassen sich anschließend durch einfaches Verschieben der Dimensionen an neue Anforderungen anpassen. Auf diese Weise erfolgt neben fallweisen Ad-hoc-Abfragen auch die Bewältigung anspruchsvoller Planungs- und Reportingaufgaben. Für Planungsaufgaben werden spezielle Sichten auf den Datenwürfel als Eingabeoberflächen zusammengestellt und im Bedarfsfall mit umfangreichen Rechenoperationen angereichert. Für regelmäßige Analyse- und Reportingaufgaben können dynamische Verknüpfungen zu den Würfelstrukturen aufgebaut werden. Durch die Einstellung des Analyse- und Reportzeitraums passen sich die dargestellten Werte automatisch an [WGS99, S. 28 ff.].

Häufig sind OLAP-Frontends in die verbreiteten Tabellenkalkulationsprogramme eingebettet oder verfügen über eine Webschnittstelle mit intuitiven, grafischen Benutzungsoberflächen (vgl. Abb. 2.1-6). Heutige OLAP-Frontends unterstützen einen Zugriff auf verschiedene Datenquellen sowohl multidimensionaler als auch relationaler Natur und beinhalten vielfältige und komplexe Rechenlogiken, um analyseorientierte Oberflächen schnell und einfach generieren zu können [WGS99, S. 31 ff.].

Benutzungsoberfläche

Spezifisch gestaltete, multidimensionale Informationssysteme weisen ein individuelles Layout auf und beinhalten oftmals alle Spielarten moderner Informationsvisualisierung (Tabelle, Grafik, Ampel bis hin zu Tachometeranzeigen). Logische Verweisstrukturen gestatten eine intuitive Benutzerführung (Menüs, Schaltflächen etc.). Durch Einstellmöglichkeiten (Auswahllisten, **Drill-Down** etc.) kann das System den persönlichen Fragestellungen im Rahmen des verfügbaren Datenraumes und der jeweiligen Zugriffsberechtigungen angepasst werden [Gluc01b, S.11].

Gestaltung spezifischer Lösungen

Da ein Großteil der Anwender eines **analyseorientierten Informationssystems** über keine ausreichenden Kenntnisse der Datenbanksprachen der Speicherkomponenten verfügt, übernehmen die OLAP-Frontends die Übersetzung der Benutzerinteraktionen in die jeweiligen Sprachkonsstrukte. Daher braucht eine Datenbankabfrage nicht direkt in der entsprechenden Datenbanksprache formuliert werden, was Informationsabfrage, -präsentation und -analyse erheblich erleichtert [Bang06, S. 58].

Reduktion der Komplexität

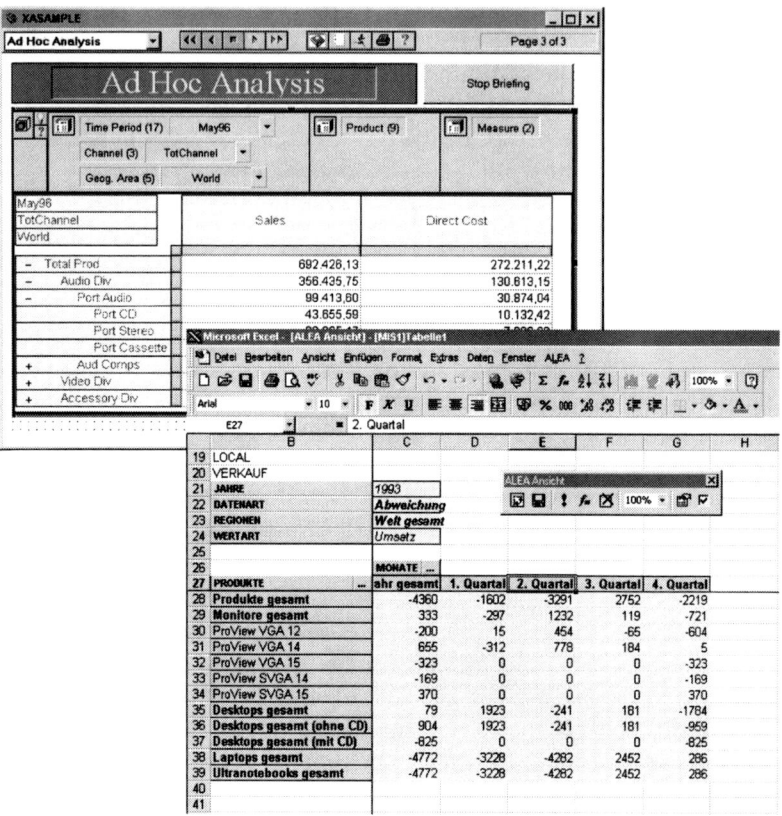

Abb. 2.1-6: Cube-Viewer u. Spreadsheet-Add-In.

Anwendung   Wenngleich die potenziellen Einsatzbereiche von OLAP-Frontends sich als vielfältig und heterogen erweisen, findet sich eine Nutzung in Unternehmungen insbesondere bei drei Arten von Anwendungsfeldern. Ein Schwerpunkt der OLAP-Anwendung liegt zweifellos in der Informationsaufbereitung und -darstellung, so dass sich mit dieser Technologie Ad-hoc- und Standardberichte für verschiedene Benutzerkreise generieren lassen. Als zweites Anwendungsgebiet gelten betriebswirtschaftliche Untersuchungen mit komplexen Methoden auf der Basis multidimensionaler Datenstrukturen mitsamt der ansprechenden und verständlichen Präsentation der Untersuchungsergebnisse. Das letzte Anwendungsszenario stellt die betriebliche Planung dar, wobei die benötigten Schreibzugriffe auf den multidimensionalen Datenbestand hier als Besonderheit zu verstehen sind [Schi01, S. 136 ff.].

2.1.3 Vorgehensmodell zur Gestaltung multidimensionaler Informationssysteme **

Bei der Entwicklung von *Data Warehouse-* und OLAP-Lösungen führt eine streng phasenorientierte Vorgehensweise meist nicht zum gewünschten Ergebnis. Vielmehr sind zyklische und antizipative Ansätze gefordert, die fast beliebige Sprünge erlauben und Interdependenzen zwischen unterschiedlichen Phasen aufweisen. Ansätze hierzu finden sich in der Softwaretechnik, beispielsweise im Rahmen der inkrementellen und evolutionären Systementwicklung sowie durch Prototyping-Ansätze. Aufbauend auf diesen generischen Konzepten wurden in den letzten Jahren verschiedene iterative und partizipative Vorgehensmodelle zum Aufbau von *Business Intelligence*-Lösungen vorgestellt. Obwohl hier ebenfalls einzelne Phasen identifiziert werden, die es zu durchlaufen gilt, sind die Modelle stärker durch Rücksprünge, Prototypen und z. T. Parallelisierung geprägt.

Die folgenden Ausführungen beschreiben ein umfangreiches *Vorgehensmodell* zum Aufbau und Betrieb von *Data Warehouse-* und OLAP-Lösungen. Dieses Modell betrachtet nicht nur die engeren Entwicklungsschritte, sondern ebenfalls vor- und nachgelagerte Aktivitäten sowie prozessbegleitende Unterstützungstätigkeiten. So sollte jedes BI-Vorhaben aus einer übergeordneten BI-Strategie abgeleitet werden, die sich wiederum aus der Unternehmungsstrategie ergibt. Zudem umfasst der gesamte Lebenszyklus einer BI-Lösung nicht nur deren Gestaltung, sondern wird im Wesentlichen durch den nachfolgenden Betrieb der Lösung bestimmt. Alle Einzelaktivitäten, die zur erfolgreichen Nutzung der BI-Anwendung führen, sind durch das zugehörige Projektmanagement zu planen und koordinieren sowie

Vorgehensmodell

durch eine projektbegleitende Qualitätssicherung zu verifizieren.

Die Abb. 2.1-7 visualisiert das umfassende Vorgehensmodell zum Aufbau und Betrieb von DW- und OLAP-Lösungen [GGD08, S. 254 ff.].

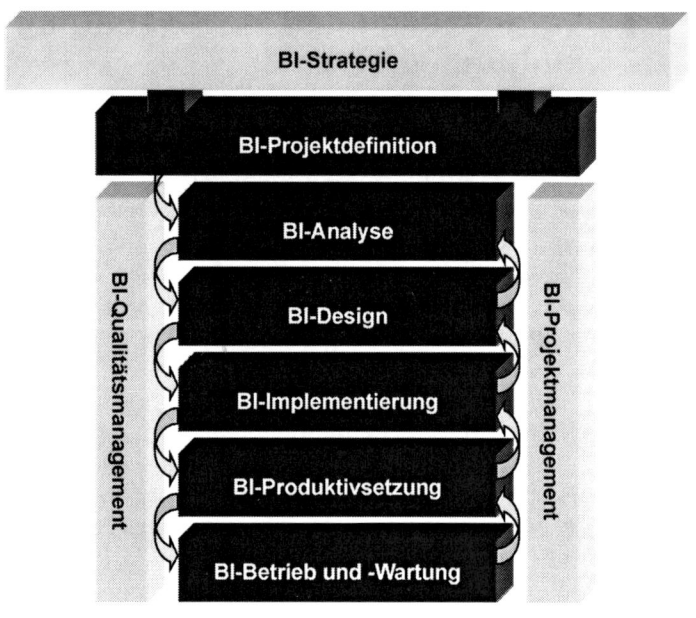

Abb. 2.1-7: BI-Vorgehensmodell.

BI-Strategie   Als übergeordnete Aktivität eines Vorgehensmodells zur Gestaltung von DW- und OLAP-Systemen gilt die Entwicklung einer BI-Strategie, die einen langfristig gültigen Bezugsrahmen für *Data Warehouse*- und OLAP-Initiativen definiert. Dazu legt die BI-Strategie die organisatorische Einbettung von Stellen, Rollen und Verantwortlichkeiten in diesem Kontext fest und bestimmt Vorgehensweisen, Methoden und Standards für zugehörige Projekte.

BI-Projekt- definition   Nachdem auf strategischer Ebene die Entscheidung für die durchzuführenden BI-Projekte getroffen ist, gilt es, die zeitlichen und organisatorischen Rahmenbedingungen für einzelne Projektvorhaben zu konkretisieren. Als wesentliche Aufgaben der Phase Projektdefinition lassen sich die Bestimmung der Projektziele, die Festlegung der Projektorganisation sowie die Erstellung eines groben Projektplanes verstehen.

Die Phase der BI-Analyse umfasst eine Vielzahl von Einzelaktivitäten, die sich in die Subphasen Ist-Analyse, Schwachstellenanalyse, Requirements Engineering, Quelldatenanalyse und Semantische Modellierung untergliedern lässt. Als Ergebnis wird ein strukturiertes Dokument erstellt, das Informationen darüber beinhaltet, welchen funktionalen und inhaltlichen Anforderungen das zu erstellende BI-System genügen muss, wo sich die benötigten Daten befinden und wie diese Daten im Rahmen der Geschäftsprozesse verknüpft sind. BI-Analyse

Im Anschluss an die Analysephase greift die Designphase die bisher erworbenen Erkenntnisse auf und setzt sich das Ziel, diese im Hinblick auf die nachfolgende technische Implementierung zu konkretisieren. Die Aufgaben in dieser Phase erweisen sich als weit reichend und anspruchsvoll, zumal hierbei nicht nur die komplette Systemarchitektur mit allen erforderlichen Hardware- und Softwarekomponenten festlegt wird, sondern darüber hinaus das Design von Frontend und ETL-Prozesse sowie die Erstellung eines logischen Datenmodells erfolgt. BI-Design

Die BI-Implementierung nutzt die Vorarbeiten aus der Analyse- und Design-Phase als Gestaltungsvorgaben und setzt diese mit den verfügbaren bzw. ausgewählten Hardware-Plattformen und Software-Werkzeugen systemtechnisch bis zur lauffähigen Gesamtlösung um. Dabei erfolgt hardwareseitig zunächst der noch notwendige Aufbau der Entwicklungs- und Testumgebungen. Zudem sind die erforderlichen Implementierungsarbeiten für die Frontend- und ETL-Gestaltung vorzunehmen. Die konkreten Aufgaben, die hier zu erfüllen sind, hängen stark von der Wahl der eingesetzten Werkzeuge ab. Sowohl bei der Frontend- als auch bei der ETL-Implementierung kann es sich in den Extremfällen einerseits um eine reine Programmierung in einer höheren Programmiersprache oder andererseits um eine Parametereinstellung durch mausgestützte Auswahl vorgegebener Optionen handeln. BI-Implementierung

Als weitere Tätigkeit weist die Erarbeitung und Realisierung eines tragfähigen Sicherheitskonzeptes hohe Bedeutung auf, zumal die Inhalte eines analytischen Datenpools häufig auch vertrauliche oder zumindest schützenswerte Informationen umfassen. Zumeist wird heute mit Benutzerrollenkonzepten gearbeitet, die den Inhabern einer Benutzerrolle exakt definierte und auf das jeweilige Arbeitsgebiet abgestimmte Zugriffsrechte einräumen.

Die Zugriffs- bzw. Abfragegeschwindigkeit erweist sich immer wieder als kritischer Erfolgsfaktor für alle Arten von *Business Intelligence*-Lösungen, da nur Systeme die angestrebte Akzeptanz bei den Endbenutzern erreichen und langfristig sichern können. Als zentraler Bestimmungsfaktor für die Performance erweist sich die durch das eingesetzte Datenbanksystem vorgenommene physikalische Ablage der Daten auf den Speichermedien sowie die richtige Wahl der verfügbaren Speicherungsoptionen beim Systemaufbau und -betrieb. Tätigkeiten zum Performance-Tuning sind ebenfalls Bestandteil der BI-Implementierung.

BI-Produktivsetzung

Im Rahmen der Produktivsetzung werden die in der Entwicklungsumgebung erarbeiteten und in der Testumgebung überprüften technischen Strukturen und Prozesse in eine – gegebenenfalls noch zu installierende – Produktivumgebung überführt und letztlich für den Echteinsatz freigegeben.

BI-Betrieb & -Wartung

Die Phase BI-Betrieb und -Wartung beginnt mit dem Echteinsatz und endet im Extremfall mit der Abschaltung des dann nicht mehr benötigten Systems, umfasst demnach also einen recht langen Zeitraum. Die hier auftretenden Aufgaben reichen weit über die korrespondierenden Aufgabenstellungen beim Betrieb operativer Anwendungssysteme hinaus, was aus den spezifischen Eigenschaften von BI-Lösungen zu erklären ist. Schließlich müssen die Lösungen aufgrund der sich oftmals ändernden fachlichen Anforderungen eine ausgeprägte Flexibilität und Dynamik aufweisen. An erfolgreiche BI-Systeme richten die Fachbereiche derart viele Anforderungen, dass diese nicht alle umgehend befriedigt werden können und zunächst in einer Warteschlange Platz nehmen müssen. Zudem ist das produktive System ständigen Verbesserungsprozessen unterworfen, sowohl im Hinblick auf die

Systemleistungsfähigkeit, als auch in Bezug auf die angebotene Funktionalität und die vorgehaltenen Dateninhalte.

Als vordringliche Aufgabe des BI-Projektmanagements gilt es, die im Rahmen der BI-Projektdefinition getroffenen Grundsatzentscheidungen aufzugreifen, um das anstehende BI-Projekt detailliert zu planen. Auf der Basis dieser Projektplanung kann dann während der Projektdurchführung im Bedarfsfall steuernd eingegriffen werden, wenn absehbar ist, dass sich Planabweichungen einstellen und dadurch das frist- und/oder budgetkonforme Erreichen der Projektziele gefährdet ist. Naturgemäß erweist sich die Projektsteuerung als eng mit der laufenden Projektkontrolle verbunden, da sich hieraus Erkenntnisse über eingetretene Plan-Ist-Differenzen ergeben. Von projektexternen Prüfern können dabei beispielsweise Projektaudits durchgeführt werden, die ein unabhängiges Bild über den jeweiligen Projektzustand liefern sollen. Neben der laufenden ist auch eine abschließende Projektkontrolle als Aufgabe des Projektmanagements zu verstehen, bei der nach Durchlauf durch die einzelnen Projektphasen eine generelle Bewertung des Gesamtprojektes mit der Aufdeckung, Untersuchung und Dokumentation besonders negativer und positiver Aspekte des Projektes *(Lessons Learned)* verbunden ist, um hieraus für zukünftige Vorhaben wertvolle Rückschlüsse zu ziehen.

BI-Projektmanagement

Für den erfolgreichen Einsatz einer BI-Lösung mit intensiver Nutzung durch die befugten Endanwender ist es unabdingbar, dass das System hinsichtlich Inhalt, Funktionalität und Verhalten den Bedürfnissen und Erwartungen der User entspricht. Um dies gewährleisten zu können, ist während der gesamten Systemgestaltung sowie im laufenden Betrieb ein Qualitätsmanagement zu etablieren, das sich ein hohes Qualitätsniveau bei allen Prozessen und Prozessergebnissen zum Ziel setzt.

BI-Qualitätsmanagement

2.1.4 Einsatzbereiche multidimensionaler Informationssysteme *

In modernen Betrieben ist der Bedarf einer entscheidungsorientierten Informationsbasis in fast sämtlichen Funktionsbereichen als auch Branchen gegeben. Der Anwendungsbereich solcher Informationssysteme erstreckt sich dabei vom *Database Marketing* über Vertriebscontrolling hin zum Konzerncontrolling und letztlich zur Unternehmungsführung.

Anwendungsspektrum multidimensionaler Informationssysteme

Der potenzielle Anwendungsbereich für multidimensionale Informationssysteme erweist sich als breit gefächert und facettenreich. Prinzipiell lässt sich ein multidimensionaler Datenpool mit abgestimmten entscheidungsrelevanten Inhalten überall dort nutzen, wo dispositive bzw. analytische Aufgaben in Organisationen zu lösen sind. Damit finden die Ansätze sowohl im Rahmen einer reinen Informationsversorgung von Fach- und Führungskräften *(data support)* als auch als Datenbasis für anspruchsvolle statistische oder finanzmathematische Auswertungen *(decision support)* Anwendung, so z. B. bei Berechnungen im Rahmen von Marktprognosen und Investitionsentscheidungen.

Anwendungsbereiche

Der Bedarf an einer entscheidungsorientierten Informationsbasis ist in allen betrieblichen Funktionsbereichen und in allen Branchen gegeben. Entsprechende Projekte wurden beispielsweise bei Handelsketten und Versandhäusern, Banken und Versicherungen, Energieversorgern, kommunalen Organisationen, Chemieunternehmungen und Stahlerzeugern aufgesetzt [Mart97]. Interessant ist der Aufbau einer verlässlichen analytischen Informationsbasis jedoch nicht nur für Großunternehmungen, sondern ebenso für kleinere und mittlere Organisationen.

Nutzer analyseorientierter Systeme

Als Nutzer analyseorientierter Systeme kommen Mitarbeiter unterschiedlichster Hierarchiestufen aus allen Funktionsbereichen von Organisationen in Betracht. Im Data Warehouse-Bereich werden die meisten Lösungen heute zunächst für den Marketing- und Vertriebsbereich, für Kunden- und Produktanalysen sowie für den Finanzsektor konzipiert und in Betrieb genommen. Die Einbeziehung anderer Bereiche, wie z. B. Personal oder Produktion, erfolgt ggf. zu einem späteren Zeitpunkt.

Im Folgenden werden vier mögliche Einsatzbereiche von *Data Warehouse*-Konzepten herausgegriffen und exemplarisch kurz erläutert.

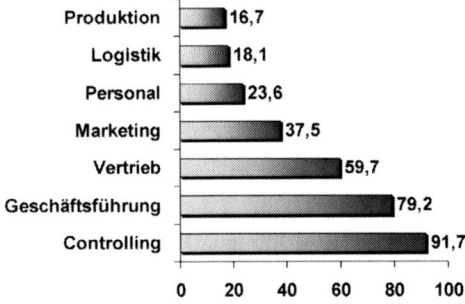

Abb. 2.1-8: Geschäftsbereiche für *Data Warehouse*-Projekte.

Database Marketing

Im Marketing-Sektor wird derzeit versucht, durch die Nutzung moderner Datenbanktechnologie kundenspezifischere Formen des Direktmarketings zu etablieren. Der Werbemitteleinsatz soll dadurch unmittelbar und individuell auf den einzelnen Kunden ausgerichtet werden können [MeLu97]. Als Voraussetzung dazu gilt es, eine zielgerichtete Sammlung aller relevanten Informationen über den Einzelkunden aufzubauen, die aus der Kommunikation und Interaktion mit ihm erwachsen. Diese Informationen sollen in einer Datenbasis gespeichert und zur Steuerung der Marketing-Prozesse eingesetzt werden.

Direktmarketing

Zwar handelt es sich bei derartigen Marketing-Datenbanken um analyseorientierte Datenbanken mit Fokussierung auf einen betrieblichen Funktionalbereich, die gemäß der obigen Abgrenzung eher als **Data Marts** zu bezeichnen wären, allerdings sind ebenso die wesentlichen Charakteristika für einen Data Warehouse-Datenbestand erfüllt. Die Datenbasis soll themenorientiert (am einzelnen Kunden ausgerichtet) und über lange Zeiträume (gesamte Kundenhistorie) Informationen vorhalten und im Bedarfsfall zur Verfügung stellen. Die Informationen gelangen aus unterschiedlichen Datenquellen (z. B. Vertriebssystem, Reklamationssystem und Finanzbuchhaltung) in die Marketing-Datenbank. Wesentlich ist dabei die Anbindung an externe Informationslieferanten, wie beispielsweise Marktforschungsinstitute oder Lieferanten von Adressdaten.

Spezifika von Marketing-Datenbanken

Vertriebscontrolling

Entwicklungen voraussehen

Ein weites Anwendungsfeld für analyseorientierte Datenbanken offenbart sich im Vertriebsbereich. Durch die interaktive Navigation im vorhandenen Datenbestand lassen sich hier langfristige Absatzentwicklungen und -trends aufzeigen und zukunftsgerichtet analysieren. Die Einbeziehung von externem demografischen und makroökonomischen Datenmaterial dient der frühzeitigen Antizipation von Änderungen beim Verbraucherverhalten oder bei den globalen Rahmenbedingungen.

Spezielle vertriebsorientierte Funktionen

Mit speziellen vertriebsorientierten Funktionen wird versucht, den Endbenutzer adäquat zu unterstützen. Beispielsweise können neben den beliebten 80/20-Analysen auch Rangfolgenbildungen, Quadrantenanalysen und Werbewirksamkeitsauswertungen fest hinterlegt sein.

Konzerncontrolling

Spezifika bei Controlling & Berichtswesen

Für verteilt operierende Konzerne ist ein umfassendes Controlling und Berichtswesen unerlässlich, insbesondere wenn sie Planungs-, Koordinierungs- und Kontrollaufgaben für viele Tochterunternehmungen u. U. über Landesgrenzen hinweg wahrnehmen müssen. Die Zusammenführung von Kennzahlen jedoch erweist sich bei derartigen Strukturen als erhebliches organisatorisches, betriebswirtschaftliches und auch technisches Problem. Vor allem Data Warehouse-Konzepte mit ihrer Betonung der Transformationskomponente, die für den Transport und den Abgleich von Datenbeständen aus unterschiedlichen Vorsystemen zuständig ist, bieten hier akzeptable Lösungsansätze. Funktionen zur Währungsumrechnung können ebenso hinterlegt sein, wie Möglichkeiten zur Konsolidierung von Kapitel- und Schuldenbeständen, die bis zu anspruchsvollen Optionen zum Controlling von Beteiligungen reichen.

Unternehmensführung

Wiederauferstehung von EIS/FIS

Ebenso scheint die Unterstützung der Top-Führungskräfte mit adäquatem Informationsmaterial im Rahmen von EIS (*Executive Information*-Systemen) bzw. FIS (Führungsinformationssystemen) [GGD08] mit dem Aufbau analyseorientierter Datenbanken wieder in greifbare Nähe zu rücken.

Schließlich wird das häufig als kritisch eingestufte Problem der Datenversorgung von EIS-Systemen dann auf die analyseorientierte Datenbank verlagert. Die Konzeption geeigneter Benutzungsoberflächen, mit denen sich die benötigten aggregierten internen und externen Informationen visualisieren und präsentieren lassen, erweist sich heute bei den verfügbaren Werkzeugen zur Oberflächengestaltung meist als weniger problematisch.

Die Liste möglicher Einsatzbereiche für analyseorientierte Datenbanksysteme ließe sich sicherlich verlängern und über alle Funktionsbereiche von Unternehmungen spannen. Doch obwohl an dieser Stelle nur wenige Anwendungsfelder exemplarisch herausgegriffen wurden, ist der potenzielle Nutzen einer entsprechenden Lösung offensichtlich.

Spektrum der Anwendungsfelder

2.2 Modellierung und Implementierung **

Erfolgreiche Analyseorientierte Informationssysteme zeichnen sich häufig durch wohl durchdachte Grundstrukturen und insbesondere sauber konzipierte Datenmodelle aus. Schließlich determinieren die aufgebauten Datenmodelle sowohl die Abfragegeschwindigkeit in erheblichem Maße als auch die verfügbaren Inhalte und damit das Spektrum nutzbarer Auswertungen und Analysen.

Zunächst sollen im Rahmen der folgenden Ausführungen die den Data Warehouse- und OLAP-Systemen zugrunde liegenden Datenstrukturen bzw. -modelle allgemein hinsichtlich ihrer Bestandteile erörtert werden:

- »Bestandteile multidimensionaler Datenstrukturen«, S. 74

Auf dieser Basis lassen sich Gestaltungsempfehlungen für den Aufbau multidimensionaler Datenstrukturen aussprechen:

- »Gestaltung multidimensionaler Datenstrukturen bzw. -modelle«, S. 78

Eine abstrakte Abbildung der erforderlichen Strukturen kann zunächst auf einer semantischen Ebene erfolgen:

- »Semantische Modellierung«, S. 81

Fragen der Implementierung der Datenstrukturen mit multidimensionalen Datenbanksystemen werden im Anschluss thematisiert:

- »Implementierung mit multidimensionalen Datenbanksystemen«, S. 90

Der darauf folgende Abschnitt fokussiert die Abbildung multidimensionaler Datenstrukturen mit Hilfe relationaler Datenbanksysteme:

- »Implementierung mit relationalen Datenbanksystemen«, S. 93

2.2.1 Bestandteile multidimensionaler Datenstrukturen **

Multidimensionale Informationssysteme bieten dem Anwender eine logisch multidimensionale Sicht auf die verfügbaren Datenbestände, indem diese entlang unterschiedlicher, miteinander verknüpfter Dimensionen angeordnet sind. Die miteinander verbundenen Dimensionen bilden dann mitsamt den zugehörigen Zahlengrößen so genannte (Daten-) Würfel. Aus einer anderen Sichtweise repräsentieren die Dimensionen Randbeschriftungen der zugehörigen Würfel, während die jeweiligen Dimensionselemente die enthaltenen Zahlengrößen inhaltlich beschreiben.

Würfelbegriff | Zwar hat sich der Begriff des Würfels im allgemeinen Sprachgebrauch durchsetzen können, allerdings ist anzumerken, dass die gebräuchlichen Datenstrukturen keinesfalls auf drei Dimensionen beschränkt sind und auch die Würfelkanten – im übertragenen Sinne – nicht gleich lang sein müssen, sondern unterschiedlich viele Dimensionselemente aufweisen können (»Quaderstruktur«).

Würfelstruktur | Zur Bildung einer Dimension werden mit Blick auf die zu erstellende Anwendung relevante Umweltobjekte, die den gleichen Geschäftsaspekt betreffen bzw. inhaltliche Nähe aufweisen, sachlogisch gruppiert. Jede Dimension umfasst damit eine Menge zusammen gehöriger Objekte zuzüglich der existierenden Über- und Unterordnungsbeziehungen und kann in verschiedene Würfel eingehen. Die unterschiedlichen Würfel einer multidimensionalen Anwendung sowie

2.2 Modellierung und Implementierung **

die Zuordnung von Dimensionen zu den Würfeln lassen sich als Würfelstruktur bezeichnen.

Jeder Würfel benötigt Angaben zu den betrachteten betriebswirtschaftlichen Variablen bzw. Kennzahlen. Soll in einem Würfel nur eine einzelne Kennzahl nach unterschiedlichen Dimensionen betrachtet werden, dann bietet es sich an, diese in die Würfelbezeichnung aufzunehmen, um eine eindeutige semantische Zuordnung des betrachteten Zahlenmaterials zu gewährleisten. Allerdings lassen sich auch unterschiedliche Kennzahlen in einer Kennzahlendimension organisieren, wenn sie entlang der gleichen übrigen Dimensionen zu analysieren sind.

Behandlung von Kennzahlen

Zu den Bestandteilen eines jeden Würfels zählt eine Zeitdimension. In Abhängigkeit von der betrachteten Kennzahl werden in der Zeitdimension Zeitintervalle oder Zeitpunkte abgebildet. In der Mehrzahl erfolgen in multidimensionalen Systemen zeitraumbezogene Betrachtungen von Kennzahlen (Bewegungsgrößen wie Umsatz bezogen auf Monate). Allerdings können in Einzelfällen auch zeitpunktbezogene Betrachtungen relevant sein (beispielsweise für Bestandsgrößen wie einen Lagerbestand).

Zeit-Dimension

In Abhängigkeit vom Untersuchungsgegenstand sind weitere Dimensionen sinnvoll und nötig, die das betriebswirtschaftliche Zahlenmaterial weiter aufgliedern. Dazu gehören beispielsweise Dimensionen für Artikel, Kunden, Lieferanten und Organisationseinheiten. Da mit multidimensionalen Systemen häufig Abweichungen aufgedeckt und analysiert werden sollen, findet sich regelmäßig auch eine Datenart-Dimension, welche die betrachteten Datenwerte näher charakterisiert und z. B. die Dimensionselemente Plan, Ist und Hochrechnung aufweist.

Weitere Dimensionen

Die Repräsentationen einzelner Betrachtungsobjekte innerhalb einer Dimension werden als (Dimensions-) Elemente bezeichnet. Hervorzuheben ist der Umstand, dass die einzelnen Objekte bzw. Elemente zueinander in Beziehung stehen können. Einige Dimensionselemente lassen sich aus anderen Dimensionselementen ableiten bzw. sind über Rechenvorschriften mit diesen verknüpft. Durch die stufenweise Zusammenfassung von Dimensionselementen entstehen innerhalb der Dimensionen Elementhierarchien, über die eine

Dimensionsstruktur

spätere Navigation im Datenbestand durch den Endbenutzer (**Drill-Down**- und **Roll-Up**-Operationen) vollzogen werden kann. Insofern erscheint es angebracht, auch von einer Dimensionsstruktur zu sprechen.

Parallele Hierarchien

In der betrieblichen Praxis ist häufig zu beobachten, dass Dimensionselemente auf verschiedene Arten verdichtet werden müssen. In diesem Fall weisen die Dimensionshierarchien multiple, parallele Aggregationspfade auf. Im Beispiel der Abb. 2.2-1 könnte eine analytische Betrachtung der Erlöse über die Artikelgruppen, aber auch über die unterschiedlichen Vertriebswege oder über andere Kriterien gewünscht sein.

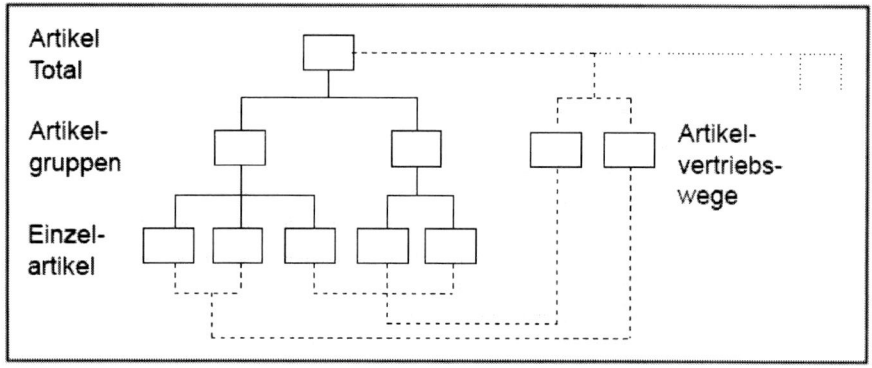

Abb. 2.2-1: Dimensionshierarchien mit multiplen Konsolidierungspfaden.

Aggregation von Objekten

Prinzipiell kommen im Rahmen von Rechenvorschriften zur Aggregation alle mathematischen und statistischen Rechenoperationen vor. Häufig jedoch gelangen die einfachen arithmetischen Rechenvorschriften (vor allem die Additionen) zum Einsatz. Auch wenn sich diese Rechenvorschriften im Nachhinein auf die zugehörigen Datenwerte auswirken, verbirgt sich hier hinter einer derartigen arithmetischen Operation auch eine semantische Ebene. Durch eine additive Verknüpfung von Ausgangselementen zu einem zusammengesetzten Dimensionselement werden die Ausgangselemente logisch zusammengefasst (geklammert). Dies bedeutet, dass eine Addition in diesem Sinne keine reine Wertaddition be-

2.2 Modellierung und Implementierung **

deutet, sondern eine sachlogische Verdichtung bzw. Aggregation von Objekten.

Die Dimensionselemente, die nicht aus einer Berechnung anderer Elemente hervorgehen, werden als unabhängige Elemente bzw. Basiselemente einer Dimension bezeichnet und bilden i. d. R. die höchstmögliche Disaggregationsstufe der Dimension. Bei der Festlegung derartiger unabhängiger Dimensionselemente ist sehr sorgfältig vorzugehen, da hierdurch sowohl die Dimensionsbreite (werden z. B. alle Kunden oder nur die aktiven Kunden erfasst?) als auch die Dimensionstiefe (werden z. B. Einzelkunden oder nur Kundengruppen angelegt?) bestimmt werden. Vor allem die Wahl der Dimensionstiefe bzw. Granularität der Dimension hat sowohl erheblichen Einfluss auf die zu speichernde Datenmenge als auch auf die Nutzbarkeit der gespeicherten Inhalte und ist daher immer sorgfältig mit dem jeweiligen Anwendungszweck abzustimmen.

Dimensionsbreite & -tiefe

Durch die Würfel- und Dimensionsstrukturen sind nun die Rahmenbedingungen geschaffen, um konkrete Zahlenwerte (Skalare) in die Betrachtung aufzunehmen. Ein Zahlenwert stellt die quantitative Ausprägung einer einzelnen Würfelzelle dar. Allerdings erweist sich der reine Wert ohne den zugehörigen semantischen Bezug als nichtssagend. Dieser Bezug wird durch die zugeordneten Dimensionselemente (u. U. zuzüglich der Würfelbezeichnung) hergestellt. Erst in Verbindung mit diesen Angaben wird der Zahlenwert für den Anwender verständlich und brauchbar.

Skalare

Mit den Würfeln, Dimensionen, Dimensionselementen, Hierarchieebenen und Aggregationspfaden sind die grundlegenden Bestandteile multidimensionaler Datenstrukturen bzw. -modelle eingeführt. Für eine umfassende **Metadaten**verwaltung wären sicherlich zusätzliche Modelle aufzubauen, die z. B. einzelne Benutzersichten und Zugriffsrechte beschreiben oder die Datenherkunft bzw. das Mapping auf die zugrunde liegenden operativen Quelldaten abbilden. Für das Verständnis multidimensionaler Datenstrukturen jedoch reichen die vorgestellten Bestandteile aus und bilden die Basis für Gestaltungsrichtlinien.

Fazit

2.2.2 Gestaltung multidimensionaler Datenstrukturen bzw. -modelle **

Für die Gestaltung multidimensionaler Datenstrukturen haben sich in der Praxis allgemeine Richtlinien entwickelt. Diese gilt es einzuhalten, damit die Datenstrukturen für die Anwender übersichtlich und handhabbar bleiben.

Verständlichkeit

Für eine erfolgreiche Nutzung multidimensionaler Datenbestände müssen sich die zugehörigen Datenstrukturen verständlich und übersichtlich präsentieren. Die Verständlichkeit eines multidimensionalen **Modells** wird nicht zuletzt durch die Anzahl der Dimensionen bestimmt. Hier haben sich Größenordnungen von vier bis maximal zehn Dimensionen als handhabbar erwiesen. Nach Möglichkeit sollte eine Beschränkung auf sechs bis acht Dimensionen erfolgen.

Übersichtlichkeit

Für die Übersichtlichkeit multidimensionaler Datenmodelle sind insbesondere die Dimensionsstrukturen verantwortlich. Zwei Ziele, die miteinander konkurrieren, sollen hierbei beachtet werden. Einerseits ist die Anzahl der Hierarchiestufen innerhalb einer Dimension möglichst zu begrenzen. Ein Richtwert von sieben Hierarchiestufen sollte hier keinesfalls überschritten werden, auch weil sich ansonsten die Navigation von der höchsten Stufe bis auf die Basiselemente als zeitraubendes Unterfangen erweisen kann. Andererseits ist darauf zu achten, dass maximal fünfzehn bis zwanzig Elemente in einem Konsolidierungsobjekt gebündelt werden, da andernfalls der Überblick über die Struktur einer Dimension am Bildschirm rasch verloren geht. Fließen dagegen durchgängig jeweils nur wenige Elemente in übergeordnete Elemente ein, besteht die Gefahr der oben beschriebenen übermäßig vielen Hierarchieebenen.

Parallele Hierarchien

Parallele Hierarchien sind nach Möglichkeit zu vermeiden, haben aber durchaus ihre Berechtigung, wenn sich dadurch weitere Dimensionen vermeiden lassen und das Geschäftsverständnis der Endbenutzer ihre Existenz erforderlich macht.

Identifikation relevanter Dimensionen

Mit diesen Richtlinien ist ein allgemeiner Orientierungsrahmen für die Gestaltung multidimensionaler Datenstrukturen gegeben. Offen bleibt jedoch bislang, welche Dimensionen denn nun für den konkreten Anwendungsfall aufzubau-

2.2 Modellierung und Implementierung **

en sind und wie diese zu Würfeln verbunden werden müssen. Insbesondere für den Endanwender gestaltet es sich in der fachlichen Diskussion um aufzubauende Datenstrukturen als schwierig, relevante Dimensionen zu identifizieren und den jeweiligen Kennzahlen zuzuordnen (Identifikation relevanter Dimensionen).

Als Ausgangspunkt bei der Modellierung multidimensionaler Datenstrukturen kann eine Aufstellung der benötigten Kennzahlen bzw. betriebswirtschaftlichen Variablen erfolgen. Anschließend sind hierfür die zugehörigen Aufgliederungsrichtungen bzw. Facetten festzulegen. Für die betriebswirtschaftliche Größe Umsatz könnten dies Kunden, Artikel und Zeit sein. Weitere Dimensionen wie Mitarbeiter und Organisationseinheiten stellen in diesem Beispiel ebenfalls potenzielle Kandidaten für Dimensionen dar.

Vorgehensweise beim Aufbau

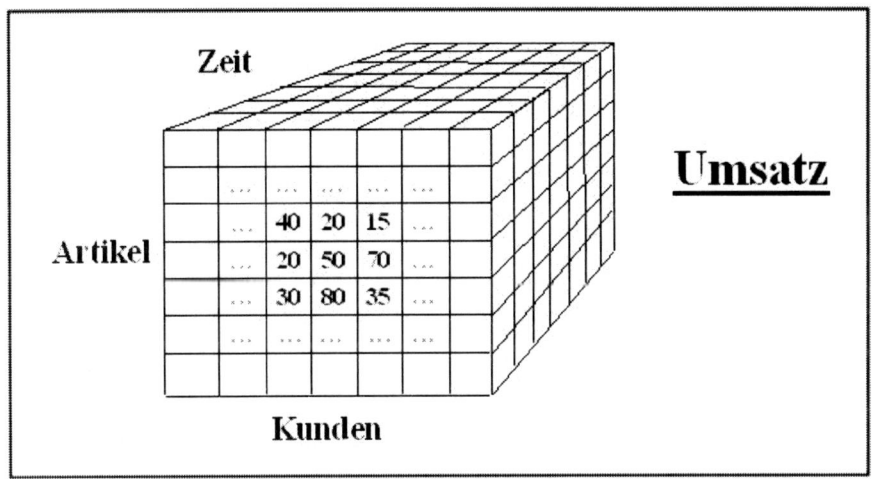

Abb. 2.2-2: Umsatzwürfel mit den Dimensionen Kunden, Artikel und Zeit.

Für die Dimensionen eines multidimensionalen Würfels wird gefordert, dass sie orthogonal zueinander stehen, also unabhängig sind.

Unabhängigkeit

Eine Analyse der Kardinalitäten gibt Hinweise auf mögliche Abhängigkeiten zwischen Dimensionen. Dabei soll eine Beschränkung auf jeweils zwei Dimensionen die Betrachtung zunächst vereinfachen. Ausgangspunkt bilden die Basisele-

Abhängigkeiten

mente zweier Dimensionen, für die untersucht wird, ob sie M:N- oder 1:N-Beziehungen aufweisen. Der Fall einer 1:1-Beziehung zwischen den Basiselementen zweier Dimensionen soll an dieser Stelle nicht weiter betrachtet werden, da er prinzipiell ungeeignet für die Abbildung in multidimensionalen Datenstrukturen ist [Holt98, S. 176–178]. Allerdings bieten moderne Werkzeuge zur Gestaltung multidimensionaler Systeme hierfür Lösungsmöglichkeiten, z. B. indem sich einem Dimensionselement unterschiedliche Attribute zuzuweisen lassen, wie aus den relationalen Systemen seit langem bekannt.

M:N-Beziehungen Unkritisch ist zunächst der Fall einer M:N-Beziehung zwischen den Basiselementen zweier Dimensionen, da dann beide Dimensionen aus diesem Blickwinkel ihre Berechtigung haben. Als Beispiel sei die Umsatz-Betrachtung der Kombination aus Kunden und Artikeln angeführt. Sicherlich haben zumindest einzelne Kunden durch den Kauf unterschiedlicher Artikel Umsätze verursacht. Ebenso sind einzelne Artikel an unterschiedliche Kunden verkauft worden. Wichtig ist, dass nicht jeder Kunde bzw. Artikel zur anderen Dimension mehrere Verbindungen aufweisen muss, prinzipiell jedoch diese mehrfachen Verknüpfungen in beiden Richtungen auftreten können.

1:N-Verknüpfungen Schwieriger gestaltet sich die Situation, wenn 1:N-Verknüpfungen zwischen Dimensionen zu beobachten sind. Im Beispiel könnte sich dieser Fall bei der Betrachtung von Mitarbeitern und Organisationseinheiten einstellen. Bei einer statischen Betrachtung dieser Dimensionskandidaten wird sich bei klarer Zuordnung einzelner Mitarbeiter zu Abteilungen eine 1:N-Verknüpfung einstellen. Folglich wäre es sinnvoll, die Mitarbeiter als Basiselemente einer gemeinsamen Dimension zu definieren, die sich dann einzelnen Abteilungen zuordnen lassen (übergeordnete Hierarchiestufe).

Änderungen der Dimensionsstruktur im Zeitablauf Eine Betrachtung von Mitarbeitern und Organisationseinheiten im Zeitablauf jedoch ergibt unter Umständen, dass sich die Zuordnungen mehr oder minder häufig ändern können, z. B. durch Versetzung der Mitarbeiter in andere Abteilungen. Wird auch bei diesen Veränderungen am Konzept der einen übergreifenden Dimension festgehalten, dann hat dies so genannte Dimensionsstrukturbrüche zur Konsequenz, also Änderungen an der Dimensionsstruktur im Zeitablauf. Als unbefriedigend bei derartigen Brüchen erweist sich die Behandlung des historischen Datenmaterials, das oftmals an die neue Hierarchiestruktur angepasst wird. Als sinnvoller kann es sich dagegen erweisen, mit separaten Dimensionen z. B. für Mitarbeiter und Organisationseinheiten zu operieren, damit sich der Endbenutzer sowohl die korrekten Umsatzzahlen einzelner Mitarbeiter als auch die einzelner Organisationseinheiten im Zeitablauf ansehen kann.

Genau betrachtet wird bei dieser Vorgehensweise die Forderung nach Unabhängigkeit der Dimensionen aufgebrochen, da durch die Angabe eines Mitarbeiters und einer Periodenangabe die zugehörige wertetragende Organisationseinheit determiniert ist. Da sich jedoch auch andere Lösungsmöglichkeiten des Problems (wie z. B. eine Dimension mit kombinierten Basiselementen wie »Mitarbeiter 1 / Organisationseinheit 1«) als nicht praktikabel erweist, wird die obige Forderung nach Unabhängigkeit in eine paarweise Unabhängigkeit der Dimensionen abgeschwächt.

Paarweise Unabhängigkeit der Dimensionen

Damit sind die wesentlichen Bestandteile und Gestaltungsrichtlinien für den Aufbau multidimensionaler Datenstrukturen in ihren Grundzügen ausreichend breit behandelt worden. Für die Umsetzung der multidimensionalen Datenstrukturen bzw. -modelle mit konkreten **Datenbanksystemen** stehen grundsätzlich zwei Implementierungsalternativen zur Verfügung. Zunächst kommen multidimensionale Datenbanksysteme (siehe Kapitel »Implementierung mit multidimensionalen Datenbanksystemen«, S. 90) als Speicherkomponenten in Betracht. Aber auch eine Implementierung auf der Basis relationaler Datenbanksysteme (siehe Kapitel »Implementierung mit relationalen Datenbanksystemen«, S. 93) ist möglich.

Fazit

2.2.3 Semantische Modellierung **

Allgemein läßt sich unter Datenmodellierung die Erfassung und Beschreibung von Datenstrukturen verstehen. Gemeinhin wird unterschieden zwischen der semantischen Datenmodellierung, die eine möglichst verständliche Beschreibung von Datenstrukturen auf einer abstrakten, datenbankunabhängigen Ebene betreibt, und der logischen Datenmodellierung, die eine Abbildung im Kontext einer konkreten Datenbank bzw. eines Datenbanktyps ermöglicht.

Bedeutung der semantischen Datenmodellierung

Die folgenden Ausführungen konzentrieren sich auf Modellierungstechniken der semantischen Ebene. Beim Aufbau operativer Systeme wird die semantische Datenmodellierung heute als fester Bestandteil des Gestaltungsprozesses akzeptiert. Vor allem werden hier Entity Relationship-Modelle generiert, um die relevanten Entitätsmengen bzw. Objektklassen sowie die zwischen ihnen auftretenden Beziehungen und damit die Datenstruktur zusammen mit den Mitarbeitern aus den Fachabteilungen zu diskutieren und zu dokumentieren. Verfeinern läßt sich die Darstellung hier durch die Hinzunahme der benötigten Attribute, die den einzelnen Objekt- und Beziehungsmengen zugeordnet werden. Im Rahmen der logischen Datenmodellierung erfolgt dann die Überführung der erarbeiteten Strukturen in ein konkretes Datenbankschema und damit die Definition des zu implementierenden Tabellengerüstes.

Notwendige Bestandteile semantischer Datenmodelle

Bei der semantischen Modellierung multidimensionaler Datenstrukturen ergibt sich das erste Problem bei der Abgrenzung der abzubildenden Modellbestandteile. So kann es sicherlich nicht Ziel einer konzeptionellen Modellierung sein, alle für das spätere System relevanten Dimensionselemente darzustellen, zumal es sich hier ggf. um hunderte oder gar tausende von Basiselementen z. B. bei Artikel- oder Kundendimensionen handelt. Dagegen sind die betrachteten Messgrößen bzw. Kennzahlen, die sich auch als Dimensionselemente verstehen lassen, sehr wohl bereits während der frühen Phasen des Systemgestaltungsprozesses zu erheben und zu notieren, zumal die übrigen Modellbestandteile z. T. nur aus ihnen ableitbar sind. Damit allerdings müssen semantische multidimensionale Datenmodelle nicht nur die relevanten Objektklassen und ihre Beziehungen sondern auch einzelne Objekte der Diskurswelt abbilden können.

Vorgehensweise

Die folgenden Abschnitte beschreiben zwei unterschiedliche Techniken zur semantischen Modellierung multidimensionaler Datenstrukturen. Mit dem ADAPT *(Application Design for Analytical Processing Technologies)* wird ein Verfahren vorgestellt, das speziell auf die Belange multidimensionaler Informationssysteme ausgerichtet ist und ganz spezifische

Beschreibungselemente anbietet. Zuvor jedoch ist die Eignung der *Entity-Relationship-Modellierung* zu untersuchen, die auf große Akzeptanz in der Praxis zählen kann.

Entity-Relationship-Modellierung für multidimensionale Datenstrukturen

Die E/R-Modellierung (Entity-Relationship-Modellierung) stellt einen weit verbreiteten Formalismus zur Gewährleistung einer Standarddokumentation vor allem für relationale Informationssysteme dar [GaRö95]. Ausgerichtet auf die Datenstrukturen operativer, transaktionsorientierter Systeme wird hier eine systematische Abbildung relevllanter Umweltobjekte in Form von Objektmengen (*Entity Set*) sowie der auftretenden Beziehungsmengen (*Relationship Set*) vorgenommen. Als primäres Ziel operativer Informationssysteme kann die effiziente Eingabe und Speicherung elementarer Dateninhalte verstanden werden. Sie sind derart angelegt, dass Zugriffe auf einzelne Werte möglichst rasch vonstatten gehen, ohne dass lange Wartezeiten für den Endanwender entstehen. In der Praxis führt dies zu komplexen Datenmodellen, die selbst für den Spezialisten aufgrund der vielfältigen Beziehungen zwischen den Entitätsmengen nur schwer zu durchschauen sind. Zu untersuchen bleibt daher, ob mit den im Rahmen der E/R-Modellierung verfügbaren Beschreibungselementen eine Abbildung multidimensionaler Datenstrukturen möglich und sinnvoll ist, zumal bei deren Nutzung eher die schnelle Auswertbarkeit und das intuitive Verständnis der vorhandenen Datenbestände im Vordergrund steht.

Erweiterungen der E/R-Modellierung

Zunächst ist dabei von Interesse, wie die einzelnen Würfel und die ihnen zugeordneten Dimensionen abzubilden sind. Im Rahmen der E/R-Modellierung läßt sich ein Hyperwürfel (*Hypercube*) als Beziehungstyp verstehen, der die Relationsmenge unterschiedlicher Dimensionen repräsentiert. Die betrachteten Kennzahlen werden dann als Attribute den Beziehungstypen zugeordnet. Die Abb. 2.2-3 zeigt zwei Würfel, wobei die einzelnen Dimensionen als Rechtecke, die Würfel als Beziehungen zwischen den Dimensionen als Rauten und die Kennzahlen als Beziehungsattribute in ovaler Form abgetragen sind.

Abbildung von Würfeln

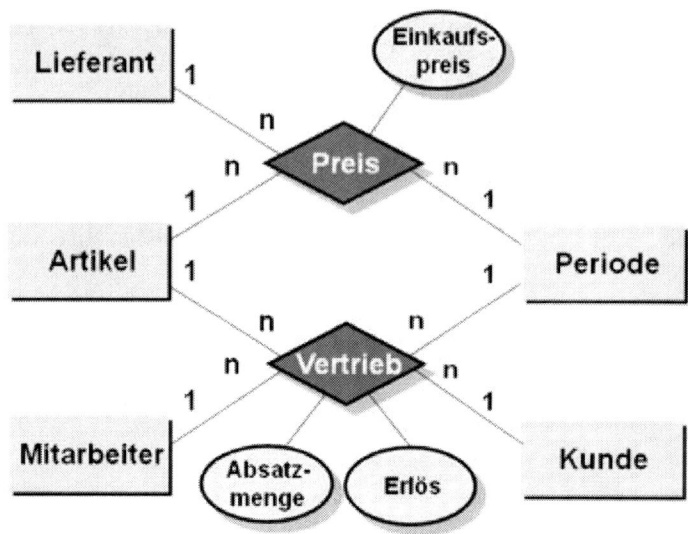

Abb. 2.2-3: E/R-Modellierung multidimensionaler Datenstrukturen.

Cluster
Für eine nähere Spezifikation der Dimensionsstrukturen soll eine Erweiterung der ursprünglich eingeführten Beschreibungsobjekte durch die Verwendung von Clustern erfolgen. *Cluster* nehmen eine logische Klammerung von Entity- und Beziehungstypen vor, um die einzelnen Typen unter einem einheitlichen Begriff ansprechen und dadurch auch in verdichteter Form darstellen zu können. Innerhalb des Clusters kann nun die Abbildung der einzelnen Hierarchiestufen der Dimension ggf. auch mit parallelen Konsolidierungspfaden erfolgen. Bei den 1:n-Beziehungen zwischen den einzelnen Hierarchiestufen handelt es sich um Gruppierungen (Abb. 2.2-4).

Defizite multidimensionaler E/R-Modellierung
Allerdings ist an dieser Stelle anzumerken, dass sich im Rahmen der E/R-Modellierung entsprechende Hierarchiebäume nur für Entitätsmengen bilden lassen. Bei bestimmten Dimensionen allerdings, wie z.B. bei der Datenart- oder der Kennzahlen-Dimension, erweisen sich die Bezeichnungen für einzelne Konsolidierungsebenen als irrelevant. Hier ist eine Aufzählung der Dimensionselemente sowie der zwischen diesen bestehenden Verknüpfungen erforderlich. Besonders die wesentliche Beschreibung der Konsolidierungen

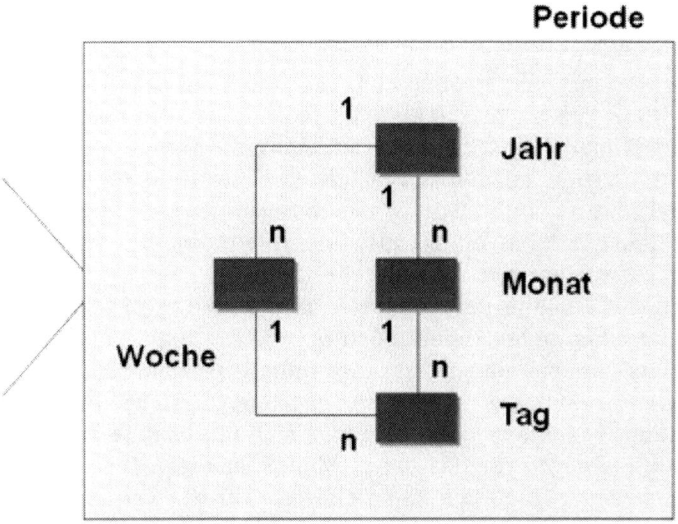

Abb. 2.2-4: Clusterbildung zur Darstellung von Dimensionsstrukturen.

einzelner Kennzahlen, deren Bedeutung bislang durch die Interpretation als Merkmale von Beziehungen ohnehin unterrepräsentiert ist, kann mit den gebräuchlichen E/R-Beschreibungsobjekten nicht vollzogen werden. Sollen dennoch E/R-Modelle beim Design multidimensionaler Datenstrukturen eingesetzt werden, dann muß eine entsprechende Ergänzung um zusätzliche Beschreibungselemente erfolgen.

ADAPT

Die von Bulos vorgeschlagene Methode zur grafischen Abbildung multidimensionaler Datenstrukturen namens ADAPT (*Application Design for Analytical Processing Technologies*) umfaßt ein speziell auf die Belange analytischer Anwendungen ausgerichtetes Modellierungsinstrumentarium. Dabei bietet ADAPT eine breit gefächerte Palette unterschiedlicher Beschreibungselemente, mit denen sich die einzelnen Bestandteile multidimensionaler Datenmodelle darstellen lassen. Zentrales ADAPT-Beschreibungselement ist der Würfel *(Cube)*, dem unterschiedliche Dimensionen *(Dimension)* zugeordnet werden können (Abb. 2.2-5).

ADAPT-Beschreibungsobjekte für Dimensionsstrukturen

Als umfangreich erweist sich die Anzahl der Beschreibungsobjekte, die für eine möglichst realitätsgetreue Darstellung von Dimensionsstrukturen angeboten werden und die in Kombination zu den vorgestellten Dimensionstypen mehr oder minder sinnvoll zur Anwendung gelangen können. Jede Dimension kann einen oder mehrere Konsolidierungspfade aufweisen, die hier als Hierarchie *(Hierachy)* bezeichnet werden. Innerhalb jeder Hierachie wiederum lassen sich unterschiedliche Hierarchiestufen *(Level)* abbilden. Für einzelne Dimensionen ist es notwendig, die Elemente der Dimension *(Member)* sogar in einer frühen Designphase abzubilden, besonders dann, wenn es sich um wenige aber zentrale Elemente für das ganze Modell handelt. Diese Vorgehensweise eignet sich beispielsweise für die Kennzahlendimensionen aber auch für Versionsdimensionen. Abgeleitete Elemente lassen sich hier mit einer beigeordneten Berechnungsformel *(Model)* entsprechend spezifizieren. Allerdings können derartige Berechnungsformeln auch eine Reihe von Elementen als Ergebnis hervorbringen, z. B. bei der Aufteilung von Jahres- auf Monatsgrößen oder bei der Ermittlung von gleitenden Durchschnitten. Für den Fall, dass Dimensionselemente mehr als ein Attribut aufweisen, z. B. neben der Artikelnummer eine Artikelbezeichnung und eine Artikelfarbe, bietet das ADAPT-Konzept ein Beschreibungsobjekt namens Dimensionsattribut *(Attribute)* an. Attribute beziehen sich in der Regel auf die Basiselemente einer Dimension und lassen sich zu ihrer Selektion und Sortierung einsetzen. Für bestimmte Sachverhalte werden lediglich Dimensionsausschnitte *(Scope)* als Mengen gültiger Dimensionselemente benötigt. Schließlich kann mit ADAPT auch dargestellt werden, ob die Elemente einee Ebene zwingend mit den Elementen der darüber angeordneten Ebene verknüpft sein müssen (Verbindung mit Doppelpfeil) oder ob die übergeordnete Hierarchieebene bei der Konsolidierung auch übersprungen werden kann (einfacher Pfeil).

Auch für die Beziehungen zwischen einzelnen Beschreibungsobjekten stehen in ADAPT verschiedene Darstellungsoptionen zur Verfügung. Innerhalb von Dimensionen lassen sich Dimensionsausschnitte dahin klassifizieren, ob ihre

2.2 Modellierung und Implementierung **

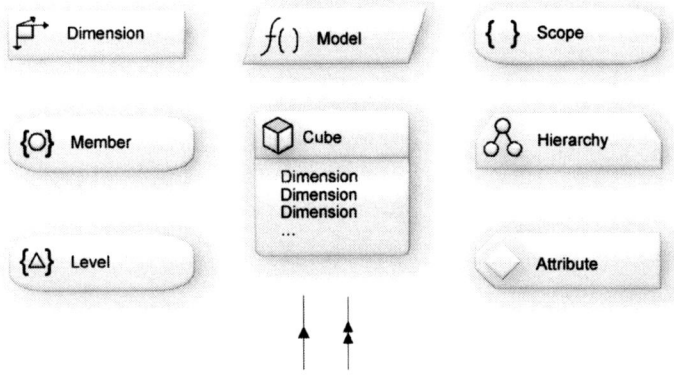

Abb. 2.2-5: Beschreibungsobjekte im ADAPT-Ansatz.

Elemente disjunkt sind *(Exclusive)* oder nicht *(Overlapping)*. Zusätzlich kann abgebildet werden, ob die Vereinigung zweier Dimensionsausschnitte den gesamten Bereich abdeckt *(Fully)* oder nicht *(Partially)* (Abb. 2.2-6).

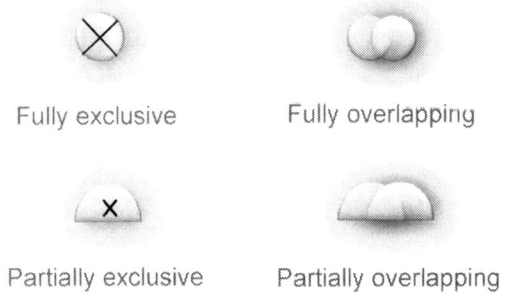

Abb. 2.2-6: Beziehungen zwischen Beschreibungsobjekten.

Ein Beispiel soll verdeutlichen, wie eine Anwendung der ADAPT-Technik im konkreten Anwendungsfall erfolgen könnte. Hierbei wird ein Vertriebsergebniswürfel (Vertrieb) mit verschiedenen relevanten »Kennzahlen« gebildet, die nach »Produkt«, »Szenario«, »Vertriebsweg« und »Zeit« aufgegliedert sind (Abb. 2.2-7).

Beispiel

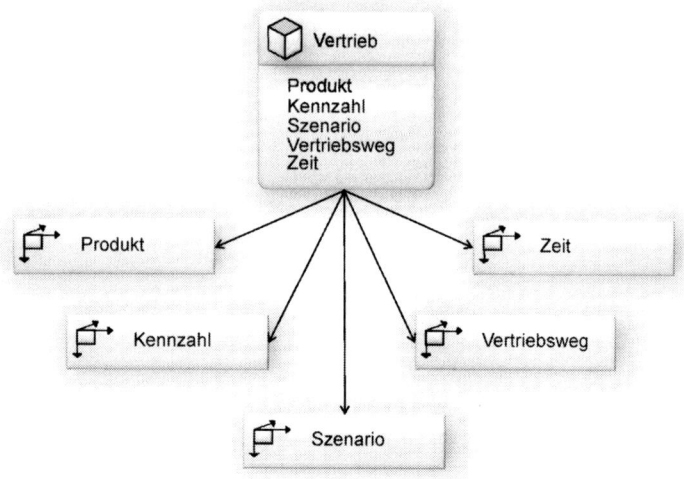

Abb. 2.2-7: Würfelstrukturmodell Vertrieb.

Exemplarisch präsentiert die Abb. 2.2-8 den Aufbau der Szenario-Dimension, die sich lediglich aus den drei Elementen »Ist«, »Plan« und »Abweichung« zusammensetzt. Als Berechnungsvorschrift für die Abweichung wird definiert: »Abweichung« = »Ist« – »Plan«.

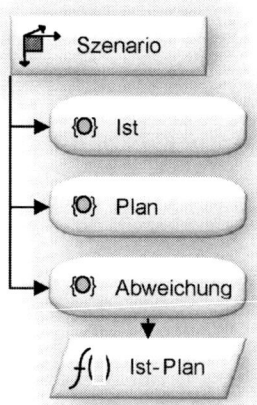

Abb. 2.2-8: Szenario-Dimension.

Als deutlich komplexer erweist sich dagegen die Produkt-Dimension. Hier lässt sich das Datenmaterial auf zwei alternativen Wegen disaggregieren. Die korrespondierenden Hierarchiewege sind als Sortiments- bzw. Lieferantenhierarchie bezeichnet. In der Sortimentshierarchie finden sich die Ebenen »Warenhauptgruppe«, »Warengruppe«, »Warenuntergruppe« und »Produkt«. Besonders herauszustellen ist, dass Produkte nicht zwingend zu Warenuntergruppen verdichtet werden müssen, sondern auch unmittelbar in Warengruppen eingehen können. Dagegen findet sich in der Lieferantenhierarchie nur die Verdichtungsebene »Hersteller«. Die einzelnen Produkte lassen sich dahin gehend klassifizieren, ob es sich um »Eigenprodukte« oder von außen bezogene »Fremdprodukte« handelt. Die beiden Klassenausprägungen sind elementfremd und decken das gesamte Produktspektrum ab. Zur näheren Beschreibung der Produkte sind die Attribute »Bezeichnung«, »Verpackungsart« und »Gewicht« vorgesehen (Abb. 2.2-9).

Aufgrund der Vielzahl angebotener Beschreibungsobjekte erweist sich das ADAPT-Konzept als umfassende grafische Notationsform zur Darstellung multidimensionaler Datenstrukturen. Der mögliche Einsatz erstreckt sich vom Design komplexer *Data Warehouse*-Lösungen bis zur Konzeption kleinerer *Data Mart*-Anwendungen. Allerdings gelingt eine realitätsgetreue Darstellung vorhandener Strukturen erst nach intensiver Beschäftigung mit dem verfügbaren Modellierungsinstrumentarium. Sollen ADAPT-Modelle dagegen als Diskussionsplattform im Rahmen des Abstimmungsprozesses mit den betrieblichen Endanwendern eingesetzt werden, dann wäre hier ein eher intuitiver Zugang gefordert. Folglich bleibt der Einsatz von ADAPT als grafische Beschreibungssprache vorwiegend auf die Nutzung durch Datenbank- bzw. OLAP-Designer beschränkt.	ADAPT-Einsatzbereiche
Insgesamt bleibt festzuhalten, dass mit dem ADAPT-Konzept eine grafische Notationstechnik für die Abbildung multidimensionaler Datenstrukturen vorliegt, mit der sich auch komplexe Strukturen darstellen lassen, während die E/R-Modellierung aufgrund der vergleichsweise geringen Anzahl	Fazit

zur Verfügung stehender Beschreibungsobjekte die relevanten Strukturen nur sehr unzureichend abbilden kann.

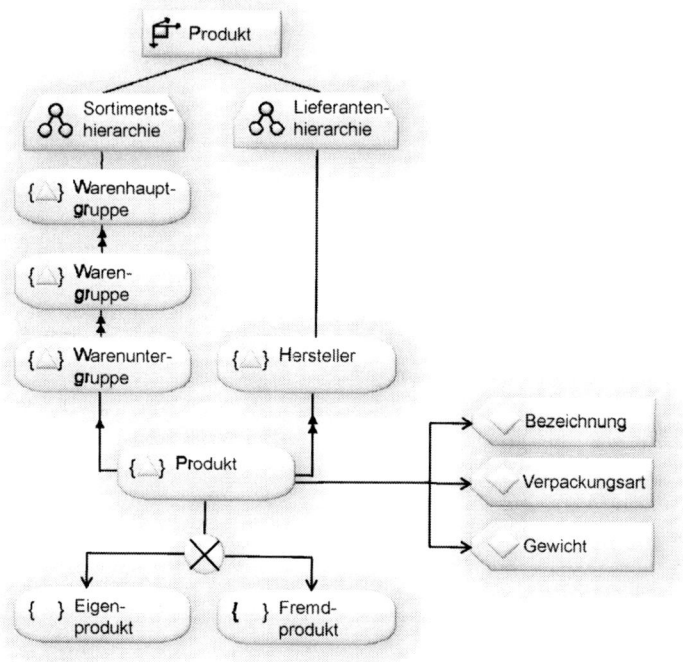

Abb. 2.2-9: Produkt-Dimension.

2.2.4 Implementierung mit multidimensionalen Datenbanksystemen **

Durch ihre spezifische Ausrichtung auf multidimensionale Datenstrukturen lassen sich die Bestandteile multidimensionaler Datenstrukturen bzw. -modelle mit den verfügbaren multidimensionalen Datenbanksystemen i. d. R. problemlos abbilden. Allerdings ergeben sich bei der Abbildungsmethodik im Detail Unterschiede.

Die folgenden Ausführungen erörtern Basistechniken, die von allen heute verfügbaren multidimensionalen Datenbanksystemen abgedeckt werden.

2.2 Modellierung und Implementierung **

Die Definition unterschiedlicher Würfel in einem multidimensionalen Datenbanksystem mit voneinander abweichender Dimensionierung führt gegebenenfalls zur Notwendigkeit, die verschiedenen Würfel zusammenzuführen, um diese simultan bearbeiten zu können. Die zugehörige Operation der Verknüpfung von Datenwürfeln über gleiche Kanten wird als **OLAP-Join** bezeichnet. Als Anwendungsfall kann hier z. B. eine Plan-Ist-Analyse verstanden werden, wenn die Ist-Daten (beispielsweise Umsatzgrößen) nach Kunden und Artikeln aufgegliedert vorliegen, Plangrößen dagegen nur bezogen auf die Kunden. Leicht abweichend präsentiert sich der Fall, dass unterschiedliche Größen zwar gleich dimensioniert sind, allerdings auf unterschiedlichen Hierarchiestufen. Als Beispiel dient erneut die Plan-Ist-Umsatzbetrachtung, wobei Ist-Daten tageweise gespeichert sind, Plangrößen dagegen lediglich quartalsweise. Ob hierbei aufgrund der abweichenden Granularität unterschiedliche Datenwürfel aufzubauen sind oder nicht, hängt von dem verwendeten multidimensionalen Datenbanksystem ab.

OLAP-Join

Als Manko der multidimensionalen Datenbanksysteme wird häufig deren Beschränkung auf ein überschaubares Datenvolumen verstanden. Falls ein im Zeitablauf wachsender Datenwürfel bestimmte Grenzwerte übersteigt, muss über eine Auslagerungs- bzw. Archivierungsstrategie für historisches Datenmaterial nachgedacht werden. Möglicherweise lassen sich die Datenwürfel auch physikalisch segmentieren, z. B. in Teilwürfel für einzelne Perioden (Jahres- oder Quartalswürfel) oder nach anderen sachlichen Kriterien (Kunden- oder Artikelgruppenwürfel). Sinnvolle Segmente zeichnen sich dadurch aus, dass sie den Informationsbedarf einzelner Anwender bzw. Anwendungen möglichst komplett abdecken. So könnte beispielsweise eine **Segmentierung** in einem verteilten Konzern nach regionalen Gesichtspunkten erfolgen. Wichtig ist in diesem Zusammenhang eine zumindest logische Integration der einzelnen Teildatenbestände, um diese kompatibel zu halten.

Segmentierung gewachsener Datenwürfel

Häufig werden multidimensionale Datenbanksysteme mobil genutzt, z. B. um dem Außendienstmitarbeiter auch beim Kunden zur Verfügung zu stehen. Dabei werden i. d. R. Datenbestände aus einem zentral gespeicherten Würfel ganz oder in Teilen extrahiert und in einem mobilen Compu-

Datenabgleich bei dezentraler Datenverfügbarkeit

ter gespeichert. Problematisch ist eine derartige Nutzung dann, wenn zwischen zwei Ladevorgängen Datenänderungen sowohl auf dem zentralen Würfel als auch im dezentral gespeicherten Teildatenbestand vollzogen werden können. Damit die zwischenzeitlichen Änderungen beim erneuten Abgleich nicht verloren gehen, müssen Replikationsmechanismen eingesetzt werden. Diese garantieren i. d. R., dass das jeweilige Datum der letzten Änderung einer Würfelzelle oder eines Dimensionselementes protokolliert wird. Beim erneuten Abschluss des mobilen Gerätes an den zentralen Server wird dann durch Replikationsregeln entschieden, welche Änderungen von welchem Rechner in den aktuellen Datenbestand zu übernehmen ist.

Rechenarten in multidimensionalen Datenbanksystemen

In der Regel erfolgt die Berechnung konsolidierter Werte in multidimensionalen Datenbanksystemen durch Addition der zugehörigen Werte auf der darunterliegenden Konsolidierungsebene. Abweichungen von dieser Vorgehensweise ergeben sich vor allem in der Kennzahlendimension. Bei der Berechnung abgeleiteter Kennzahlen lassen sich alle Grundrechenarten verwenden. So können beispielsweise auch prozentuale Anteile und Veränderungsraten ermittelt werden.

Konsolidierungsregeln

Bestimmte Kennzahlen haben sogar Auswirkungen auf die Konsolidierung in anderen Dimensionen. Derartige Ausnahmen sind in multidimensionalen Datenbanksystemen als Konsolidierungsregeln separat zu vereinbaren. Wird beispielsweise die Rentabilität im Zeitablauf betrachtet, dann erweist sich eine Addition von Monatsrentabilitätskennzahlen zu einer Quartalszahl als betriebswirtschaftlich nicht sinnvoll. Eher bietet sich eine Durchschnittsbildung über die einzelnen Monate an. Auch bei der Betrachtung von Bestandszahlen muss ggf. von der Standardkonsolidierung abgewichen werden. Bei einer Analyse von Kontosalden über die Zeit müsste zunächst darüber entschieden werden, welcher Wert bei einer Verdichtung von Tages- zu Monatswerten anzuzeigen wäre. Möglich wäre hier ein gewichtetes Mittel über alle Kontostände. In der Regel allerdings dürfte hier der letzte Tageswert des Monats anzuzeigen sein.

Berechtigungsprofile zur Einschränkung der Datensicht

Multidimensionale Datenbanksysteme enthalten aufgrund ihrer speziellen Ausrichtung auf die analyseorientierten Aufgaben betrieblicher Fach- und Führungskräfte häufig besonders schützenswertes Zahlenmaterial. Ein ausgereiftes Berechtigungskonzept kann dazu beitragen, dass der Zugriff auf die hinterlegten Informationen nur durch die dazu autorisierten Mitarbeiter erfolgt. Hierzu müssen für die einzelnen Anwender bzw. Anwendergruppen Berechtigungsprofile angelegt werden, die eine bestimmte Sichtweise auf den Datenbestand zulassen. Einschränkungen der Datensicht sollen sich für ganze Würfel, bestimmte Dimensionen bzw. Dimensionselemente oder gar einzelne Würfelzellen hinterlegen lassen. Beim Zugriff auf den Datenbestand durch den Endanwender ist dann jeweils zu prüfen, ob die angeforderte Datensicht für den angemeldeten Benutzer freigeschaltet ist oder nicht.

2.2.5 Implementierung mit relationalen Datenbanksystemen **

Multidimensionale Datenstrukturen lassen sich auch mit relationalen Datenbanksystemen abbilden. Eine entsprechende Umsetzung im relationalen Umfeld erfolgt mit dem so genannten Star-Schema, das in unterschiedlichen Varianten zur Anwendung gelangt.

Um den spezifischen Anforderungen, die aus den analyseorientierten Applikationen erwachsen, gerecht zu werden, sind die marktgängigen relationalen Datenbanksysteme mit verschiedenen funktionalen Erweiterungen (z. B. speziellen Indizierungsverfahren *(Bit-Indexing)* oder Abfragetechniken *(Star-Joins)*) ausgestattet. Ebenso wird beim Datenbankdesign zugunsten der erforderlichen Zugriffsperformance auf eine konsequente **Normalisierung** – wie bei operativen Systemen üblich – verzichtet. Vielmehr erfolgt der Aufbau denormalisierter Datenmodelle entsprechend den relevanten Geschäftsthemen, die als *Star*-Schema bezeichnet werden und durch ihre Struktur dem Anwender ein intuitives Verständnis der abgelegten Inhalte erleichtern. Nicht zuletzt kann dadurch den **OLAP**-Forderungen entsprochen werden, die eine multidimensionale Sicht auf die Daten verlangen.

Umsetzung mit relationalen Datenbanksystemen

Multidimensionale Informationssysteme erheben den Anspruch, dem Endanwender schnell relevantes Zahlenmaterial zur Verfügung stellen zu können. Diese Zahlenwerte

Faktentabelle

werden in relationalen Umgebungen in so genannten Faktentabellen abgelegt. Jede Faktentabelle enthält eine oder mehrere Spalten mit numerischen Inhalten, die quantitative Ausprägungen relevanter Mengen- oder Wertgrößen (z. B. Absatzmengen, Umsatzwerte oder Ausfallhäufigkeiten) darstellen. Die inhaltliche Beschreibung bzw. semantische Zuordnung zu einem konkreten betriebswirtschaftlichen Gegenstandsbereich erfolgt in den übrigen Spalten der Faktentabellen, die häufig auch als Dimensionen bezeichnet werden. Hier gelangen neben einer fast obligatorischen Zeitspalte Attribute wie Artikel, Region oder Kunde zur Anwendung. Eine konkrete Kombination von Ausprägungen der Dimensionsspalten charakterisiert folglich eine spezielle Facette der betrachteten Größe.

Größe einer Faktentabelle

Naturgemäß kann die Zeilenanzahl derartiger Faktentabellen sehr groß werden, wenn die Tabelle viele Dimensionen aufweist und/oder die Anzahl der Elementausprägungen je Dimension hoch ist.

Beispiel

Beispielsweise besteht eine Faktentabelle mit den Dimensionsspalten Perioden (Betrachtung über 60 Monate), Artikel (1000 Artikel) und Regionen (100 Vertriebsorte) bei vollständiger Realisierung aller möglichen Verknüpfungen aus insgesamt 6.000.000 Zeilen.

Schlüsselwerte & Dimensionselemente

Um das Speichervolumen möglichst gering zu halten, werden in den Faktentabellen lediglich Schlüsselwerte für die einzelnen Dimensionsobjekte hinterlegt. Alle übrigen Angaben zu diesen Objekten, die für die Anwender von Bedeutung sind, befinden sich in den so genannten Dimensionstabellen. Diese beinhalten neben dem Schlüsselwert, mit dem der eindeutige Bezug zur Faktentabelle hergestellt werden kann, alle weiteren Attribute der Dimensionselemente (z. B. Artikelbezeichnung, Maßeinheit, Packungsgröße oder Farbe).

Star-Schema

Derartige Konstellationen von Fakten- und Dimensionstabellen, die das konzeptionelle Tabellengerüst von *Data Warehouse*-Datenstrukturen bilden, werden häufig mittels Tabellenbeziehungsdiagrammen abgebildet und als *Star*-Schema bezeichnet (Abb. 2.2-10).

2.2 Modellierung und Implementierung **

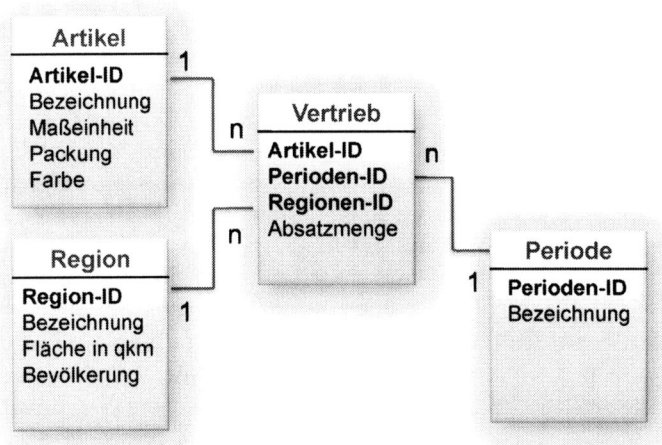

Abb. 2.2-10: Einfaches Star-Schema mit drei Dimensionen.

Wenngleich das *Star*-Schema durch die 1:n-Anordnung von Dimensions- und Faktentabellen wesentlich dazu beiträgt, dass die benötigte Speicherkapazität für die Faktentabellen ebenso klein gehalten werden kann, wie die der zugehörigen Indizes, weist es noch wesentliche Defizite auf. So lassen sich mit dem einfachen *Star*-Schema obiger Prägung keine Elementhierarchien innerhalb von Dimensionen aufbauen, mit denen neben den atomaren Detaildaten (z. B. Absatzzahlen auf Monatsbasis für Einzelartikel und -regionen) auch verdichtete Datenwerte verwaltet werden können (z. B. die Aggregation von Absatzmengen einzelner Artikel zu artikelgruppenspezifischen Werten oder die Zusammenfassung von Monatszahlen zu Quartals- oder Jahreswerten). Dennoch müssen geeignete Verfahren hierfür gefunden werden, da sich die aggregierende und disaggregierende Navigation im Datenbestand insbesondere beim Ad-hoc-Zugriff auf die *Data Warehouse*-Datenbestände im Rahmen von **Drill-Down**- und **Roll-Up**-Operationen als wesentliches Leistungsmerkmal entpuppt.

Defizite des einfachen *Star*-Schemas

Grundsätzlich bereitet die Abbildung von Hierarchien mit relationalen Tabellen erhebliche Schwierigkeiten. Zwar gibt es unterschiedliche Lösungsansätze, die jedoch alle mit

Abbildung von Hierarchien mit relationalen Tabellen

mehr oder minder großen Problemen behaftet sind. Am Beispiel der Dimension »Region« lassen sich die unterschiedlichen Vorgehensweisen darstellen. Dabei wird von einer regionalen Einteilung in Hierarchieebenen ausgegangen. Auf der untersten Ebene finden sich einzelne Städte wieder, in denen die Produkte des Beispiels vertrieben werden (z. B. Bochum, Duisburg, Düsseldorf, Essen, Hannover, München, Nürnberg). Diese Städte lassen sich logisch zusammenfassen und einzelnen Bundesländern (z. B. Bayern, Niedersachsen, Nordrhein-Westfalen) zuordnen. Auf der nächsten Stufe erfolgt dann die Verdichtung zu Vertriebsregionen (z. B. Nord-West, Süd). Eine mögliche Aggregation über alle Regionen (z. B. als eigene Hierarchiestufe Gesamt) wird hier nicht weiter betrachtet.

Abbildung mit separaten Hierarchiespalten

Ein erster Ansatz zur Abbildung von Hierarchien innerhalb der Dimensionstabellen besteht darin, die Dimensionstabelle mit separaten Spalten für Orte, Bundesländer und Vertriebsregionen sowie weiteren Attributen auszustatten (Abb. 2.2-11). Als sinnvoll erweist sich zudem die Bildung eines künstlichen Primärschlüssels mit geeignetem Datentyp (z. B. Integer), da sich so die Indizes in Dimensions- und Faktentabellen vergleichsweise kompakt halten lassen. Durch diese Anordnung kann die beidseitige Navigation erfolgen: Sowohl gelingt der Schluss von jedem Ort zu dem entsprechenden Bundesland und zur Vertriebsregion als auch die Zusammenstellung aller Bundesländer und Orte zu einer vorgegebenen Vertriebsregion.

Region-ID	Ort	Bundesland	Vertriebsregion	Fläche	...	...
00	Bochum	Nordrhein-Westf.	Nord-West	...		
01	Duisburg	Nordrhein-Westf.	Nord-West	...		
02	Düsseldorf	Nordrhein-Westf.	Nord-West	...		
03	Essen	Nordrhein-Westf.	Nord-West	...		
04	Hannover	Niedersachsen	Nord-West	...		
05	München	Bayern	Süd	...		
06	Nürnberg	Bayern	Süd	...		
07	-	Nordrhein-Westf.	Nord-West	...		
08	-	Niedersachsen	Nord-West	...		
09	-	Bayern	Süd	...		
10	-	-	Nord-West	...		
11	-	-	Süd	...		
...	...	...	...			

Abb. 2.2-11: Separate Hierarchiespalten für die Dimension »Region«.

2.2 Modellierung und Implementierung **

Als großes Manko erweist sich die relativ starre Struktur dieses Schemas. Da hier für jede Hierarchieebene eine spezielle Spalte angelegt wird, führt die Einführung neuer Ebenen zu umfangreichen Reorganisationsläufen. Auch bei Änderungen in der Struktur der aufgebauten Hierarchie sind verschiedene Tabellenzeilen betroffen (z. B. Zuordnung eines Bundeslandes zu einer anderen Vertriebsregion). Auch wird aus dem Schema nicht mehr ersichtlich, welche Spalten eine Hierarchiestufe repräsentieren und welche sonstige Attribute darstellen.

Nachteil separater Hierarchiespalten

Eine alternative Vorgehensweise bei der Verwaltung hierarchischer Verknüpfungen zwischen Dimensionselementen ist durch einen expliziten Verweis auf das zugeordnete Element der jeweils übergeordneten Ebene gegeben (z. B. durch den Verweis auf das betreffende Bundesland bei den einzelnen Ort-Einträgen, wie in der Abb. 2.2-12 durchgeführt). Derartige Dimensionstabellen werden aufgrund der enthaltenen rekursiven Verknüpfungen auch als Parent-Child-Tabellen bezeichnet.

Verknüpfung zu übergeordneten Dimensionselementen

Region-ID	Bezeichnung	Übergeordnet	Ebene	...
00	Bochum	07	Ort	
01	Duisburg	07	Ort	
02	Düsseldorf	07	Ort	
03	Essen	07	Ort	
04	Hannover	08	Ort	
05	München	09	Ort	
06	Nürnberg	09	Ort	
07	Nordrhein-Westf.	10	Bundesland	
08	Niedersachsen	10	Bundesland	
09	Bayern	11	Bundesland	
10	Nord-West	-	VRegion	
11	Süd	-	VRegion	
...	...	...	...	

Abb. 2.2-12: Abbildung von Hierarchien durch Verweis auf das übergeordnete Dimensionselement.

Zunächst fällt auf, dass eine Dimensionstabelle dieser Form (vor allem bei vielen beteiligten Hierarchieebenen) mit weniger Spalten auskommt und sich daher kompakter präsentiert. Dennoch bleibt die logische Verknüpfung zwischen den Elementen unterschiedlicher Ebenen erhalten. Der ge-

Vor- & Nachteile von Parent-Child-Tabellen

ringere benötigte Speicherplatz, der in der Regel für Dimensionstabellen keine entscheidende Rolle spielt, wird allerdings durch aufwändigere Zugriffsverfahren vor allem beim Drill-Down erkauft. Häufig werden derartige Dimensionstabellen mit einer zusätzlichen Spalte *(Level-Attribut)* ausgestattet, die eine Angabe darüber enthält, welche Regionen sich auf der gleichen logischen Ebene befinden, um Abfragen zu erleichtern, die zum Beispiel die Selektion aller Bundesländer zum Gegenstand haben.

Schneefloken (Snowflake-Schema)

Als alternative Abbildungsform lässt sich eine Vorgehensweise verstehen, die eine Partitionierung bzw. Normalisierung der Dimensionstabelle vornimmt und als *Snowflake-Schema* bezeichnet wird. Bei dieser Design-Technik erfolgt die Ablage der Dimensionselemente unterschiedlicher Hierarchiestufen in separaten, jedoch miteinander verknüpften Tabellen (Abb. 2.2-13).

Abb. 2.2-13: Snowflake-Schema.

Nachteil des Snowflake-Schemas

Roll-Up- und *Drill-Down*-Operationen erfolgen über die Verknüpfungen der zugehörigen Tabellen mit den unterschiedlichen Hierarchiestufen. Die zusätzlichen Tabellen führen allerdings zu einer weiteren Aufblähung des Schemas durch die Vervielfachung der anzulegenden Tabellen, zumal hier bislang nur eine Dimension betrachtet wurde (entsprechende Teil-Tabellen lassen sich auch für die Perioden und für die Artikel (Artikelgruppen etc.) erstellen).

Fact-Constellation-Schema

Bislang konzentrierte sich die Betrachtung schwerpunktmäßig auf unterschiedliche Varianten bei der Modellierung der Dimensionstabellen. Genauso lassen sich auch für die Fakten-Tabellen diverse Design-Techniken einsetzen, um bessere Zugriffszeiten zu erreichen. Beispielsweise werden im *Fact-Constellation*-Schema für die einzelnen Konsoli-

2.2 Modellierung und Implementierung **

dierungsstufen verschiedene Fakten-Tabellen *(decomposed stars)* aufgebaut. Da die Tabellen mit konsolidierten Daten wesentlich kleiner sind als eine einzige, große Fakten-Tabelle, kann mit ihnen leichter und mit geringeren Zugriffszeiten gearbeitet werden (Abb. 2.2-14).

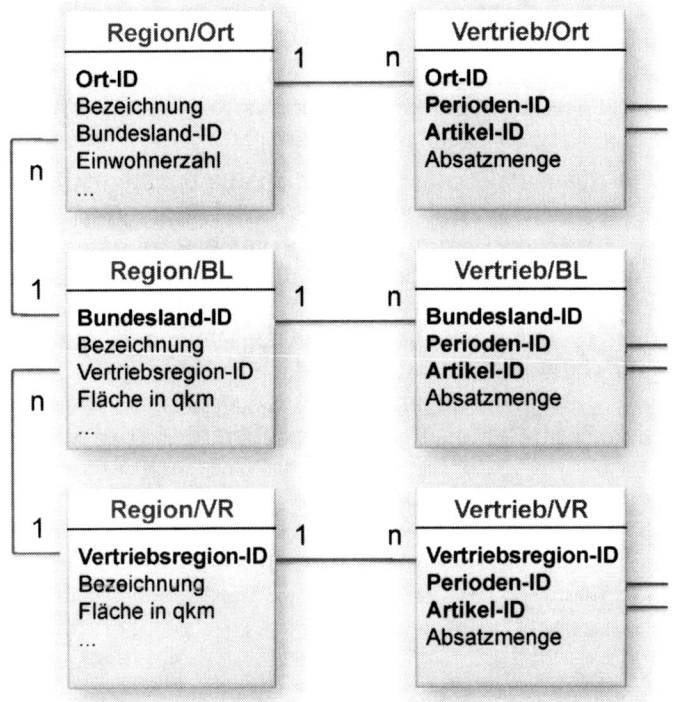

Abb. 2.2-14: Fact-Constellation-Schema.

Als wesentlicher Nachteil dieser Vorgehensweise ist zunächst die verminderte Übersichtlichkeit zu konstatieren. Während das einfache *Star*-Schema durch seinen klaren und leicht verständlichen Aufbau besticht, erweist sich das Fact-Constellation-Schema als eher verwirrend. Unmittelbar resultiert auch ein höherer Verwaltungsaufwand im Meta-Datenbereich durch die Organisation zusätzlicher Tabellen. Verständlicherweise steigt die Anzahl der benötigten Aggregationstabellen sehr rasch, wenn auch für die anderen Dimensionen die einzelnen Konsolidierungsstufen sowie die

Nachteile des Fact-Constellation-Schemas

daraus erwachsenden Kombinationsmöglichkeiten separat gespeichert werden. Zusätzlich sind bei dieser Art der Datenablage höhere Anforderungen an die Query-Mechanismen zu stellen, da jeweils zu entscheiden ist, welche Fakten-Tabellen durch bestimmte Abfragen betroffen sind.

Dynamische Anpassungen Aufgrund des Trade-Off zwischen Zugriffszeiten und Modellkomplexität werden entsprechende Aggregatbildungen in kommerziellen Produkten für ein relationales OLAP dynamisch den Anforderungen angepasst. Bei häufigen Zugriffen auf spezielle Verdichtungsstufen erfolgt die Generierung der zugehörigen Tabellen automatisch.

Galaxien Nur in Ausnahmefällen lassen sich alle benötigten Fakten durch die gleichen Dimensionen sinnvoll beschreiben (so erfolgt beispielsweise eine Aufgliederung von Sonderaktionen nur durch die Dimensionen Zeit und Artikel, wenn eine regionale Verkaufspreisdifferenzierung unterbleibt). Vielmehr erweist es sich bei unterschiedlicher Dimensionalität häufig als sinnvoll, mit unterschiedlichen Fakten-Tabellen zu arbeiten. Die Dimensionstabellen dagegen müssen auch in diesem Fall nur einmal angelegt werden. Derartige Schemata werden in Analogie zum *Star*-Schema auch als *Galaxien* bezeichnet (Abb. 2.2-15).

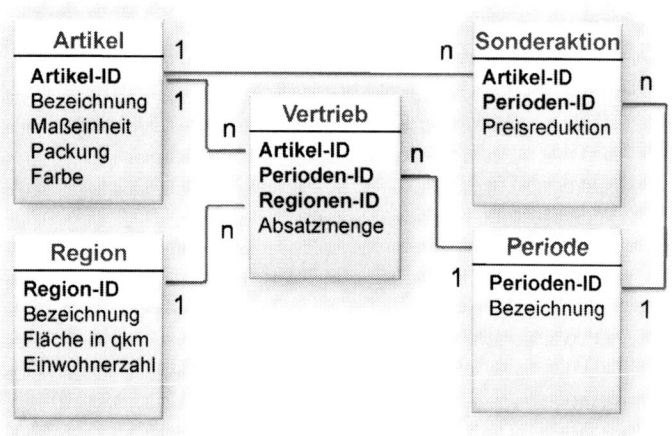

Abb. 2.2-15: Star-Schema mit mehreren Fakten-Tabellen (Galaxie).

2.2 Modellierung und Implementierung **

Durch Aufnahme weiterer Fakten mit gegebenenfalls ebenfalls abweichender Dimensionalität lassen sich *Star*-Schemata beliebig komplex gestalten, insbesondere wenn entsprechend der oben vorgestellten Partitionierung verschiedene Tabellen je Dimension aufgebaut werden. Eine weitere Verbesserung des Antwortzeitverhaltens lässt sich durch zusätzliche Tuningmaßnahmen erreichen. Eine mögliche Technik besteht z. B. darin, logisch zusammengehörige Datenwerte in einer Faktentabellenzeile abzulegen, um dadurch die Anzahl der für Abfragen benötigten Eingabe-/Ausgabeoperationen auf den physikalischen Datenträgern zu reduzieren. Wenn im Beispiel bei Abfragen häufig unterschiedliche Periodenwerte der gleichen Region/Artikelkombination zu extrahieren sind, dann kann für jede Periode eine Tabellenspalte vorgesehen werden (siehe Abb. 2.2-16; hierbei steht A-0108 beispielsweise für Absatzmenge Monat Januar 2008).

Verbesserung des Antwortzeitverhaltens

Region-ID	Artikel-ID	A-0108	A-0208	...	A-Q108	...	A-08	A-0109	...
00	0001	1000	1100	...	...	...	...	...	...
01	0001	2000	2200	...	...	...	...	...	...
02	0001	...	...	...	...	...	...	...	...
03	0001	...	...	...	...	...	...	...	...
04	0001	...	...	...	...	...	...	...	...
05	0001	...	...	...	...	...	...	...	...
06	0001	...	...	...	...	...	...	...	...
07	0001	...	...	...	...	...	...	...	...
08	0001	...	...	...	...	...	...	...	...
09	0001	...	...	...	...	...	...	...	...
00	0002	...	...	...	...	...	...	...	...
01	0002	...	...	...	...	...	...	...	...
...	...	...	...	...	...	...	...	...	...

Abb. 2.2-16: Speicherung von Periodenwerten für Absatzmengen als Faktentabellenspalten (A-0108 steht für Absatzmenge Monat Januar 2008).

Als Handicap dieser Vorgehensweise ist sicherlich zu werten, dass die Aufnahme zusätzlicher Ausprägungen der entsprechenden Dimension (wie z. B. Werte für weitere Jahre) nur über eine Änderung der Datenstruktur und damit zu umfangreichen Reorganisationsläufen führt. Zudem weisen die handelsüblichen relationalen Datenbanksysteme eine Beschränkung in der maximalen Anzahl von Spalten je Tabelle auf. Aus diesem Grund kann ein derartiges Vorgehen

Probleme bei geplanter Datenerweiterung

sicherlich nicht für alle denkbaren Dimensionen eingeschlagen werden.

Fazit Insgesamt präsentiert sich das *Star*-Schema mit seinen Varianten als Design-Technik, die relationale Datenbanken für analyseorientierte Anwendungen besser nutzbar macht, auch wenn hier einige interessante Spezialprobleme wie z. B. die Abbildung alternativer Hierarchien nicht behandelt werden konnten. Bereits auf der Ebene der logischen Datenmodelle werden die zugehörigen Kennzahlen und Dimensionen so angeordnet, wie sie dem intuitiven Verständnis der Endanwender entsprechen. Von zentraler Bedeutung für die Gewährleistung niedriger Zugriffszeiten ist die geeignete Behandlung hierarchischer Dimensionsstrukturen. Als konfliktionäre Ziele stehen sich hierbei einerseits hohe Performance beim Zugriff aus variierenden Blickwinkeln und auf unterschiedliche Verdichtungsebenen sowie andererseits Modelltransparenz in Verbindung mit leichter Modifizierbarkeit und Wartbarkeit gegenüber.

2.3 Fallstudie: TOPBIKE – BI **

Im Rahmen der Fallstudie, die auf den Ausführungen in der Einleitung zur Unternehmung TOPBIKE basiert (siehe »Fallstudie: TOPBIKE«, S. 35), sollen vor allem die Phasen BI-Analyse und BI-Implementierung des *BI-Vorgehensmodells* zur Gestaltung multidimensionaler Informationssysteme beleuchtet werden. Die Darstellung der Tätigkeiten sowie Ergebnisse der einzelnen Schritte ist Gegenstand der folgenden Ausführungen.

BI-Analyse

Informationsbedarfsanalyse

Gegenstand der Informationsbedarfsanalyse Eine geeignete Unterstützung betrieblicher Anwender mit den benötigten Informationen kann nur gelingen, wenn zuvor zweifelsfrei und unmissverständlich geklärt wird, welche Informationsobjekte relevant sind und welche Beziehungen diese zueinander aufweisen. Die Bestimmung des Informationsbedarfs, der als Menge der zur Aufgabenerfüllung benötigten Informationen verstanden werden kann, ist eine der zentralen Aufgabenstellungen beim Aufbau jeglicher Art von technischen Unterstützungssystemen für betriebswirtschaftliche Aufgabenstellungen. Unstrittig ist, dass der Informationsbedarf in einer konkreten Entscheidungssituation nicht nur von der zu lösenden Aufgabe und vom Lösungsverhalten der Aufgabenträger abhängt, sondern auch vom Entscheidungskontext bzw. von gegebenen externen Bedingungen beeinflusst wird.

In mehreren Sitzungen erörtern die Projektmitarbeiter zusammen mit den zukünftigen Anwendern des zu erstellenden Berichts- und Analysesystems deren Anforderungen und Erwartungen. Als Ziel des Projektes wurde zunächst die Erstellung eines Berichts- und Analysesystems mit eigenständiger Datenverwaltung definiert (*Data Warehouse-Lösung*). In einem ersten Schritt soll dabei die Konzentration auf die verfügbaren Vertriebsdaten erfolgen, auf die insbesondere die Geschäftsführung sowie leitende Mitarbeiter des Vertriebs Zugriff bekommen. Eine Erweiterung auf die Bereiche Materialwirtschaft, Produktion und Rechnungswesen müsste in weiteren Schritten geprüft werden, ist für das aktuelle Projekt jedoch nicht relevant.

Vorgehensweise und Abgrenzung

Die Anwender der TOPBIKE GmbH bekunden vor allem Interesse an der Abdeckung folgender Bedarfe:

Anforderungen

- Monatsbezogene Erlösentwicklungen je Artikel und Artikelgruppe im Bereich Fahrrader
- Kunden- bzw. branchenbezogene Quartalsvergleiche für Erlöse und Absatzmengen
- Übersichten zu den favorisierten Farben sowie Zahlungsbedingungen im Hinblick auf die Auftragsmenge

Analyse der relevanten Dokumente

Um ein Verständnis für die im Rahmen der Auftragsverwaltung sowie Rechnungserstellung anfallenden Daten zu gewinnen, wurde zunächst damit begonnen, die hier anfallenden Dokumente zu analysieren. Als Grundlage dient hier zunächst ein Rechnungsdokument, das in der Abb. 2.3-1 dargestellt ist.

Wie aus der Abb. 2.3-1 ersichtlich, enthalten Rechnungen neben der Kundenadresse das Datum, eine Kunden-Nr. sowie eine Auftrags-Nr. In der Regel geht einer Rechnung eine

Erläuterung des Dokumentes

Die
TOPBIKE GmbH-
Schneller zum Ziel

Rechnung für

Günther Kangowski
Kuhlehof 6
25782 Tellingstedt

Ihre Bestellung vom 08.10.2004　　　　　　　　Datum　　　11.12.2004
　　　　　　　　　　　　　　　　　　　　　　　Ihre Kunden Nr.　1051
Auftragsposition: 2204　　　　　　　　　　　　Auftrags-Nr.　1002

Artikel-ID	Bezeichnung	Farbe	Rahmenhöhe	Einzelpreis	Menge	Rabatt	Gesamtpreis
112	Münster	Bordeaux	56	750,00	26	1%	19.305,00

Artikel-ID	Bezeichnung	Farbe	Rahmenhöhe	Einzelpreis	Menge	Rabatt	Gesamtpreis
4	Fischer	Racingrot	52	1299,00	27	1%	34.722,27

Der Rechnungsbetrag enthält　　　　　**Gesamtbetrag 45.027, 27**
16% Mehrwertsteuer = EUR

Der Rechnungsbetrag wird wunschgemäß ihrem Konto belastet.

Ihre Bestellung wurde sorgfältig gepackt von Helge Weiß.

Wir danken für Ihren Auftrag.

TOPBIKE GmbH
Bankverbindung
100 200 300 400

Abb. 2.3-1: TOPBIKE-Rechnungsdokument.

Bestellung voraus, dessen Datum ebenfalls angegeben ist. Jeder bestellte Artikel wird einer fortlaufenden Auftragspositionsnummer zugeordnet, der jeweils eine Artikel-ID, eine Artikelbezeichnung, die ausgewählte Farbe, der Einzelpreis, die bestellte Menge, der Rabattsatz sowie der Gesamtpreis zugeordnet sind. Zusätzlich erfolgt die Angabe von Rahmenhöhe und Farbe bestellter Fahrräder. Als letzter Werteintrag erfolgt der Ausweis des Auftragsgesamtbetrages.

Analyse des relationalen Datenmodells des operativen Datenbanksystems

Das operative Datenbanksystem der TOPBIKE GmbH weist eine Reihe von unterschiedlichen Tabellen auf, in denen die relevanten Daten verwaltet werden. Die Abb. 2.3-2 verdeutlicht mit einem Ausschnitt des Gesamtmodells, dass die Auftragsdaten sich in den Feldern mehrerer Relationen finden, die über Schlüsselattribute in Form von 1:N-Verknüpfungen verbunden sind. Die Attributausprägungen der Tabellen enthalten Angaben zu den Stamm- sowie zu den Bewegungsdaten des TOPBIKE-Datenbanksystems.

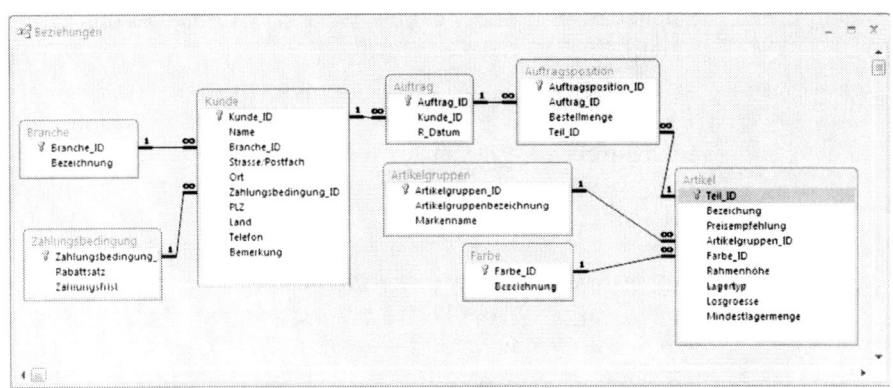

Abb. 2.3-2: Ausschnitt aus der Datenstruktur des operativen Systems.

Zu den Stammdaten der TOPBIKE gehören einerseits Angaben zu den Kunden, andererseits Einträge zu den Artikeln, die von der TOPBIKE angeboten werden.

Stammdaten

Die Kundenstammdaten, die in der Tabelle »Kunde« vorgehalten werden, beinhalten sämtliche Angaben zur Anschrift sowie weitere Kontaktinformationen eines Kunden. Über das Primärschlüsselattribut »Kunde_ID« wird gewährleistet, dass jeder Kunde sich eindeutig identifizieren lässt. Darüber hinaus stellt das Sekundärschlüsselattribut »Branche_ID« sicher, dass ein Kunde eindeutig einer Branche zu-

Kundenstammdaten

geordnet werden kann. Das für die Verknüpfung notwendige Schlüsselattribut befindet sich in der Tabelle »Branche«, die neben dem Primärschlüssel »Branche_ID« aus einem Datenfeld für die Bezeichnung der Branche besteht. Die Angaben zur Zahlungsart finden sich in der Tabelle »Zahlungsbeding«, in der die jeweiligen Rabattsätze sowie Zahlungsfristen definiert sind.

Artikelstammdaten

Ein einzelner Artikel, den das Attribut »Teil_ID« eindeutig identifiziert, definiert sich über die Kombination aus Fahrradbezeichnung, Rahmenhöhe und Farbe. Entsprechende Spalten finden sich sich in der Artikeltabelle nebst Angaben zu den zugehörigen Lagertypen, Lösgrößen sowie Mindestlagermengen. Farbinformationen sind in einer separaten Tabelle abgelegt, auf die über das Schlüsselattribut »Farbe_ID« referenziert wird. Zudem erfolgt über das Schlüsselattribut »Artikelgruppen_ID« eine Zuordnung der Artikel zu den Artikelgruppen. Artikelgruppen sind wiederum unterschiedlichen Marken zugeordnet.

Bewegungsdaten

Die für das Beispiel zu verarbeitenden Bewegungsdaten werden in den Tabellen »Auftrag «und »Auftragsposition «abgelegt. Hierbei sind in der Auftragstabelle Angaben zum Rechnungsdatum sowie zum bestellenden Kunden gespeichert und in der Auftragsspositionentabelle neben einer Positionsnummer die Bestellmenge sowie die Referenz zum bestellten Artikel. Aufträge setzten sich i. d. R. aus mehreren einzeln aufgeführten Positionen zusammen. Die Auftragstabelle ist über das Schlüsselattribut Kunde_ID mit der Kundenrelation verknüpft. Die Auftragspositionentabelle hingegen verweisen über das Schlüsselattribut Teil_ID auf die Artikeltabelle.

Semantisches Datenmodell

Aus der Diskussion mit den Auftraggebern konnte ein erstes, grobes semantisches Datenmodell für die multidimensionale Analyse des TOPBIKE-Vertriebsbereich erarbeitet werden. Die Anforderungen ergaben eine vierdimensionale Struktur mit den Dimensionen Produkt, Zeit, Kunde und Kennzahl. Als Kennzahlen sollen neben der Bestellmenge auch die Brutto- und die Nettoerlöse betrachtet werden. Die Bruttoerlöse ergeben sich durch eine Multiplikation der Bestellmenge mit der in den Artikeldaten enthaltenen Preis-

2.3 Fallstudie: TOPBIKE – BI **

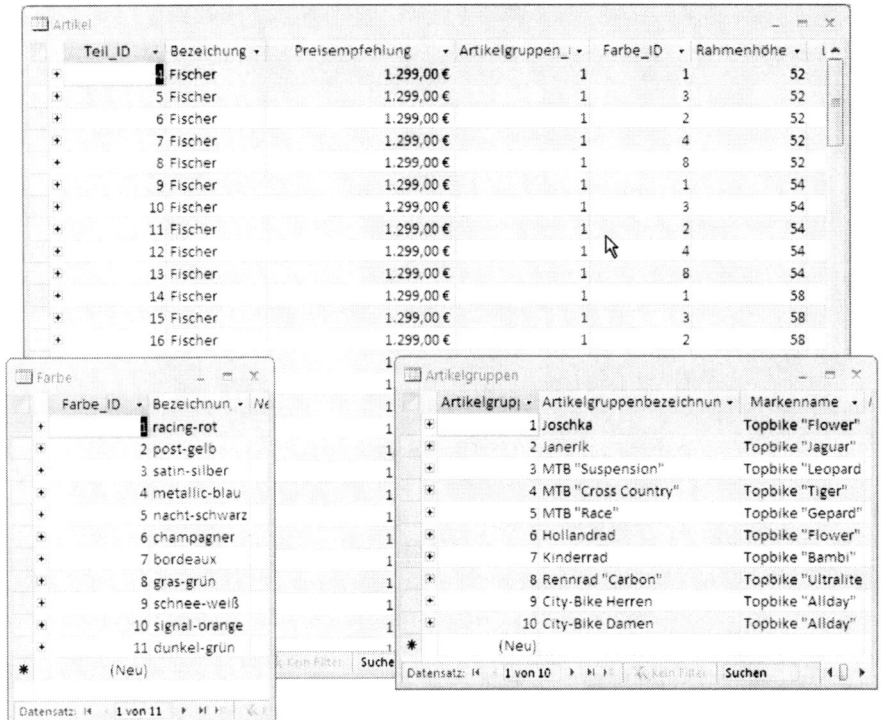

Abb. 2.3-3: Ausschnitt der zum Artikel gehörigen Tabellen.

empfehlung, während die Nettoerlöse sich als Differenz von Bruttoerlösen und kundenbezogenen Rabatten errechnen lassen. Aufgrund der Vielzahl der TOPBIKE-Kunden können diese nicht einzeln in das semantische Modell gebracht werden, sondern lassen sich anhand der Untersuchungsebenen strukturieren. Dabei sind Einzelkunden einerseits in der Regionenhierachie über die zugehörigen Wohnorte zu verdichten und andererseits in der Branchenhierarchie über die jeweiligen Branchen. Der Rabattsatz soll als beschreibendes Attribut den Einzelkunden zugehörig bleiben.

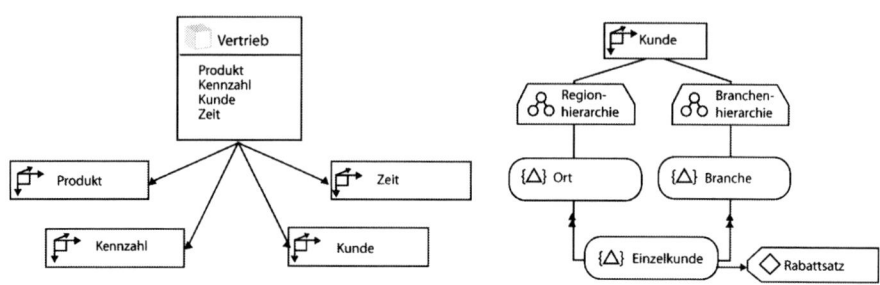

Abb. 2.3-4: Würfelstruktur für den Vertrieb und Kundendimension.

BI-Implementierung

Relationale Abbildung multidimensionaler Datenstrukturen

Zum Aufbau eines leistungsfähigen und auf die Berichtsanforderungen der Geschäftsführung abgestimmten Berichtssystems erfolgt zunächst die Konzeption und anschließend die Implementierung eines für multidimensionale Analysen geeigneten Datenmodells. Auf dieser Grundlage lassen sich danach die operativen Daten in die geschaffenen Datenstrukturen überführen. Ein relationales Datenbanksystem kann eine geeignete Plattform für multidimensionale Auswertungen darstellen, allerdings sind dann geeignete Datenstrukturen zu vereinbaren. Hierzu bietet das *Star*-Schema einen Modellierungsansatz, der eine oder mehrere Faktentabellen mit dem betriebswirtschaftlich relevanten Zahlenmaterial aufweist, die von diversen Dimensionstabellen mit weiteren beschreibenden Attributen umgeben sind. Ein derartiges Datenmodell für die gegebene Anwendungsdomäne repräsentiert die Abb. 2.3-5.

In der Mitte des Schemas findet sich die Faktentabelle FT_Vertrieb, die einen zusammengesetzten Primärschlüssel aus Datum_ID, Kunde_ID und Teil_ID aufweist und über die einzelnen Schlüsselbestandteile mit den Dimensionstabellen DT_Zeit, DT_Kunde und DT_Artikel verknüpft ist. Ein näherer Blick auf die Faktentabelle macht den internen Aufbau noch deutlicher.

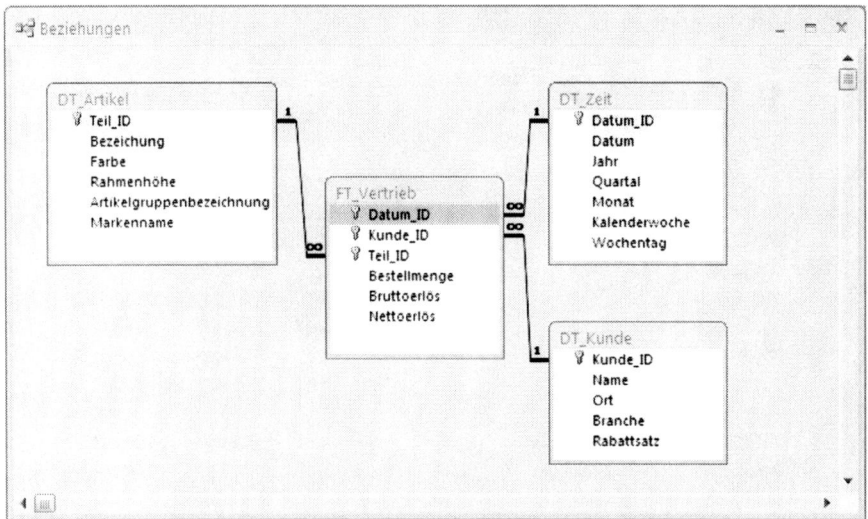

Abb. 2.3-5: Star-Schema für den TOPBIKE-Vertriebsbereich.

Neben dem zusammengesetzen Primärschlüssel finden sich in der Faktentabelle die quantitativen Größen Bestellmenge sowie Brutto- und Nettoerlös. Die Ausprägungen des Brutto- und des Nettoerlöses werden während der Überführung aus dem operativen Datenbestand berechnet. Als auffällig erweist sich der Umstand, dass die im semantischen Datenmodell noch separat ausgewiesene Kennzahlendimension mit den einzelnen Elementen vollständig in der Faktentabelle aufgeht. Weiterhin ist die große Anzahl von fast 100.000 Datensätzen signifikant. In der Tat sind auch bei Anwendungen in der Praxis die Faktentabellen von der Anzahl der Datensätze her stets bedeutend größer als die Dimensionstabellen. Ein Blick auf die Dimensionstabellen verdeutlicht diese Verhältnisse anschaulich.

Während die Artikeldimension lediglich 142 Datensätze beinhaltet, sind es bei der Zeitdimension aufgrund der Detaillierung bis auf Tagesbasis immerhin 1552 Sätze. In den Dimensionstabellen finden sich alle weiteren Angaben zu den einzelnen Objekten der jeweiligen Dimension. Dabei geht die Unterscheidung zwischen Hierachieinformationen (wie Ort und Branche für die Kunden) und sonstigen be-

Datum_ID	Kunde_ID	Teil_ID	Bestellmen	Bruttoerlös	Nettoerlös
20031210	1100	18	16	20.784,00 €	19.744,80 €
20031210	1100	97	27	20.223,00 €	19.211,85 €
20031210	1180	4	27	35.073,00 €	34.722,27 €
20031210	1180	5	11	14.289,00 €	14.146,11 €
20031210	1180	30	11	13.189,00 €	13.057,11 €
20031210	1180	59	11	12.089,00 €	11.968,11 €
20031210	1180	102	11	6.039,00 €	5.978,61 €
20031210	1180	114	87	65.250,00 €	64.597,50 €
20031210	1302	26	10	11.990,00 €	11.750,20 €
20031210	1302	97	13	9.737,00 €	9.542,26 €
20031210	1302	115	5	3.750,00 €	3.675,00 €
20031210	1443	78	1	599,00 €	575,04 €
20031210	1443	80	19	11.381,00 €	10.925,76 €
20031210	1443	116	24	20.400,00 €	19.584,00 €
20031210	1570	6	4	5.196,00 €	5.040,12 €
20031210	1570	143	20	18.000,00 €	17.460,00 €
20031210	1608	110	29	21.750,00 €	20.662,50 €

Abb. 2.3-6: Faktentabelle für den TOPBIKE-Vertriebsbereich.

schreibenden Attributen (wie Rabattsatz bei den Kunden) allerdings gänzlich verloren.

Front-End-Werkzeuge

Auf der Basis der generierten und befüllten Datenstrukturen lassen sich im Anschluss unterschiedliche Technologien zur Anzeige und Analyse der verfügbaren Datenbestände einsetzen. Als gebräuchliche und weit verbreitete Werkzeuge werden beispielsweise Berichtsgeneratoren genutzt, um häufig verwendete Standardsichten auf die verfügbaren Daten zu definieren und anschaulich zu formatieren. Die resultierenden Standardberichte lassen sich dann vielfach in gleicher Form auch mit neu hinzukommenden Dateninhalten wiederverwenden. Allerdings erweist sich die Berichtsform als weitgehend starr, so dass abweichende Sichten auf den Datenbestand nur durch neue Berichte abgedeckt werden können.

2.3 Fallstudie: TOPBIKE – BI **

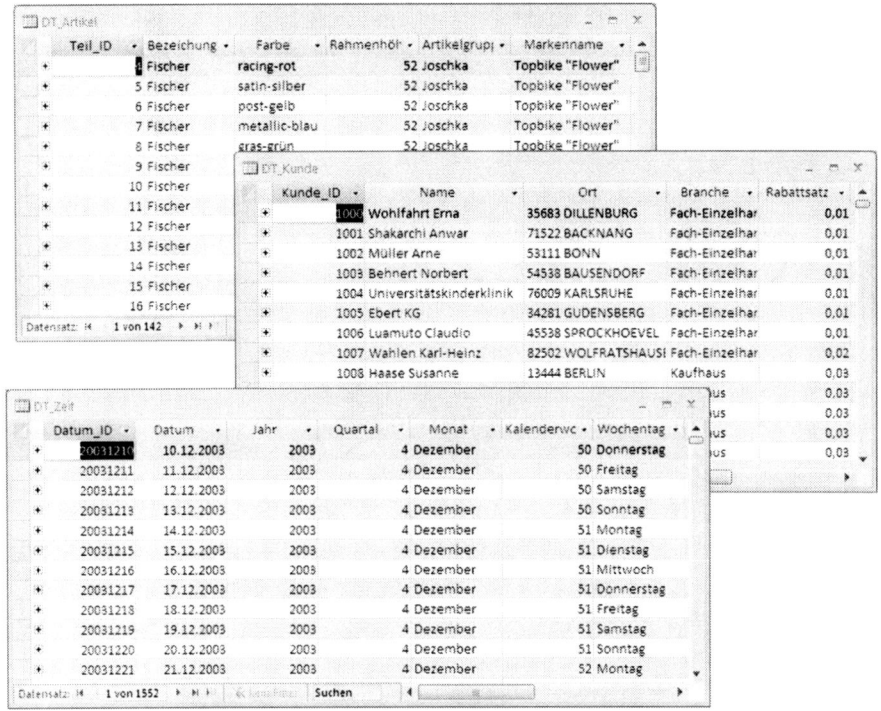

Abb. 2.3-7: Dimensionstabellen für den TOPBIKE-Vertriebsbereich.

Flexible Sichtweisen mit der Option zur freien Navigation in multidimensionalen Datenbeständen versprechen dagegen andere Werkzeuge, die Funktionalitäten zur interaktiven Anordnung von Ausgabeobjekten am Bildschirm offerieren. Dazu gehören beispielsweise die bekannten Pivot-Tabellen, die eine freie Zusammenstellung aufgerissener Dimensionen im Tabellenkalkulations-Arbeitsblatt ermöglichen.

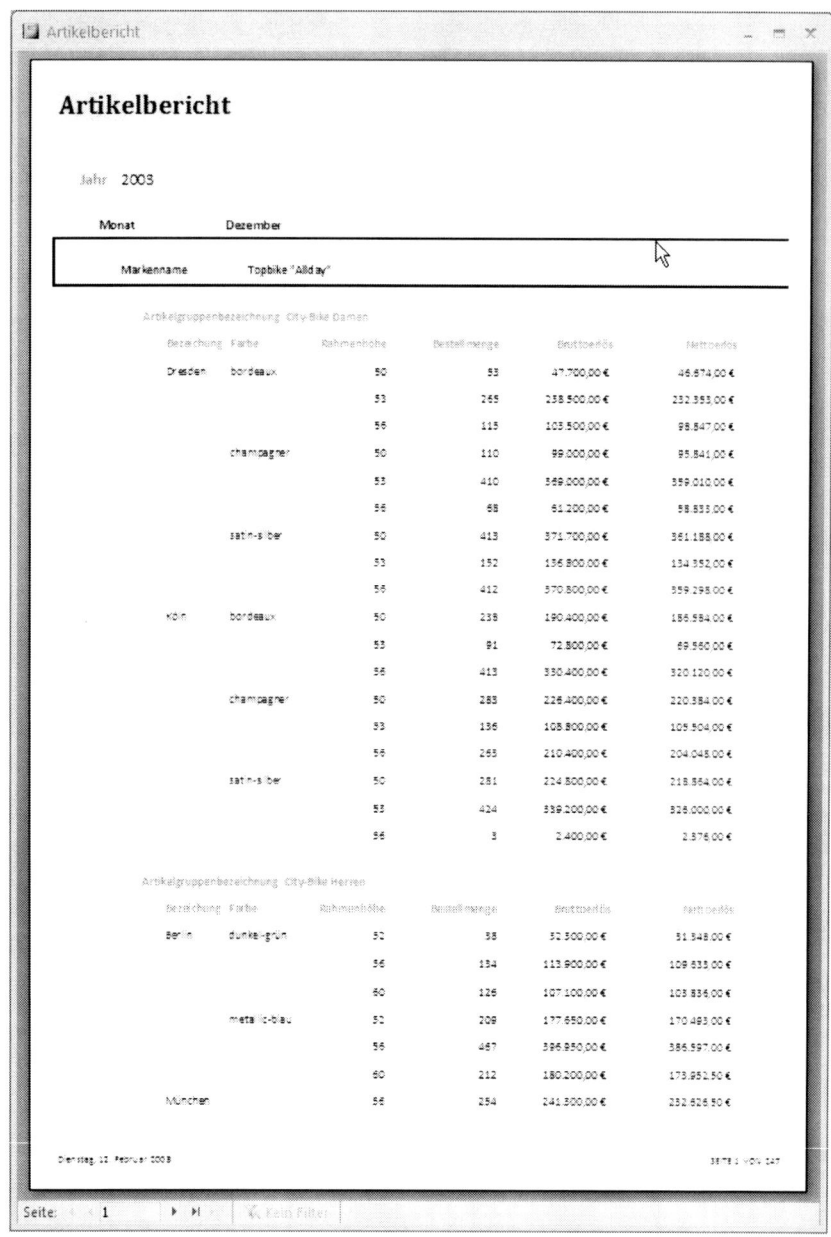

Abb. 2.3-8: Standardbericht für den TOPBIKE-Vertriebsbereich.

2.3 Fallstudie: TOPBIKE – BI **

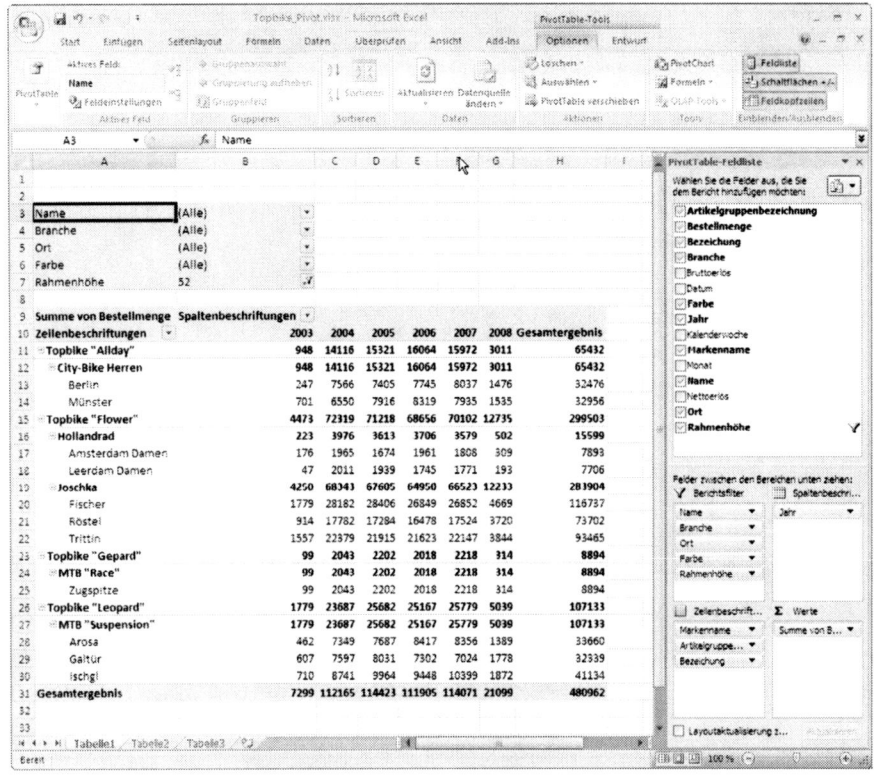

Abb. 2.3-9: Pivot-Tabelle für den TOPBIKE-Vertriebsbereich.

3 Data Mining – Datenmustererkennung *

Während mit der Vorstellung des *Data Warehouse*-Konzepts sowie der OLAP-Technologie die Grundlagen zur multidimensionalen Datenmodellierung sowie -auswertung vorgestellt wurden, fokussiert das vorliegende Kapitel mit dem *Data Mining* (DM) ein alternatives Konzept zur Datenanalyse. Als interdisziplinäres Forschungsfeld liegt mit dem *Data Mining* ein Ansatz vor, um in umfangreichen Datenbeständen interessante Muster und Zusammenhänge zu erkennen, die sich zur Entscheidungsunterstützung bzw. zur Vorbereitung von Handlungen nutzen lassen. Auch wenn das Konzept des *Data Mining* ein etabliertes Forschungsfeld in der Informatik darstellt, so rückt dieser Ansatz aufgrund aktueller Entwicklungen verstärkt in das Augenmerk betrieblicher Anwendungen. Dabei bietet *Data Mining* insbesondere im Kontext einer *Data Warehouse*-Nutzung vielfältige Einsatzpotenziale.

Dieses Kapitel thematisiert sowohl die konzeptionellen und methodischen Grundlagen als auch die praktischen Nutzungsmöglichkeiten des *Data Mining*. Der Aufbau des vorliegenden Teils gestaltet sich wie folgt:

Zunächst wird ein grundlegendes Verständnis des *Data Mining*-Konzepts präsentiert:

- »Grundlagen des Data Mining«, S. 116

Die darauf folgenden Ausführungen fokussieren etablierte *Data Mining*-Verfahren sowohl hinsichtlich ihrer methodischen Grundlagen als auch in Bezug auf ihre Anwendungsmöglichkeiten:

- »Ausgewählte Methoden des Data Mining«, S. 144

Dieses Verständnis wird anhand eines fiktiven Anwendungs-Szenarios vertieft, bei dem das *Data Mining*-Werkzeug Clementine zum Einsatz kommt:

- »Fallstudie: TOPBIKE – Data Mining«, S. 165

3.1 Grundlagen des *Data Mining* *

Zunächst erfolgt die Darstellung der wichtigsten Treiber des *Data Mining*:

- »Treiber des Data Mining«, S. 116

Im Anschluss werden die beiden zentralen Auslegungen des *Data Mining*-Begriffs diskutiert:

- »Auslegungen zum Data Mining«, S. 120

Mit dem *Cross Industry Standard Process for Data Mining*-Modell (CRISP-DM-Modell) wird ein in der praktischen Anwendung weit verbreitetes Vorgehensmodell zur Durchführung von *Data Mining*-Projekten dargestellt:

- »Das CRISP-DM-Modell«, S. 123

Die darauf folgenden Ausführungen fokussieren die praktischen Nutzungsmöglichkeiten des *Data Mining*:

- »Betriebswirtschaftliche Einsatzgebiete des Data Mining«, S. 139

Abschließend werden alternative Analyseansätze vorgestellt:

- »Web Mining und Text Mining als alternative Analyseansätze «, S. 142

3.1.1 Treiber des *Data Mining* *

Das Konzept des *Data Mining* steht seit vielen Jahren im Blickfeld wissenschaftlicher Forschungen und praktischer Anwendungen. Verschiedene Treiber haben dabei das Interesse am *Data Mining* forciert.

Metapher des Data Mining

Zur Popularität des **Data Mining**-Ansatzes hat maßgeblich die bildhafte Vorstellung eines Bergarbeiters bzw. eines *Data Miners* beigetragen, der im Labyrinth unsortierter und zusammenhangsloser Datenbestände nach Diamanten, d. h. nach interessanten Datenmustern, sucht. Die *Mining*-Metapher erfreut sich nicht zuletzt auf Grund ihrer Anschaulichkeit nach wie vor großer Beliebtheit. Das Bild des Bergarbeiters, der in den unübersichtlichen Minen großer Datenbestände nach kostbaren Erzen gräbt, aus denen das »reine Gold des Wissens« gewonnen werden kann, ist leicht an Softwarekunden zu vermitteln, die nur allzu oft eine ungenaue

Vorstellung von den Leistungspotenzialen und -grenzen der Disziplin besitzen. Gegenstand der folgenden Ausführungen sind die Promotoren bzw. Treiber, die in den vergangenen Jahren über die Metapher des Bergarbeiters hinaus zur (Weiter-)Entwicklung und Verbreitung des *Data Mining*-Konzepts beigetragen haben (Abb. 3.1-1).

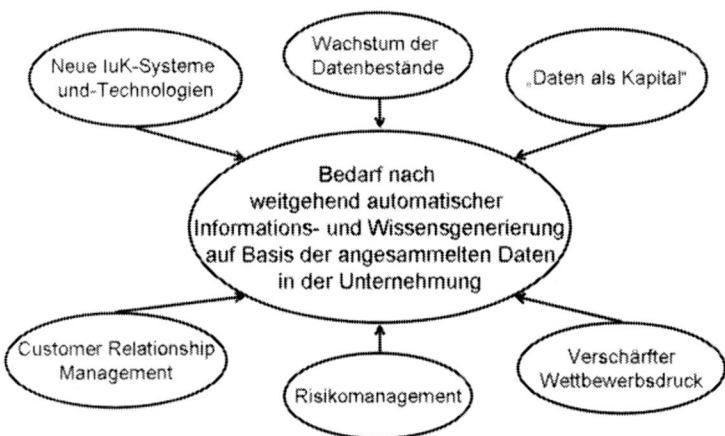

Abb. 3.1-1: Treiber des Data Mining.

Als wohl bedeutendster *Treiber* für den Bedarf einer automatisierten Datenanalyse ist die seit Jahren zu beobachtende Zunahme der auswertbaren Datenbestände zu nennen, die sowohl in unternehmungsinternen als auch -externen Informationssystemen vorliegen können. In der Regel erfolgt heute in den Unternehmungen der Einsatz von Datenbank- und *Data Warehouse*-Systemen, deren Datenvolumen eine beträchtliche Größe annehmen kann. Die explosionsartigen Wachstumsraten des Datenvolumens sind dabei nicht nur auf die interne Datenproduktion zurückzuführen. Mit Blick auf die anhaltende intensive Nutzung des Internet als Kommunikations- bzw. Austauschmedium lassen sich viele Daten, die für eine Analyse interessiert sind, von den Webseiten unternehmungsexterner Akteure herunterladen und in die datenhaltenden Systeme einlesen. In den vergangenen Jahren hat sich darüber hinaus eine Reihe

Wachstum der Datenvolumina

von Unternehmungen etabliert, zu deren Kerngeschäft es gehört, Marktforschungs-, Kunden- oder Konkurrenzdaten gegen Entgelt anzubieten. Die in den vergangenen Jahren auf diesem Weg entstandenen umfangreichen internen und externen Datenbestände gilt es mit einer geeigneten Methodik zu analysieren und hinsichtlich relevanter Zusammenhänge und Abhängigkeiten auszuwerten.

Daten als Kapital

Ein weiterer Grund für das Interesse am *Data Mining* liegt in der wachsenden Bedeutung des Wissens und Lernens als Schlüsselfaktoren für den Unternehmungserfolg. Vor dem Hintergrund eines zunehmendem Wettbewerbsdrucks, komplexer Unternehmungsverflechtungen, ausgeschöpfter Produktionsfaktoren sowie einer wachsenden Dynamik des Unternehmungsumfelds sind Unternehmungen immer stärker dazu gezwungen, Wachstumspotenziale aus immateriellen Ressourcen zu schöpfen. Mit den Konzeptionen des Wissensmanagements und des Organisationalen Lernens entstanden hierzu in den vergangenen Jahren Ansätze, die das Ziel verfolgen, durch die Verarbeitung unternehmungsinternen und -externen Wissens individuelle und überindividuelle Lernprozesse anzustoßen, um dauerhafte und nachhaltige Unternehmungserfolge zu garantieren. Die Forschungsdisziplin des *Data Mining* birgt aus einer technologischen Perspektive heraus das Potenzial, derartige Lernprozesse zu unterstützen, indem durch die Analyse eines im Vorfeld definierten Datenbestands Wissen generiert wird, das zu Entscheidungen, Handlungen und letztlich zu Rückkopplungen führt. Daher spielt *Data Mining* auch für die praktische Umsetzung der Konzeptionen des Wissensmanagements und des Organisationalen Lernens eine wichtige Rolle.

Ausgereifte IT- & Methodenunterstützung

Ein weiterer Treiber für das Interesse am Konzept des *Data Mining* lässt sich in der seit Jahren bestehenden Fortentwicklung leistungsfähiger Informations- und Kommunikationssysteme sowie -technologien identifizieren, die eine effiziente und effektive Auswertung der unternehmungsinternen und -externen Datenbestände ermöglichen. Gleichzeitig waren die Forschungsbemühungen der vergangenen Jahre darauf ausgerichtet, immer leistungsfähigere Verfahren zur besseren Analyse bzw. Auswertung der Daten zu erarbeiten. Damit wurden die Voraussetzungen geschaffen, um in den *Data Mining*-Projekten nicht nur geeignete Methoden sondern auch entsprechende Softwareprodukte zu nutzen. Hierzu ist in den vergangenen Jahren ein immenser Wachstumsmarkt entstanden, der beispielsweise Anbietern von *Data Mining*-Werkzeugen wie SAS oder SPSS ein lukratives Geschäft bereitet.

Als weiterer Treiber für das Interesse am *Data Mining* sind diejenigen Auswirkungen zu nennen, die sich aus aktuellen gesetzlichen Vorschriften ergeben. Insbesondere die Vorgaben des **Basel II**-Rahmenwerks haben das Interesse am Einsatz von *Data Mining*-Methoden forciert. Mit der neuen Baseler Rahmenvereinbarung wird der Umfang der Eigenkapitalbindung einer Bank mehr als bisher durch die Bonität der Kreditnehmer bestimmt. Die Bewertung der Kreditnehmer gewinnt dadurch als Steuerungsinstrument der Finanzwirtschaft weiter an Bedeutung. Im Rahmen der Basel II-Rahmenvereinbarung sind Banken dazu verpflichtet, Risikosegmente zu identifizieren, welche die Wahrscheinlichkeit einer Kundeninsolvenz widerspiegeln. Dazu schreibt das Basel II-Framework eine komplexe und umfassende Methodik vor, wie das Kundenrisiko in verschiedene Risikosegmente klassifiziert werden kann. Eine derartige Risikosegmentierung dürfte über das Bankensegment hinaus im Laufe der nächsten Jahre weitere Branchen erreichen, da das Risikomanagement seit den Finanzskandalen um Enron und WorldCom in den vergangenen Jahren zu einem neuen Management-Paradigma geworden ist.

Wachsende Bedeutung des Risikomanagements

Data Mining-Verfahren stiften ebenso in Anwendungsbereichen einen Nutzen, in denen über die Auswertung von Daten eine kundenindividuelle Ansprache angestrebt wird. Im Zuge einer wachsenden Kundenorientierung hat sich in den vergangenen Jahren mit der Konzeption des **CRM** *(Customer Relationship Management)* ein Ansatz entwickelt, der ein ideales Anwendungsfeld für das *Data Mining* bietet. CRM beschreibt ein strategisches Konzept, in dessen Mittelpunkt die effiziente und effektive Gestaltung aller Maßnahmen für ein erfolgreiches Kundenbeziehungsmanagement steht. Als ganzheitlicher Ansatz verfolgt das CRM die notwendigen betriebswirtschaftlichen Zielsetzungen für eine kundenindividuelle Ansprache, um neue Kunden zu gewinnen, bestehende Kunden zu binden und ehemals abgewanderte Kunden wieder zu gewinnen. Zur Erreichung dieser Ziele liegt ein

Data Mining zur Unterstützung des CRM

besonderer Aufgabenschwerpunkt des analytischen CRM – als Teilkomponente des CRM-Ansatzes – in der systematischen, methodisch-gestützten Analyse der Zielkunden. Neben multidimensionalen Analysen auf Basis des OLAP (**On-Line Analytical Processing**) kann zu diesem Zweck auch das *Data Mining* zur Aufdeckung von Datenmustern, die beispielsweise zur Erstellung von Zielkundenprofilen beitragen, zum Einsatz kommen.

3.1.2 Auslegungen zum *Data Mining* *

In den vergangenen Jahren entstanden zur Abgrenzung des Data Mining-Ansatzes zahlreiche Definitionsvorschläge. Bisher ist es keinem Autor oder Autorenteam gelungen, eine eindeutige und allgemein akzeptierte Definition des Data Mining-Begriffs zu etablieren. Hinsichtlich der inhaltlichen Ausgestaltung des Data Mining-Konzepts lassen sich in den Literaturbeiträgen mit der prozessorientierten und der methodenorientierten Perspektive zwei Sichtweisen identifizieren, die nachfolgend diskutiert werden.

Data Mining als Prozessmodell zur Datenanalyse

Definition nach Mertens et al.

Unter den Autoren, die sich mit dem Erkenntnisgegenstand des *Data Mining* beschäftigen, existiert eine Gruppe, die den Prozesscharakter dieses Konzepts betont. Vertreter dieser Perspektive sind Mertens et al. Die Autoren verstehen unter *Data Mining* einen Prozess, »... der aus einer Datenmenge implizit vorhandene, aber bisher unentdeckte, nützliche Informationen extrahiert.« [MBH+94]. Aus diesem Blickwinkel betrachtet, kann das *Data Mining* als ein strukturiertes, aus mehreren Teilschritten bestehendes Vorgehensmodell zur systematischen Datenanalyse verstanden werden. Das Ziel dieser Analyse liegt darin, in einem definierten Datenbestand verborgene Muster zu erkennen, die im Hinblick auf die Beantwortung einer Frage- bzw. Problemstellung relevant sein können. Nicht selten wird diese prozessorientierte Perspektive mit der Begriffskombination KDD (**Knowledge Discovery in Databases**) gleichgesetzt (zum Verhältnis zwischen den Konzepten des *Data Mining* und des KDD [Küpp99]). Als alternative Bezeichnungen, die als Synonyme

3.1 Grundlagen des Data Mining *

zum KDD vorgeschlagen werden, gelten die Begriffskombinationen *Data Archaeology*, *Knowledge Extraction* und *Data Analysis* [Küpp99]. Mit Blick auf die verschiedenen Ansätze zur Abgrenzung des KDD-Begriffs wird im Folgenden der Vorschlag von Fayyad, Piatetsky-Shapiro und Smyth präsentiert, der in der Literatur eine weite Verbreitung gefunden hat. Nach ihrer Auffassung ist KDD »*the non-trivial process of identifying valid, novel, potentially useful and ultimately understandable patterns in data*« [FPS96a].

Somit handelt es sich beim KDD um einen Prozess, mit dessen Hilfe neue und nützliche Muster in den Daten aufgedeckt werden sollen. Eine wichtige Anforderung an diese Muster liegt in deren Gültigkeit und Verständlichkeit. Nontrivial bedeutet in diesem Zusammenhang, dass die Aufdeckung der Datenmuster einen gewissen Suchaufwand erfordert [FPS96b]. Die oben genannten Eigenschaften von Datenmustern lassen sich auch unter dem Begriff der Interessantheit zusammenfassen [NRW98].

Erläuterungen zum KDD-Definitionsvorschlag

Neben den bisher präsentierten Eigenschaften geht aus dem KDD-Konzept ebenfalls hervor, dass die Existenz leistungsfähiger Informationssysteme, welche die zu analysierenden Daten vorhalten, ein weiteres wichtiges Charakteristikum darstellt. Ein Definitionsvorschlag, der in diesem Zusammenhang ebenfalls den Aspekt der Softwareorientierung in den Fokus rückt, stammt von Hansen/Neuman [HaNe05]. Die Autoren bezeichnen *Data Mining* als »...software-gestützte Ermittlung bisher unbekannter Zusammenhänge, Muster und Trends aus dem Datenbestand sehr großer Datenbanken beziehungsweise des Data Warehouse. Dabei kann der Benutzer bestimmte Ziele vorgeben, für die das System angemessene Beurteilungskriterien ableitet und damit die Datenobjekte der Datenbank(en) analysiert.«

Definition nach Hansen/Neumann

Data Mining als Phase im KDD-Prozess

Alternative Definitionen zum *Data Mining* stellen weniger die Prozesssicht, als die gezielte Anwendung geeigneter Methoden bzw. Verfahren zur Ableitung von Erkenntnissen in den Vordergrund. Hierbei stehen den Datenanalysten Verfahren zur Verfügung, die aus anderen Wissenschaftsdisziplinen wie der Mathematik, Statistik oder Künstlichen Intelligenz stammen. Diese Perspektive entspricht einer methodenorientierten Sichtweise auf das *Data Mining*, wobei sich hinsichtlich des Zeitpunktes, die geeigneten *Data Mining*-Verfahren einzusetzen, zwei Alternativen ergeben.

Strenge Auslegung der methodenorientierten Perspektive

In einer strengen Interpretation der methodenorientierten Perspektive wird *Data Mining* als eine separate Phase bzw. als ein Teilschritt im gesamten Prozess der Datenanalyse bzw. Wissensentdeckung betrachtet. Ein Vertreter dieses Ansatzes ist beispielsweise Bankhofer [Bank04]. Nach diesem Verständnis umfasst das *Data Mining* alle Aktivitäten, »*that find a logical or mathematical description, eventually of a complex nature, of patterns and regularities in a set of data.*« [DeFo95]. Das *Data Mining* steht folglich für die eigentliche Analyse von Daten und bildet somit die Kernphase des KDD-Prozesses. Durch die Anwendung gezielter Methoden und Algorithmen lassen sich aus einem bereits vorverarbeiteten und bereinigten Datenbestand Datenmuster bestimmen, die in einem weiteren Schritt von den Analysten oder Entscheidern zu interpretieren sind.

Weiche Auslegung der methodenorientierten Perspektive

In einer weichen Auslegung der methodenorientierten Perspektive wird vorgeschlagen, die *Data Mining*-Verfahren bereits in den Phasen zu nutzen, welche die Vorverarbeitung und Aufbereitung der Daten zum Ziel haben. Nach dieser Sichtweise lassen sich alle zur Verfügung stehenden Verfahren während des gesamten Prozesses zur Erkenntnisgewinnung und nicht nur in der Phase der Methodenanwendung einsetzen.

Einordnung des *Data Mining*

Integrierte Sichtweise

Das prozessorientierte, integrierte, ganzheitliche Verständnis des *Data Mining*-Begriffs liegt auch den folgenden Ausführungen zugrunde. Folglich lässt sich unter *Data Mining* der gesamte Prozess zur Datenvorverarbeitung, -analyse und -interpretation verstehen. Wird hingegen die methodenorientierte Auslegung des *Data Mining* favorisiert, lässt sich der Einsatz der verschiedenen Analysemethoden als *Data Mining* i. e. S. bezeichnen.

Interdisziplinarität

Neben der Prozess-, Methoden- und Softwareorientierung ist der interdisziplinäre Forschungsgedanke kennzeichnend für das *Data Mining*. Das Ziel dieses Ansatzes liegt darin, durch den Einsatz verschiedener Methoden, die aus den Wissenschaftsdisziplinen der Mathematik, der Statistik und der Künstlichen Intelligenz stammen, und die Anwendung einer strukturierten Vorgehensweise softwaregestützt verborgene Muster und Beziehungen in großen Datenbeständen zu identifizieren.

Damit generiert das *Data Mining* insbesondere in denjenigen Anwendungsfeldern Nutzungspotenziale, in denen die zielorientierte Auswertung von Daten einen **kritischen Erfolgsfaktor** für eine Unternehmung darstellt. In diesem Zusammenhang verfolgt der *Data Mining*-Ansatz den Anspruch, nicht nur den Analysebedarf weniger Experten zu berücksichtigen, die sich durch fundierte Statistik- und Softwarekenntnisse auszeichnen. In gleicher Weise soll eine breite Nutzergruppe durch den Einsatz leistungsfähiger Methoden und Softwareprodukte bei der Durchführung von *Data Mining*-Projekten unterstützt werden.

Adressatenkreis

3.1.3 Das CRISP-DM-Modell *

Zahlreiche Beiträge zum *Data Mining* richteten sich zunächst auf die Erarbeitung der konzeptionellen und methodischen Grundlagen (zu den historischen und aktuellen Entwicklungen im *Data Mining* [FRA05, S. 308 ff.]). Bei der Durchführung erster *Data Mining*-Projekte gelangten die Projektteams zu der ernüchternden Erkenntnis, dass die reine Anwendung einiger *Data Mining*-Verfahren auf einen ausgewählten Datenbestand nur unzureichende sowie fehlerhafte Ergebnisse hervor bringt. Die sich anschließenden Bemühungen waren folglich von dem Ziel geleitet, umfassende Methodiken für die erfolgreiche Durchführung von *Data Mining*-Projekten zu entwickeln. Hieraus resultierten in der Folgezeit eine Reihe von *Data Mining*-Vorgehensmodelle bzw. -Prozessmodelle.

Data Mining-Vorgehensmodelle

Kennzeichnend für diese Modelle ist, dass sie sich in ihrer Zielsetzung sowie inhaltlichen Ausgestaltung sehr ähneln und sich nur durch wenige Akzentuierungen unterscheiden. Die Nuancen ergeben sich in vielen Fällen weniger durch die konkrete Ausgestaltung der zu durchlaufenden Phasen, als durch eine unterschiedliche Benennung dieser Teilschritte. Als verbreiteter Repräsentant der *Data Mining*-Prozess-

Modellunterschiede nur marginal

modelle soll im Folgenden das **CRISP-DM-Modell** *(Cross Industry Standard Process for Data Mining)* behandelt werden. Zunächst erfolgt hierzu die Vorstellung des CRSIP-DM-Modells im Überblick, woran sich nähere Erörterungen der einzelnen Phasen des Prozessmodells anschließen:

- »Überblick über das CRISP-DM-Modell«, S. 124
- »Business Understanding«, S. 125
- »Data Understanding – Auswahl und Sichtung der Daten«, S. 127
- »Data Preparation – Datenaufbereitung«, S. 128
- »Data Modeling – Anwendung der Data Mining-Verfahren«, S. 134
- »Evaluation und Deployment«, S. 138

3.1.3.1 Überblick über das CRISP-DM-Modell *

Grosse Aufmerksamkeit hat in den letzten Jahren ein Data-Mining-Modell erhalten, das vom CRISP-DM-Konsortium stetig weiterentwickelt wird. Dieses CRISP-DM-Modell besteht aus sechs idealtypischen Phasen, die es beim Prozess zu durchlaufen gilt.

Wurzeln des CRISP-DM-Modells

Mit dem **CRISP-DM-Modell** *(Cross Industry Standard Process for Data Mining)* liegt gegenwärtig ein verbreitetes Prozessmodell für das *Data Mining* vor, das in den vergangenen Jahren in der praktischen Anwendung große Popularität erfahren hat [CCK+00, S. 2]. Im Gegensatz zu anderen *Data Mining*-Prozessmodellen handelt es sich bei dem CRISP-DM-Modell um ein Konzept, dessen inhaltliche Ausprägung vollständig aus Projekterfahrungen zum *Data Mining* abgeleitet wurde. Um diese Erkenntnisse zu einem tragfähigen Konzept zu bündeln, gründete sich im Jahr 1996 das CRISP-DM-Konsortium, dessen Mitglieder namhafte Unternehmungen verschiedener Branchen sind.[1] Seitdem das Konsortium seine Arbeit aufgenommen hat, wurde das CRISP-DM-Modell beständig mit dem Ziel weiterentwickelt, einen Standard zur Vorgehensweise bei *Data Mining*-Projekten zu etablieren. Die Grundlagen dieses Vorschlags werden in den folgenden Ausführungen präsentiert.

---

[1] Zu den Mitgliedern des CRISP-DM-Konsortiums gehören beispielsweise die Unternehmungen Daimler und SPSS.

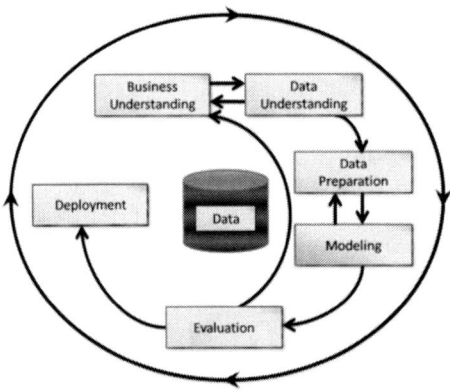

Abb. 3.1-2: Phasen des CRISP-DM-Prozessmodells.

Wie aus der Abb. 3.1-2 zu entnehmen ist, lassen sich im CRISP-DM-Modell sechs *Phasen* identifizieren, die auf unterschiedliche Weise miteinander verknüpft sind. Den Ausgangspunkt des Konzepts bildet der Datenbestand, der in den Phasen **Business understanding, Data understanding, Data preparation, Modeling, Evaluation** und **Deployment** zur Erfüllung der Projektanforderung und -ziele bearbeitet und ausgewertet wird. Die einzelnen Phasen repräsentieren Teilschritte eines sequenziellen Vorgehensmodells, wobei das CRISP-DM-Modell vielfältige Rückkopplungen zu den vorgelagerten Phasen vorsieht.

Phasen des CRISP-DM-Prozessmodells

3.1.3.2 Business Understanding *

Die erste Phase des CRISP-DM-Modells trägt die Bezeichnung *Business Understanding*. In dieser Phase gilt es hauptsächlich, Projektziele zu setzen und einen Projektplan zu Koordinationszwecken zu erstellen.

Um einen Nutzen aus der Anwendung von *Data Mining*-Verfahren ziehen zu können, sollte immer ein zielgerichteter Einsatz der verfügbaren Methoden zur Datenanalyse erfolgen. Die Formulierung einer genauen Problembeschreibung sowie einer darauf folgenden Aufgabendefinition sind daher von entscheidender Bedeutung für ein erfolgreiches *Data Mining*-Projekt. Darüber hinaus muss der *Data Mining*-Pro-

Zielgerichteter Methodeneinsatz

3 Data Mining – Datenmustererkennung *

Festlegung der Eckpunkte in Business Understanding

zess auf die vorhandenen organisatorischen Strukturen und Abläufe einer Unternehmung abgestimmt werden.

Diese Aufgaben stehen im Fokus der ersten Phase des **CRISP-DM-Modells**. Nach Empfehlung des CRISP-DM-Konsortiums sollte ein Data-Mining-Projekt mit der Phase des *Business understanding* beginnen, dessen Ziel es ist, unter Berücksichtigung der vorliegenden Rahmenbedingungen die Eckpunkte eines *Data Mining*-Projekts festzulegen. Dabei sind folgende Teilschritte durchzuführen:

- Situationsanalyse und Aufgabendefinition
- Formulierung der *Data Mining*-Ziele
- Erstellung des Projektplans

Berücksichtigung von Ressourcen & Risiken

Im Rahmen der Situationsanalyse muss zunächst die Problemstellung aus betriebswirtschaftlicher Sicht erkannt und in einer entsprechenden Aufgabendefinition festgehalten werden [HiWi01, S. 22]. Ausgehend von dieser Zielsetzung sind die vorliegenden Rahmenbedingungen eingehend zu analysieren. Dabei sollten sämtliche Ressourcen, die zum Erfolg des Projektes beitragen können, berücksichtigt werden. Dies bezieht sich sowohl auf das vorhandene Personal unterschiedlicher Qualifikationsstufen als auch auf die einzusetzende Hard- und Software sowie die finanziellen Mittel, die für das Projekt zur Verfügung stehen. Darüber hinaus sind mögliche Risiken einzuschätzen und entsprechende Lösungsmöglichkeiten zu erarbeiten [CCK+00, S. 18].

Formulierung der Ziele

Ausgehend von der betriebswirtschaftlichen Zielsetzung und der Situationsanalyse muss eine Formulierung der analytischen Ziele für das *Data Mining* erfolgen. Dabei ist festzulegen, für welchen Aufgabenbereich welche Art von Analysen durchgeführt und welche Erfolgskriterien für die Bewertung der Ergebnisse herangezogen werden sollen.

Sinnhaftigkeit eines Projektplans

Gerade bei umfangreicheren Projekten ist es sinnvoll, aufbauend auf den betriebswirtschaftlichen und technischen Zielsetzungen einen Projektplan zu erstellen. Dieser dient vor allem der zeitlichen Koordinierung anfallender Aufgaben unter Berücksichtigung der Ergebnisse der Situationsanalyse. Dabei werden die einzelnen Phasen des Projektes mit den jeweiligen Ressourcen, Restriktionen, In- und Outputs sowie des zur Verfügung stehenden Zeitrahmens festgelegt. Wie bei jeder Anfangsphase eines Projekts sind ebenfalls Kosten-Nutzen-Überlegungen in Form einer Wirtschaftlichkeitsbetrachtung sowie eine erste Abschätzung der Einsatzmöglichkeiten sowie Beschränkungen zur Verfügung stehender menschlicher und technischer Ressourcen vorzunehmen.

3.1.3.3 *Data Understanding* – Auswahl und Sichtung der Daten *

Die Phase *Data Understanding* dient hauptsächlich dazu, benötigte Daten in internen wie auch externen Quellen ausfindig zu machen und eine Auswahl zu treffen. Bereits in dieser frühen Phase erwächst ein Verständnis für die Daten und gegebenenfalls die Notwendigkeit, weitere Daten aus internen oder externen Quellen zu beschaffen und hinzuzufügen.

Die zweite Phase des **Data Understanding** sieht eine intensive Analyse der zur Verfügung stehenden Daten mit anschließender Auswahl der für die Problemstellung relevanten Daten vor. Das Ziel dieser Phase ist es, ein besseres Verständnis für die im weiteren Verlauf der Analyse zum Einsatz kommenden Daten zu erhalten. Zu diesem Zweck müssen die Daten in einem ersten Schritt aus den verschiedenen Quellen zusammengetragen werden, um sie anschließend zu beschreiben. Hierbei wird in der Regel auf **Metadaten** zurück gegriffen, die beispielsweise Angaben zu der Größe des Datenbestands sowie zu den zur Anwendung kommenden Formaten liefern [CCK+00].

Sammlung & Beschreibung der Daten

Ferner empfiehlt das Konsortium, an dieser Stelle des Projekts bereits erste Analysen des Datenbestandes durch Nutzung von Visualisierungstechniken sowie Methoden der deskriptiven Statistik durchzuführen. Darüber hinaus ist bereits in dieser Phase der Einsatz komplexerer *Data Mining*-Verfahren vorstellbar, soweit sie zu einem besseren Verständnis für den Datenbestand beitragen können. Ebenfalls erfolgt eine erste Abschätzung der Datenqualität, die sich für die Aussagefähigkeit der Analyseergebnisse und somit für den Fortgang des Projekts als sehr wichtig erweist. Daher ist eine Rückkopplung zur Anfangsphase vorgesehen, falls die Ergebnisse der *Data Understanding*-Phase eine erfolgreiche Durchführung des Projekts gefährden.

1. Analysen des Datenbestandes

3 Data Mining – Datenmustererkennung *

Datenauswahl

Der Schwerpunkt dieser Phase liegt aber in der Auswahl der Daten aus den unterschiedlichsten Datenquellen. Da die Bestimmung der relevanten Daten abhängig von der jeweiligen Problemstellung und der vorhandenen Systemlandschaft einer Unternehmung ist, gilt für die Auswahl der Daten keine allgemeingültige Vorgehensweise.

Data Warehouse als primäre Datenquelle

Da das *Data Warehouse* den Zugriff auf schon aufbereitete Daten ermöglicht, stellt es für *Data Mining*-Projekte die Datenquelle erster Wahl dar. Dabei können die Daten aus dem zentralen *Data Warehouse* oder einzelnen **Data Marts** extrahiert und für entsprechende Analysen genutzt werden. Darüber hinaus lassen sich je nach Informationsbedarf weitere interne und externe Quellen einsetzen.

Hinzunahme interner Daten

Zusätzlich können auch interne Daten, die in *Data Warehouse*-Projekten keine Berücksichtigung gefunden haben, für *Data Mining*-Projekte sehr interessant sein. Dies betrifft vor allem papiergebundene und nicht formatierte Daten [HiWi01]. Für die Erschließung dieser Datenquellen ist eine intensive Recherche in den verschiedenen Fachabteilungen einer Unternehmung notwendig. Darüber hinaus kann es sinnvoll sein, implizites Wissen von Mitarbeitern, die im direkten Kundenkontakt stehen, durch eine Befragung zu gewinnen und bei der Datenanalyse zu nutzen [HiWi01].

Hinzunahme externer Daten bei Bedarf

Die Hinzunahme externer Daten ist dann sinnvoll, wenn die unternehmungsinternen Daten für die Durchführung der Analysen nicht ausreichen. So können beispielsweise Adressverzeichnisse von externen Anbietern gekauft oder Umfragen in Auftrag gegeben werden, um vorhandene Informationslücken zu schließen. Darüber hinaus bietet sich das Internet als externe Datenquelle an.

3.1.3.4 *Data Preparation* – Datenaufbereitung *

Die Phase *Data Preparation* ist von hoher Relevanz für die nachfolgenden Analyseschritte. Daher werden in dieser dritten Phase in der Praxis auch mit Abstand die meisten Ressourcen gebunden.

Bedeutung der Datenaufbereitung

Innerhalb der Phase der **Data Preparation** soll die zielgerichtete Aufbereitung der Daten für die nachfolgenden Analysen erfolgen, was sowohl die Bereinigung als auch die

Transformation der Daten erfordert. Die hierbei anfallenden Aktivitäten umfassen alle Operationen, mit denen der Datenbestand ergänzt, verändert oder reduziert werden kann. Aufgrund ihrer Bedeutung für den Projekterfolg erfordert diese Phase im *Data Mining*-Prozess große Sorgfalt.

Oftmals handelt es sich bei der *Data Preparation* um einen ressourcenintensiven Teilschritt, da in der Regel die Datenbestände vielfältiger Anpassungen bedürfen. Nach Expertenschätzungen werden in dieser Phase bis zu 80% der für den *Data Mining*-Prozess bereitgestellten zeitlichen, technischen und personellen Ressourcen in Anspruch genommen. Ein Änderungsbedarf ergibt sich zum einen dadurch, dass die meisten **Data Mining-Werkzeuge** eine spezifische Beschaffenheit der Daten für die Durchführung von Analysen voraussetzen. Die heterogenen Daten aus den verschiedensten Quellen müssen im Hinblick auf diese Anforderungen angepasst werden.

Ressourcen-verbrauch

Zum anderen können fehlende Daten die Ergebnisse sehr stark verzerren, was letztendlich falsche betriebswirtschaftliche Entscheidungen nach sich ziehen kann. Zu gleichen negativen Auswirkungen tragen ebenso fehlerhafte oder inkonsistente Wertausprägungen bei. Auch das Problem von Ausreißern stellt eine weit verbreitete Fehlerart dar. Schätzungen gehen davon aus, dass der Anteil falscher Datenfelder im Verhältnis zum analysierbaren Datenbestand bei 1% – 5% liegt [Redm98, S. 80]. Da die Datenbereinigung und die Transformation zwei wichtige Schritte bei der Aufbereitung der Daten darstellen, werden sie nachfolgend detaillierter behandelt.

Fehlerkorrektur

Data Cleansing

Der Datenbereinigung werden alle Maßnahmen zugeordnet, die zum Ziel haben, eine möglichst hohe Qualität des Datenbestandes zu erreichen. Für die Anwendbarkeit der Analyseverfahren sowie für die Interpretierbarkeit der Analyseergebnisse besitzt die Datenqualität eine entscheidende Bedeutung. Ein Beispiel für die im Rahmen der Data preparation anfallenden Tätigkeiten ist die Zusammenführung einzelner Datensätze oder gesamter Tabellen aus den verschiedenen Quellen mit Hilfe von *Join Statements* (Zur

Gegenstand der Daten-bereinigung

Formulierung von *Join Statements* mit der SQL [GaRö03, S. 72 ff.]). Eine Aufbereitung kann auch erfolgen, indem aus bestehenden Merkmalen einer Tabelle durch multiplikative oder additive Verknüpfungen neue Merkmale abgeleitet werden. Ebenfalls lassen sich aus einem Datensatz Extrakte bilden, die im Hinblick auf die Ziele und Anforderungen des Projekts eine bessere Aussagefähigkeit bieten. Zur Beurteilung der Datenqualität können folgende Kriterien herangezogen werden [ScHe02, S. 111 ff.]:

Kriterien zur Beurteilung der Datenqualität

- **Vollständigkeit**: Hierbei soll zum einen sichergestellt werden, dass sämtliche Daten, die für die Analyse notwendig sind, Verwendung finden. Zum anderen bezieht sich die Vollständigkeit auf die Vermeidung von Leerwerten innerhalb von Datensätzen.
- Mit der **Konsistenz** von Daten ist die Widerspruchsfreiheit von Daten gemeint. In diesem Zusammenhang sind vor allem Redundanzen zu eliminieren, da diese zu einer Verfälschung der Analyseergebnisse führen können. So dürfen z. B. nicht mehrere Datensätze zu einem Kunden auftreten.
- Das Kriterium der **Genauigkeit** beschreibt den Detaillierungsgrad von Daten, welcher auch als Granularität bezeichnet wird. Daten müssen stets in der für die jeweilige Aufgabenstellung erforderlichen Granularität vorliegen.
- Das Merkmal **Korrektheit** zielt auf fehlerhafte und falsche Daten ab. Fehlerhafte Daten können beispielsweise durch Rechtschreibfehler oder durch die Verwendung falscher Datentypen entstehen und müssen dahingehend überprüft und entsprechend korrigiert werden. Fehlende Daten sind nach Möglichkeit zu ergänzen, falsche Daten dagegen bei weiteren Analysen zu vernachlässigen.
- Schließlich ist auch das Alter der Daten zu beachten, indem bei den Analysen diejenigen Daten verwendet werden, die im Hinblick auf die Aufgabenstellung sowie die Interpretation der Ergebnisse eine ausreichende **Aktualität** besitzen.

Datenmodellierung zur Unterstützung der Datenaufbereitung

Zur Unterstützung der Datenaufbereitung empfiehlt es sich, die zu analysierenden Daten insbesondere dann in einem separaten Datenmodell abzubilden, wenn die zu analysierenden Daten sehr umfangreich sind. Bei der Modellierung von Daten hat das Relationenmodell die größte Verbreitung (zur Vorgehensweise bei der relationalen Datenmodellierung [GaRö95, S. 114 ff.]).

Separate Datenmodelle

Durch den Aufbau eines relationalen Datenmodells ergeben sich mehrere Vorteile. Zum einen hat die Anwendung der Normalformenlehre automatisch die Vermeidung von Redundanzen zur Folge und dient somit als Hilfsmittel für die Sicherstellung der Datenqualität. Zum anderen lassen sich auf das relationale Datenmodell weitere Werkzeuge zur explorativen Datenanalyse aufsetzen. Darüber hinaus erleichtert das Relationenmodell die Durchführung späterer Analysen.

Vorteile eines relationalen Datenmodells

Transformation

Ziel der Transformation ist es, die bereinigten Daten so umzuformen, dass sie sich durch **Data Mining-Systeme** nutzen lassen. Da die Anforderungen an die Daten je nach eingesetztem Werkzeug sehr unterschiedlich sein können, muss über die Art der Transformation im jeweiligen Anwendungsfall entschieden werden. Dabei ist insbesondere auf die Datentypen und das Skalenniveau zu achten.

Transformation je nach Anforderung

Mit dem Datentyp wird festgelegt, welche Ausprägungen in einem Wertebereich ein Objekt annehmen kann und welche Operationen sich mit den Objekten eines Typs durchführen lassen. Generell muss zwischen alphabetischen, numerischen und alphanumerischen Datentypen unterschieden werden. Während sich alphabetische Daten ausschließlich aus Zeichen des Buchstabenalphabets zusammensetzen, bestehen numerische Daten aus Zahlenwerten. Alphanumerische Daten umfassen sowohl Buchstaben als auch Zahlen oder Sonderzeichen. Aufbauend auf diesen Datentypen lassen sich weitere, spezielle Datentypen ableiten. So stellen z. B. Datumsformate letztendlich eine spezielle Art von al-

Datentypen

phanumerischen Datentypen dar (z. B. die Datumsangabe 19.07.1977).

Vereinheitlichung von Daten

Auch wenn viele Datentypen in unterschiedlichen Systemen standardisiert benutzt werden, ist oftmals eine Transformation in ein einheitliches Format notwendig. So existieren z. B. Datumsformate je nach Datenquelle in den verschiedensten Formen (z. B. Tag/Monat/Jahr oder Jahr/Monat/Tag). Häufig finden sich auch Zahlenwerte, mit denen Berechnungen erstellt werden sollen, in einem Format, welches zwar die Darstellung als Zahlenwert, aber nicht die gewünschten Rechenoperationen erlaubt.

Beispiel

Als Beispiel kann der häufig verwendete, alphanumerische Datentyp varchar angeführt werden, der sich für mathematische Operationen nicht eignet, allerdings durchaus numerisches Datenmaterial zur Anzeige bringen kann.

Wahl der Datentypen

Bei der Anpassung sollte unbedingt darauf geachtet werden, dass Datentypen gewählt werden, die auch von den jeweils angewendeten *Data Mining*-Algorithmen erkannt und unterstützt werden.

Anpassung des Skalenniveaus

Eine weitere Möglichkeit der Transformation von Daten liegt in der Anpassung des Skalenniveaus. Dabei kann zwischen den folgenden Skalenniveaus unterschieden werden [BEP+03, S. 4 ff.]:

- Nicht-Metrische Skalenniveaus
  - Nominalskala
  - Ordinalskala
- Metrische Skalenniveaus
  - Intervallskala
  - Ratioskala

Kategorien der Skalierung

Die Nominalskala stellt die einfachste Form der Skalierung dar und ermöglicht die Einordnung von Objekteigenschaften in verschiedene Kategorien. Als nächst höheres Skalenniveau erweist sich die Ordinalskala, die zur Darstellung von Rangordnungen, wie z. B. verschiedenen Einkommensgruppen, genutzt werden kann. Die Intervallskala ist hingegen durch gleichgroße Abstände gekennzeichnet und erlaubt somit auch eine sinnvolle Auswertung von Differenzen. Als Beispiel dient häufig die Celsius-Skala zur Messung von Temperaturen, bei der die Abstände zwischen den einzelnen Gradzahlen gleich groß sind. Im Unterschied zur Intervallskala liegt bei der Ratioskala ein natürlicher Nullpunkt vor. Als Beispiel können Längen- und Gewichtsmaße oder monetäre Größen wie der Preis oder das Einkommen genannt werden. Die Abbildung von Daten mittels einer Ratioskala ermöglicht die Anwendung von sämtlichen arithmetischen Operationen und statistischen Maßen.

Die Transformation von Daten in verschiedene Skalenniveaus bietet für den späteren Einsatz von *Data Mining*-Algorithmen zahlreiche Vorteile: Zum einen lassen sich in Textform vorliegende Daten mit Hilfe einer Nominalskala in unterschiedliche Kategorien einordnen. So können beispielsweise die von Kunden im Rahmen einer Umfrage freitextlich angegebenen Kündigungsgründe jeweils eine Kategorie bilden. Die Abbildung der Daten kann dann beispielsweise mit einer fortlaufenden Nummerierung der Gründe in einem Tabellenfeld erfolgen. Eine weitere Möglichkeit ist die Dichotomisierung, bei der nur zwei mögliche Zustände als Merkmalsausprägung vergeben werden (z. B. ja/nein oder richtig/falsch) [KaNa98, S. 102 ff.]. Für jeden Kündigungsgrund ist dann ein eigenes Feld zu erstellen, welches z. B. mit dem Wert »1« belegt wird, wenn der Kunde den zugehörigen Grund angegeben hat, und sonst mit einer »0«. Da viele *Data Mining*-Algorithmen auf Basis von Zahlenwerten arbeiten, ist die oben angeführte Transformation häufig zwingend notwendig.

Einordnung von Daten in Kategorien

Zum anderen kann es sinnvoll sein, Daten von einem höheren Skalenniveau in ein niedrigeres Skalenniveau zu überführen [HiWi01, S. 58]. So lassen sich beispielsweise die Einkommensangaben von Kunden (Ratioskala) in verschiedene Einkommensgruppen (Ordinalskala) einteilen. Auch hier kann eine Darstellung in binärer Form oder fortlaufender Nummerierung gewählt werden.

Überführung in niedrigeres Skalenniveau

Insgesamt ist festzustellen, dass sich durch die Darstellung von Daten gemäß verschiedener Skalenniveaus je nach Anwendungsfall Vorteile bei der Weiterverarbeitung und Auswertung der Daten ergeben. Welche Daten in welcher Art dargestellt werden, hängt entscheidend von den zur Anwen-

Fazit

dung kommenden *Data Mining*-Algorithmen im speziellen Anwendungsfall ab.

3.1.3.5 *Data Modeling* – Anwendung der *Data Mining*-Verfahren *

Nach der Datenvorverarbeitung kommen in der *Modeling*-Phase die *Data-Mining*-Verfahren zum Einsatz, die für die Zwecke der Kategorisierung, Klassifikation, Prognose und Abhängigkeitsanalyse verwendet werden können.

Modellbildung zur Ermittlung eines Analyseergebnisses

Die Phase des **Modeling** beinhaltet die Anwendung verschiedener *Data Mining*-Verfahren auf Grundlage einer abgestimmten Modellbildung. Das Ziel dieser Phase ist es, für die geforderte Aufgabenstellung ein Analyseergebnis zu ermitteln, das sich durch eine hohe Aussage- bzw. Interpretationsfähigkeit auszeichnet. Unter Berücksichtigung der Beschaffenheit der Daten und der Zielsetzung der Analysen werden für diesen Zweck geeignete *Data Mining*-Werkzeuge verwendet, deren Auswahl nach Möglichkeit bereits bei der Erstellung des Projektplans erfolgt.

Einordnung der Data Mining-Verfahren

Da eine Vielzahl von *Data Mining*-Verfahren existiert, die hinsichtlich der Funktionalität ihrer Algorithmen sowie der verwendeten Parameter in verschiedenen Ausprägungen vorliegen, beschreiben die folgenden Ausführungen nur die wichtigsten Ansätze. Mit Blick auf die verschiedenen Versuche zur Systematisierung wird dem Vorschlag von Bankhofer gefolgt [Bank04], der mit der Kategorisierung bzw. Segmentierung, der Klassifikation, der Prognose sowie der Assoziation vier Anwendungsbereiche des *Data Mining* identifiziert. Ähnliche Empfehlungen liefern [Lusti02, S. 261 f.], [GaRö03, S. 344 f.] und [BeCh06].

Verfahren zur Kategorisierung

Methoden zur Kategorisierung verfolgen das Ziel, einzelne Datenobjekte aus einem im Vorfeld aufbereiteten Datenbestand anhand vorher festgelegter Merkmale in Klassen bzw. Gruppen zu unterteilen. Dabei sollen die Datenobjekte innerhalb einer Gruppe möglichst homogen und von den Datenobjekten anderer Gruppen möglichst verschieden sein. Als synonyme Bezeichnungen lassen sich die Termini Clusterung, Clusteranalyse, Gruppenbildung oder Segmentierung verwenden. Zur Kategorisierung sind Clusterverfahren und KNN nutzbar.

Im **CRM** beispielsweise eignet sich die Clusteranalyse vor allem zur Einteilung von Kunden in verschiedene Gruppen, um diese gezielter ansprechen zu können. Eine detaillierte Erläuterung der Clusteranalyse unter Berücksichtigung der Vorgehensweise und verschiedener Algorithmen erfolgt im Kapitel »Clusterverfahren«, S. 156.

Anwendungsbereich CRM

Verfahren zur Klassifikation dienen der Ableitung trennscharfer Kriterien für die Zuordnung eines neuen Datenobjektes zu vorab definierten Klassen [HaNe05, S. 822], die eine möglichst zweifelsfreie Bestimmung erlauben. Aus methodischer Sicht kommen hierbei vor allem Entscheidungsbäume und KNN (Künstliche Neuronale Netze) zum Einsatz.

Verfahren zur Klassifikation

Ein weiterer Anwendungsbereich des *Data Mining* liegt in der Prognose. Die Anwendung der Verfahren dient hier der Vorhersage von Werten einer abhängigen Variablen auf Basis einer geschätzten, funktionalen Beziehung zu beeinflussenden unabhängigen Variablen. Zur Durchführung einer Prognose lassen sich Verfahren der Regressionsanalyse, KNN und Entscheidungsbäume verwenden.

Anwendungsbereich der Vorhersage

Auch bei der Ermittlung von Assoziationen gelangt das *Data Mining* zum Einsatz. Hierbei werden Verfahren eingesetzt, die das parallele oder sequentielle Auftreten von Merkmalsausprägungen aufdecken.

Ermittlung von Assoziationen

Assoziationsanalysen lassen sich zur Bestimmung gemeinsam auftretender Ereignisse durch die Untersuchung von Zusammenhängen zwischen Merkmalsausprägungen unterschiedlicher Datenobjekte einsetzen. Als verbreiteter Anwendungsbereich findet sich beispielsweise die Warenkorbanalyse, bei der Verkaufsdaten gleichzeitig erworbener Produkte untersucht werden. Eine aus der Analyse generierte Regel kann beispielsweise wie folgt lauten: Wenn ein Kunde Produkt A kauft, dann kauft er in 65 % der Fälle auch Produkt B. Die derart aufgedeckten Zusammenhänge können für gezielte Marketingaktivitäten genutzt werden, beispielsweise durch Verkauf der betreffenden Produkte im Verbund. Zudem lassen sich Verbesserungspotenziale für die Platzierungen von Waren in den Verkaufsräumen ableiten.

Funktionsweise der Assoziationsanalyse

Logfile-Analyse als Anwendungsbereich

Anwendungen der Assoziationsanalyse erfolgen zudem bei einer Vielzahl anderer Problemstellungen. So verpflichtet sich das **Text Mining** dem Ziel, aus umfangreichen Textsammlungen wertvolle Informationen zu gewinnen. Die Assoziationsanalyse dient dabei der Aufdeckung von Zusammenhängen zwischen verschiedenen Textdokumenten durch gemeinsam auftretende Begriffe [HeHi01]. Als weiteres Einsatzfeld fungiert die so genannte Logfile-Analyse, die das Surfverhalten von Internet-Usern untersucht. Beispielsweise lässt sich auf diese Art untersuchen, welche Produkte ein Kunde aufgerufen hat, was einen Rückschluss auf seine individuellen Interessen erlaubt.

Verfahren der Deskription

Aus der Systematisierung nach Bankhofer geht hervor, dass Verfahren der Deskription nicht als klassische bzw. reine *Data Mining*-Methoden gewertet werden. Dennoch ist mit der Deskription auch die Aufdeckung von Mustern durchführbar, so dass eine gewisse inhaltliche Nähe zum *Data Mining* im engeren Sinne vorliegt ([NRW98], [HiWi01]). Das Einsatzfeld der zugehörigen Verfahren konzentriert sich hauptsächlich auf die Datenaufbereitung zur Entdeckung auffälliger Strukturen, die für weitergehende Analysen wichtig sind. Dabei lassen sich sowohl einfache statistische Auswertungen mit entsprechender grafischer Aufbereitung als auch umfangreiche Untersuchungen anstellen. Häufig werden in diesem Zusammenhang z. B. **OLAP**-Werkzeuge verwendet, da sich diese für die Darstellung aggregierter und hierarchischer Daten besonders eignen.

Einordnung der Abweichungsanalyse

Die Zuordnung der Abweichungsanalyse zu den *Data Mining*-Verfahren ist ebenfalls umstritten. Da neben der Anwendung zur explorativen Datenanalyse eine Nutzung allerdings auch zur Ermittlung bisher unbekannter Datenmustern erfolgt, ist die Zuordnung zu den *Data Mining*-Verfahren zumindest teilweise gerechtfertigt.

Einsatz von Abweichungsanalysen

Ziel der Abweichungsanalyse ist es, Objekte ausfindig zu machen, die Unterschiede zu einer bestimmten Norm oder Erwartung aufweisen [NRW98]. Mit Hilfe der Abweichungsanalyse lassen sich beispielsweise auffällige Entwicklungen in Datenbeständen herausstellen. Die Entdeckung von Ausreißern kann durch einfache statistische Methoden, wie

z. B. der Bestimmung der Abweichung vom Mittelwert, oder durch Anwendung graphischer Verfahren erreicht werden.

Um aussagefähige und interpretierbare Datenmuster für die Zwecke der Kategorisierung, Klassifikation und Wirkungsprognose zu erhalten, hat sich im praktischen Einsatz ein mehrstufiges Vorgehen etabliert. In einem ersten Schritt wird der zur Verfügung stehende, historische Datenbestand, für den Ein- und Ausgabewerte (bzw. Ausgangs- und Ergebniswerte) vorliegen, in zwei gleichgroße Datensets eingeteilt.
Vorgehensweise beim Einsatz von Data Mining -Verfahren

Das erste Datenset dient als Trainingsmenge zur vorläufigen Kalibrierung der Parameter des eingesetzten Verfahrens. Erfolgt beispielsweise die Nutzung eines KNN (**Künstlichen Neuronalen Netzes**) zur Vorhersage von Aktienkursen, werden mit den Trainingsdaten initiale Netzstrukturen für die spätere Prognose generiert.
Kalibrierung der Parameter des eingesetzten Verfahrens

Anschließend wird das mit den Trainingsdaten aufgebaute Künstliche Neuronale Netz hinsichtlich seiner Aussage- bzw. Prognosefähigkeit geprüft. Dazu lässt sich das zweite Datenset verwenden, indem ein Vergleich der bekannten Ergebnisgrößen dieser Testdaten mit den korrespondierenden Ausgabewerten des KNN erfolgt. Bei statistisch signifikanter Übereinstimmung erweist sich die Prognosefähigkeit des Künstlichen Neuronalen Netzes als angemessen.
Prüfung der Prognose-fähigkeit

Gleichzeitig soll in einem weiteren Schritt die Bewertung der Anwendbarkeit der Ergebnisse folgen. Dies geschieht anhand der Fragestellung, inwieweit die in der Phase des **Business Understanding** definierten Ziele und Erfolgskriterien des Projekts erfüllt werden können. Ferner empfiehlt das CRISP-DM-Konsortium, die statistische Signifikanz anhand ausgewählter Gütemaße zu bewerten.
Überprüfung der Aussagekraft der Daten

Erst wenn diese selbstreflektierende Phase positiv durchlaufen wurde, lässt sich das aufgebaute KNN mit aktuellen (Eingabe-) Daten zur Prognose zukünftiger Werte nutzen.

3.1.3.6 Evaluation und *Deployment* *

Die *Data Mining*-Ergebnisse und der gesamte *Data Mining*-Prozess werden bei der Evaluation bewertet. Anschließend erfolgt die Bereitstellung im Unternehmen.

Evaluation

Beurteilung des Projektverlaufs

In der Phase der **Evaluation** erfolgt eine kritische Beurteilung des bisherigen Projektverlaufs, wobei folgende Kernaktivitäten im Vordergrund stehen:

- Bewertung der *Data Mining*-Ergebnisse
- Bewertung des gesamten *Data Mining*-Prozesses

Bewertung der Ergebnisse

Die Bewertung der *Data Mining*-Ergebnisse sollte in Hinblick auf ihre Interessantheit erfolgen. Dabei müssen vor allem die Kriterien der Gültigkeit, der Neuartigkeit, der Nützlichkeit und der Verständlichkeit erfüllt werden ([Knob01, S. 99], [HiWi01, S. 82 ff.]). Bei sehr umfangreichen Ergebnissen bietet sich die Anwendung eines Interessantheitsfilters an, zur Selektion diejenigen Ergebnisse, die sich für die weitere Verwendung besonders eignen [Knob01, S. 102]. Die ausgewählten Ergebnisse sind anschließend unter Berücksichtigung der Aufgabenstellung bzw. des Projektziels zu interpretieren.

Überprüfung der Qualität

Bei der Bewertung des gesamten *Data Mining*-Prozesses sollte eine kritische Überprüfung der Qualität des Prozesses vorgenommen werden ([HiWi01, S. 84 ff.], [CCK+00, S. 31]). Dabei stehen vor allem die Aufdeckung von Schwachstellen und die Erarbeitung von entsprechenden Verbesserungsmöglichkeiten im Vordergrund.

Deployment

Nutzung der Analyse-Ergebnisse

Im Rahmen der Phase des **Deployment** ist festzulegen, in welcher Art und Weise die erzielten Ergebnisse in der Unternehmung genutzt und in Form konkreter Maßnahmen umgesetzt werden können. Bei der Nutzung der Ergebnisse kann grundsätzlich zwischen der einmaligen und der dauerhaften Verwendung der Ergebnisse unterschieden werden [Knob01].

3.1.4 Betriebswirtschaftliche Einsatzgebiete des *Data Mining* *

Die Einsatzfelder des *Data Mining* erstrecken sich auf vielfältige Anwendungsbereiche in der Betriebswirtschaftslehre und lassen sich überall da identifizieren, wo umfangreiche Datenbestände vorliegen, aus denen wiederum interessante Datenmuster und Zusammenhänge für das unternehmerische Handeln abgeleitet werden können.

In den vergangenen Jahren haben sich einige betriebswirtschaftliche Anwendungsschwerpunkte des *Data Mining* herausgebildet, die in folgender Abb. 3.1-3 präsentiert werden. Bei der Darstellung handelt es sich weniger um eine vollständige Aufzählung als vielmehr um eine Auswahl etablierter Einsatzbereiche zur Datenanalyse.

Anwendungsbereiche in der BWL

Marketing	• Kundensegmentierung
	• Responseanalyse von Werbemitteln
	• Warenkorbanalyse
	• Preisfindung
	• Kündigeranalyse
Controlling	• Ergebnisabweichungsanalyse
	• Entdeckung von Controllingmustern
	• Forecasting
	• Entdeckung nicht ordnungsgemäßer Buchführungspraktiken
Produktion	• Materialbedarfsplanung
	• Qualitätssicherung und -kontrolle
Finanzdienstleistungen	• Kreditrisikobewertung
	• Kreditkartenmissbrauch
	• Versicherungsbetrugsentdeckung
	• Storno-Prävention
	• Ermittlung von Risikofaktoren
	• Cross- und Up-Selling
	• Kursprognose

Abb. 3.1-3: Anwendungsfelder des *Data Mining*.

Eines der zentralen Anwendungsgebiete des *Data Mining* lässt sich im Marketing identifizieren. Im Zuge einer notwendig gewordenen individuellen Kundenansprache durch ein möglichst spezifisch zu gestaltendes Produkt- und Dienstleistungsangebot erweisen sich die Verfahren des *Data*

Einsatzgebiete im Marketing

Mining als ein nützliches Instrumentarium. Ein wesentliches Ziel besteht in der Erhöhung der Kundenbindung im Rahmen des **Customer Relationship Management**. Die klassischen Anwendungen für das Marketing lauten in diesem Zusammenhang Kunden**segmentierung**, **Responseanalyse**, **Warenkorbanalyse**, Preisfindung sowie **Kündigeranalysen**.

Kundensegmentierung & Response-Analyse

Die Anwendungsbereiche Kundensegmentierung und Responseanalyse haben zum Ziel, das Budget für Werbemaßnahmen möglichst kosteneffizient für Marketingmaßnahmen einzusetzen. Bei beiden Einsatzgebieten geht es folglich darum, eine heterogene Kundenstruktur in möglichst homogene Kundenklassen mit einem einheitlichen Konsumverhalten einzuteilen, um daraufhin möglichst individuelle Werbemaßnahmen zu gestalten. Diese können sich sowohl klassischer Medien wie Fernsehen, Rundfunk und Zeitungen bzw. Zeitschriften, als auch neuer digitaler Medien bedienen. In diesem Zusammenhang ist insbesondere das Direct-Mailing als eine Form der individuellen Kundenansprache zu nennen. Hierzu werden die Daten einer Kundendatenbank hinsichtlich der Wahrscheinlichkeit einer positiven Kundenreaktion auf eine Werbemaßnahme ausgewertet.

Kündigeranalyse & Warenkorbanalyse

In Analogie zur Responseanalyse liegt das Ziel einer Kündigeranalyse in der Identifikation von Kundengruppen, die eine hohe Wahrscheinlichkeit für eine Kündigung beispielsweise eines bestehenden Vertrags besitzen. Das Ziel einer Warenkorbanalyse ist darin zu sehen, aus einer Sammlung protokollierter Einkaufstransaktionen diejenigen Waren zu identifizieren, die sich häufig gemeinsam auf den zugehörigen Bons finden lassen. Im Rahmen einer Analyse zur Preisfindung werden beispielsweise aus den individuellen, im Vorfeld aus Kundenbefragungen ermittelten Zahlungsbereitschaften umsatzmaximierende Preise für ein Güter- oder Dienstleistungsangebot ermittelt.

Abweichungsanalyse im Controlling

Neben dem Marketing bietet das **Controlling** weitere Anwendungsfelder für *Data Mining*. In diesem Zusammenhang stellt insbesondere die **Abweichungsanalyse** einen wichtigen Anwendungsbereich dar, bei dem geeignete *Data Mining*-Verfahren automatisch diejenigen Datenobjekte ausfindig machen, die sich nicht bekannten Mustern zuordnen lassen. Da oftmals beim *Data Mining* umfangreiche Daten-

3.1 Grundlagen des *Data Mining* *

bestände ausgewertet werden, ist eine manuelle Identifizierung dieser Datenobjekte gar nicht oder nur zu einem erheblichen Aufwand zu gewährleisten. Bei diesen Objekten handelt es sich um Ausreißer, deren weitere Untersuchungen aus zweierlei Gründen wichtig sein können. Zum einen handelt es sich bei den beobachteten Merkmalsausprägungen um fehlerhafte Daten, die reale Sachverhalte falsch beschreiben. Um die Datenqualität und damit die Aussagefähigkeit der Analyse zu steigern, sind diese zu verbessern oder von der weiteren Analyse auszuschließen. Sind diese Daten jedoch inhaltlich korrekt, können sie auf der anderen Seite interessante Werte repräsentieren, der wiederum Aufschluss über den gesamten Datenbestand geben.

Gegenstand einer Abweichungsanalyse ist es, nicht nur die Ausreißer zu diagnostizieren, sondern in einem weiteren Schritt die Gründe für den abweichenden Wert zu untersuchen. Zu diesem Zweck können beispielsweise alle Faktoren identifiziert werden, die mit dem Ausreißerwert korrelieren oder die gar einen Einfluss auf diesen besitzen. Vor dem Hintergrund der hier beschriebenen Merkmale einer Abweichungsanalyse wird deutlich, dass dieses Anwendungsgebiet sich auch in der Phase der Vorverarbeitung der Daten eignet, um frühzeitig eine hohe Datenqualität zu gewährleisten.

Faktorensuche bei Ausreißerwerten

Neben den Anwendungsbereichen des Marketing und Controlling existieren weitere Einsatzfelder, die den betriebswirtschaftlichen Funktionen bzw. Branchen Produktion und Beschaffung, Qualitätssicherung und Finanzdienstleistungen zuzuordnen sind. Im Rahmen eines Qualitätsmanagements lässt sich beispielsweise mit Hilfe des *Data Mining* identifizieren, welche Ausstattungsmerkmale eines Produktes zu welchen Schäden mit anschließenden Reklamationen geführt haben. Dazu ist es notwendig, einer fehlerhaften Produktkonfiguration den Typus eines Schadensfalls zuzuordnen. Werden die Abhängigkeiten zwischen den Ausstattungsmerkmalen eines Produkts und einem bestimmten Schadenstypus frühzeitig erkannt, bietet sich der produzierenden Unternehmung rechtzeitig die Möglichkeit, gegensteuernde Maßnahmen der Produktverbesserung einzuleiten, um kostenaufwändige und imageschädigende Rückrufaktionen zu vermeiden.

Data Mining-Einsatz im Qualitätsmanagement

3 Data Mining – Datenmustererkennung *

Operative Risiken in der Finanzbranche

Für die Banken und Versicherungsunternehmungen hat die Aufdeckung insbesondere der operativen Risiken eine große Bedeutung für die Sicherung des Kerngeschäftes. Als Kerngeschäft sind in diesem Zusammenhang die Kreditvergabe sowie die Versicherungsübernahme zu nennen. Zahlreiche Unternehmungen der beiden Branchen setzen zu diesem Zweck Verfahren des *Data Mining* mit Erfolg ein, um z.B. die Risikowahrscheinlichkeit eines Betruges zu bestimmen. Zu diesem Zweck können geeignete *Data Mining*-Verfahren verwendet werden, um aus den bereits registrierten Betrugsfällen und den dazugehörenden Täterprofilen trennscharfe Kunden- bzw. Täterklassen zu ermitteln. Bei einer neuen Versicherungsanfrage ist es daraufhin dem jeweiligen Finanzinstitut möglich, eine individuelle Risikobewertung des potenziellen Kunden vorzunehmen. Die Einschätzung des Versicherungsnehmers hinsichtlich seiner Betrugswahrscheinlichkeit bildet die Grundlage zur Gestaltung der Konditionen des Versicherungsvertrages.

Kreditausfallrisiken unter Basel II

Ferner spielen im Zuge der gesetzlich erzwungenen **Basel II**-Orientierung *Data Mining*-Verfahren für das Rating potenzieller Kreditnehmer eine große Rolle. In Analogie zur Vorgehensweise bei der Bewertung der Betrugswahrscheinlichkeit eines potenziellen Versicherungsnehmers werden zur Ermittlung der Bonität eines unternehmerischen Kreditnehmers relevante Bilanzwerte sowie Kennzahlen in einer Datenbank gespeichert. Anschließend erfolgt der Einsatz geeigneter *Data Mining*-Verfahren hinsichtlich der Frage, welche Bilanz- bzw. Kennzahlenstrukturen in der Vergangenheit zu Kreditausfällen geführt haben. Gerät eine Unternehmung in eine vom Kreditgeber definierte Risikoklasse, so hat dies Auswirkungen auf die Konditionen, unter denen ein Kredit vergeben werden kann.

3.1.5 *Web Mining* und *Text Mining* als alternative Analyseansätze **

Neben dem *Data Mining* koexistieren die beiden Konzepte des *Text Mining* sowie des *Web Mining*, die auf ähnlichen Ansätzen beruhen. *Text Mining* wird als Methode zur Entdeckung von Mustern in unstrukturierten Texten eingesetzt.

Mittels *Web Mining* hingegen erfolgt zumeist die Auswertung von Logfiles auf Web-Servern.

Neben dem Data Mining bedienen sich mit dem *Text Mining* sowie dem *Web Mining* zwei weitere Konzepte der populären Mining-Metapher. Die Abgrenzung dieser beiden Konzepte zum Data Mining ergibt sich einerseits aus der Struktur, andererseits aus der Verfügbarkeit bzw. Herkunft der zu analysierenden Daten. Das Spektrum der in der Literatur vertretenen Definitionsansätze für den Begriff des *Text Mining* erstreckt sich von einer weiten Sichtweise, die mit *Text Mining* das Sammeln und die Analyse von Texten aus internen und externen Quellen verbindet, bis hin zu einer äußerst restriktiven Sicht, die auf die Entdeckung bislang objektiv unbekannten Wissens in Textdaten abstellt. Im Gegensatz zum Data Mining, das auf die Verarbeitung strukturierter Daten ausgerichtet ist, steht beim *Text Mining* die Auswertung unstrukturierter Daten im Mittelpunkt. Schätzungen zur Folge bilden diese mit einem Anteil von 80 % den größten Teil der Informationsbasis einer Unternehmung [GeHä99, S. 1646 ff.].

Unterschiede Text/ *Web Mining* zu *Data Mining*

In Analogie zum Data Mining kann das *Text Mining* als Ansatz zur Entwicklung und Anwendung spezifischer Algorithmen zur Entdeckung von Mustern in Texten verstanden werden. Im Gegensatz zum Data Mining, das auf die Auswertung einer internen Datenbasis ausgelegt ist, fokussiert das *Text Mining* auch auf die Verarbeitung externer Informationsquellen. Dabei sind insbesondere diejenigen Informationen von Interesse, die über das Internet zur Verfügung stehen.

Analogien *Data* & *Text Mining*

Unter der Begrifflichkeit *Web Mining* verbirgt sich ein Konzept, in dessen Mittelpunkt die Verarbeitung bzw. Auswertung von Daten steht, die in der Regel als Logfiles auf einem Web-Server gespeichert sind. In den Logfiles wird eine Vielzahl von Informationen protokolliert, die ein Besucher beim Besuch oder Browsing einer Web-Site hinterlässt. In der Regel werden beispielsweise die IP-Adresse des zugreifenden Rechners, die Zugriffszeit, der URL *(Uniform Resource Locator)* der aufgerufenen Seiten, die Zugriffsmethode sowie diverse weitere Angaben gespeichert.

Gegenstand des *Web Mining*

Im Allgemeinen werden beim *Web Mining* drei Ausprägungen unterschieden. Das *Web Content Mining* beschreibt das

Ausprägungen des *Web Mining*

Aufdecken nützlicher Informationen aus dem Web, die in verschiedenen Formaten sowie in diversen Quellen vorgehalten werden können. *Web Structure Mining* umfasst Ansätze, mit denen Linkstrukturen auf der Typologie von Hyperlinks untersucht und ausgewertet werden können. Auf diese Weise lassen sich Web-Sites kategorisieren, um beispielsweise Ähnlichkeiten oder Unterschiede zu ermitteln. Das Ziel des *Web Usage Mining* als dritte Ausprägung liegt darin, die protokollierten Daten zu untersuchen, die während der Nutzung einer Web-Site innerhalb einer Sitzung *(Session)* oder mehreren Sitzungen aufgezeichnet werden.

3.2 Ausgewählte Methoden des *Data Mining* ***

Klassische Verfahren des Data Mining

Von den verschiedenen mathematisch-statistischen Methodenklassen, die sich für datenanalytische Zwecke einsetzen lassen, werden in den folgenden Abschnitten die KNN (**Künstlichen Neuronalen Netze**), die **Entscheidungsbaumverfahren**, die **Clusterverfahren** und die **Assoziationsmethoden** thematisiert. In zahlreichen Literaturbeiträgen haben sich diese Methodengruppen als »klassische« bzw. »originäre« Verfahren des *Data Mining* etabliert. Allerdings ist in diesem Zusammenhang darauf hinzuweisen, dass der gesamte Vorrat verfügbarer *Data Mining*-Verfahren sich als weitaus umfangreicher und vielschichtiger erweist.

Die Reihenfolge der im Folgenden vorzustellenden »originären« Verfahren des *Data Mining* lässt keine Aussage über ihre Bedeutung bzw. Relevanz zu. Stattdessen orientiert sich die Anordnung an dem Anwendungsspektrum der jeweiligen Methodenklasse. Aufgrund ihres breitesten Anwendungsfelds erfolgt daher zunächst die Erörterung der KNN:

- »Künstliche Neuronale Netze«, S. 145

Mit zunehmendem Spezialisierungsgrad hinsichtlich ihrer Nutzungsmöglichkeiten werden anschließend die Entscheidungsbaumverfahren präsentiert:

- »Entscheidungsbaumverfahren«, S. 151

Die darauf folgenden Ausführungen fokussieren die Clusteranalyse:

- »Clusterverfahren«, S. 156

Abschließend werden die Assoziationsmethoden thematisiert:

- »Verfahren zur Assoziationsanalyse«, S. 161

3.2.1 Künstliche Neuronale Netze ***

Ein zentraler Forschungsbereich der Künstlichen Intelligenz liegt in der Weiterentwicklung Künstlicher Neuronaler Netze. Mittels mathematischer Algorithmen wird dabei angestrebt, den menschlichen Lernprozess zu simulieren.

Trotz der seit Jahren anhaltenden Forschungserfolge, die Rechenleistung heutiger Computer bzw. Computersysteme um ein Vielfaches zu steigern, ist zu konstatieren, dass die Computertechnik nach wie vor nicht an die Leistungsfähigkeit menschlicher Gehirne zur Informationsverarbeitung heranreicht (eine Einführung zur Informationsverarbeitung im menschlichen Gehirn liefert Roth [Roth05, S. 182]). Bisher ist es nur unzureichend gelungen, die Kapazität biologischer Systeme zur Verarbeitung und Interpretation von Signalen sowie komplexer Zusammenhänge im Computer nachzubilden. Der Wunsch einer Abbildung dieser biologischen Nervensysteme ist jedoch nach wie vor das oberste Anliegen vieler Forscher aus dem Bereich der KI (Künstlichen Intelligenz). Ein wichtiger Forschungsschwerpunkt richtet sich dabei auf die Entwicklung und Verbesserung von KNN (**Künstlichen Neuronalen Netzen**). Die Nutzung von KNN ist mit dem Ziel verbunden, durch den Einsatz mathematisch-statistischer Algorithmen die Funktionsweise eines menschlichen Gehirns beim Informationsverarbeitungsprozess zur Bearbeitung datengestützter Fragestellungen zu kopieren.

Unzulänglichkeit von Computersystemen

Die Entwicklung erster Algorithmen zum Aufbau eines KNN reicht bis an das Ende der 1950er Jahre zurück (zur Entwicklung von KNN [Cron03, S. 452]). Nach umfangreichen Forschungen in der Neurophysiologie wurde im Jahr 1958 mit dem Perceptron die erste Ausprägung eines KNN entwickelt. Die daraufhin einsetzenden Forschungsanstrengungen führten im Jahr 1985 zur Entwicklung des *Multilayer Perceptron* – eines mehrschichtigen und damit auch leistungsfähigen KNN. Mit der Nutzung sowie der Weiterent-

Historie Künstlicher Neuronaler Netze

wicklung des Multilayer Perceptron war es in der Folgezeit möglich, komplexere Fragestellungen zu bearbeiten.

Biologische Nervensysteme als Vorbild

Die Basis für die Entwicklung und den Einsatz von KNN liegt in dem Verständnis der Funktionsfähigkeit biologischer Nervensysteme bzw. Natürlicher Neuronaler Netze wie z. B. menschlicher Gehirne beim Prozess der Mustererkennung [LLS06]. Das Grundelement biologischer Nervensysteme stellen die **Neuronen** dar, die miteinander vernetzt sind und interagieren (zu den Eigenschaften von Neuronen sowie den Austauschprozessen innerhalb eines menschlichen Nervensystems vgl. die Ausführungen von Backhaus [BEP+03]). Gegenstand der Interaktion ist der Austausch von Signalen bzw. Reizen, indem diese von der Umwelt aufgenommen und an nachgelagerte Neuronen weitergeleitet werden. KNN bilden die Verarbeitung von Signalen in Analogie zum Austausch von Signalen eines Natürlichen Neuronalen Netzes nach. Die grundlegende Vorgehensweise zur Verarbeitung von Signalen in einem KNN soll anhand der folgenden Abb. 3.2-1 erläutert werden.

Grundlegende Funktionsweise

In Analogie zu einem Neuron bei einem biologischen Nervensystem bildet ein Computerneuron bzw. Verarbeitungselement den Grundbaustein eines KNN. Im Zusammenhang mit KNN werden die Verarbeitungselemente auch als Units bezeichnet. Ein KNN besteht aus verschiedenen Units, zwischen denen gewichtete Verbindungen auftreten. Die Werte der einzelnen Gewichte liefern eine Auskunft über die Stärke der Verbindung, die zwischen den Units existieren [Cron03, S. 452]. Um ein KNN aufzubauen und zu nutzen, enthält jedes Verarbeitungselement zudem gewichtete Eingänge, eine Transformationsfunktion sowie einen Ausgang [Bank04].

Verarbeitungsschritte der Neuronensignale

In einem ersten Schritt erfolgt zur Verarbeitung der Input-Signale die verdichtung der Werte der n unabhängigen Input-Variablen zu einem so genannten Nettoeingangssignal (net). Aus der Abb. 3.2-1 wird deutlich, dass in dem vorliegenden Beispiel eines KNN drei Input-Variablen betrachtet werden, so dass n = 3 ist. Das Nettoeingangssignal basiert in der Regel auf einer gewichteten Summe der jeweiligen Signalstärke o und des jeweiligen Verbindungsgewichts w. Die Gewichte repräsentieren dabei die Stärke der Verbindung zu den

3.2 Ausgewählte Methoden des *Data Mining* ***

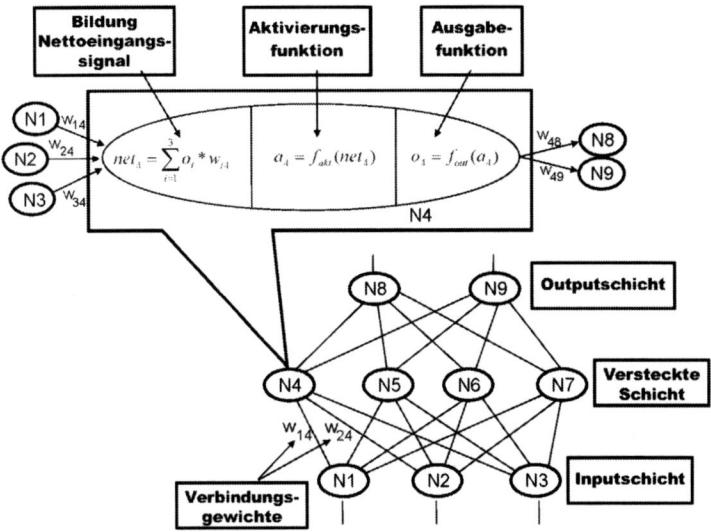

Abb. 3.2-1: Verarbeitungselement als Grundbaustein.

vorgelagerten Neuronen bzw. Signalgebern. In einem zweiten Schritt wird das Nettoeingangssignal über eine Aktivierungsfunktion *fakt* in einen Aktivierungszustand a transformiert. Die dabei anfallenden Werte können diskreter oder stetiger Natur sein. Geeignete Vertreter einer Aktivierungsfunktion sind beispielsweise Schwellenwert-, Rampen- oder logistische Funktionen. Abschließend wird der Ausgabewert o ermittelt, indem der Wert für den Aktivierungszustand a als Variable in eine Ausgabefunktion *fout* eingeht. Diese ist i. d. R. nichtlinear und lässt sich für jedes Unit des Netzwerks individuell festlegen.

Dem Lernprozess in einem KNN liegt die aus der Psychologie stammende Vorstellung zugrunde, Lernen vollziehe sich anhand von Beispielen bzw. anhand von beispielinduzierten Rückkopplungen. Nach dieser Auffassung erfolgt ein Lernprozess, indem aus einer ausreichenden Anzahl von Beispielen Erfahrungswerte gebildet werden, die als Informationsgrundlage für neue Entscheidungen dienen. Mit Hilfe mathematischer Algorithmen und Funktionen wird in einem KNN versucht, den Lernprozess eines Menschen nachzubilden.

Lernprozess in einem KNN

Um den Lernprozess zu verdeutlichen, orientierten sich die folgenden Ausführungen am Beispiel eines Kreditvergabeprozesses, bei dem sich aus einer gegebenen Anzahl erfolgter sowie nicht geleisteter Kreditrückzahlungen die entscheidenden Einflussfaktoren für die Bonität eines Kunden identifizieren lassen. Dieses Anwendungsbeispiel stammt aus dem Beitrag von Crone [Cron03, S. 454].

Abhängige & unabhängige Variablen

Um eine derartige Analyse unter Einsatz eines KNN durchführen zu können, ist zunächst das auszuwertende Datenset festzulegen, das sich einerseits aus unabhängigen, andererseits aus abhängigen Variablen zusammensetzt. Als abhängige Variable kann hier der Bonitätsstatus eines Kreditnehmers untersucht werden, den es über den Einsatz eines KNN zu prognostizieren gilt. Als unabhängige Variablen kommen alle Faktoren in Frage, welche die Zahlungsfähigkeit eines Kreditnehmers beeinflussen können, wie z. B. Angaben zum Monatseinkommen, zum Alter sowie zum Familienstand. Die anschließend zur Anwendung gelangenden Funktionen haben die Aufgabe, die Bedeutung derjenigen Einflussgrößen bzw. Verbindungen zu minimieren, die zu keinem erfolgreichen Ergebnis, d. h. zu einer Fehleinschätzung der Bonität führen. Dies geschieht durch eine Verringerung der Gewichte. Alle zur Verfügung stehenden Datensets werden solange ausgewertet, bis die Fehlerquote, die aus dem Unterschied zwischen den vom KNN berechneten und den tatsächlichen Werten der abhängigen Variablen resultiert, minimal wird [Lusti02].

Unterscheidungsmerkmale von KNN

Ein KNN in seiner rudimentärsten Form besteht aus einer Eingabe- und einer Ausgabeschicht. Die Aufgabe der Eingabeschicht ist es, die Werte der relevanten Input-Variablen des betrachteten Untersuchungsgegenstands aufzunehmen, zu verarbeiten und an eine oder mehrere Output-Neuronen der Ausgabeschicht weiterzuleiten. Wie aus der nachfolgenden Abb. 3.2-2 ersichtlich, lassen sich unterschiedliche Topologien eines KNN implementieren, die sich aus bis zu drei Schichtarten zusammensetzen können ([PoSi01], [Lusti02]). Werden die verschiedenen Verarbeitungselemente miteinander verbunden, ergibt sich daraus eine Netzstruktur.

Unterschiede in den vorgestellten Topologien resultieren zunächst aus der Existenz einer versteckten Neuronenschicht. Diese auch als **Hidden Layer** bezeichnete Schicht hat die Aufgabe, die Eingangssignale zu verarbeiten und an die Ausgabeneuronen weiterzuleiten. Auf diese Weise lässt sich durch die Hinzunahme weiterer Zwischenschichten die Leistungsfähigkeit eines KNN steigern. Je nach Ausprägung eines KNN können in einer *Hidden Layer* verschiedene Zwischenschichten untergebracht sein. Ein weiteres Unterscheidungsmerkmal richtet sich auf Möglichkeit eines Rücksprungs zwischen den Units, indem beispielsweise der Wert eines Ausgabe-Units wiederum als Eingangswert für ein Verarbeitungselement der Zwischenschicht dient (Abb. 3.2-2 entnommen aus [PoSi01]).

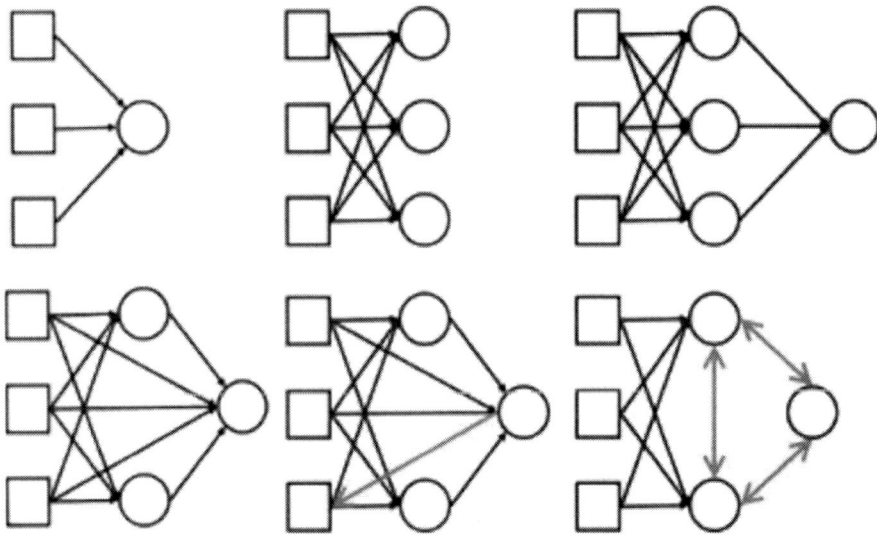

Abb. 3.2-2: Grundlegende Funktionsweise eines KNN.

In der KNN-Literatur lassen sich mit dem **überwachten Lernen** *(supervised learning)* und dem **unüberwachten Lernen** *(unsupervised learning)* zwei Arten von Lernverfahren unterscheiden. Das separierende Kriterium für die Einteilung der Lernverfahren ist die Zusammensetzung der Datenbasis für den Lernalgorithmus. Liegt im Trainingsdatenbestand zu jedem Eingangswert auch ein Ergebnis- bzw. Ausgabewert vor, so handelt es sich um ein überwachtes Lernen. Existiert kein Ausgabewert, vollzieht sich der Lern-

Überwachte & unüberwachte Lernstrategien

prozess unüberwacht. Beim unüberwachten Lernen versucht das KNN, die eingehenden Datenobjekte anhand ihrer Merkmale in homogene Klassen zu separieren. Da bei diesem Lernprozess kein Kontrollwert (in Form des Ausgabewerts) existiert, wird das unüberwachte Lernverfahren auch als selbst-organisiertes Lernen bezeichnet.

Anwendungsfelder von KNN

Das Anwendungsfeld von KNN richtet sich auf alle Einsatzgebiete, die von einer hohen Komplexität gekennzeichnet sind. Die Komplexität äußert sich insbesondere durch die Vielfalt der zu identifizierenden Zusammenhänge und Interdependenzen zwischen den Merkmalen der betrachteten Datenobjekte. In diesen Anwendungsgebieten ist eine Ableitung von Hypothesen oftmals nur eingeschränkt oder gar nicht möglich. Folglich lassen sich im Vorfeld einer Analyse keine oder nur sehr vage Aussagen über den Wirkungszusammenhang zwischen den relevanten Größen eines Datenbestands formulieren. Ausgewählte Anwendungsbeispiele zum Einsatz von KNN präsentieren [BEP+03]. Ein klassisches Einsatzfeld dieser Verfahrensklasse für ökonomische Zwecke liegt z. B. in der Prognose von Aktienkursen oder Unternehmungskonkursen anhand von Unternehmungsdaten. Darüber hinaus lassen sich KNN in der medizinischen Beratung bzw. Betreuung beispielsweise zur Unterstützung von Diagnosen oder Behandlungsmethoden nutzen [LLS06].

Stärken & Schwächen von KNN

Weiterhin bieten sich KNN in denjenigen Anwendungsfeldern an, in denen eine Vielzahl von Variablen existiert, die zudem in unterschiedlichen Skalenniveaus vorliegen. Vorteilhaft bei der Anwendung von KNN ist dabei, dass der Zusammenhang zwischen den Eingangs- und Ausgabevariablen im Vorfeld nicht spezifiziert sein muss. Es ist vielmehr die Aufgabe eines KNN, die Interdependenzen zwischen den verschiedenen Variablen durch die Anwendung geeigneter Funktionsapproximationen zu ermitteln. Die Stärke von KNN liegt in diesem Zusammenhang darin, auch nicht-lineare Zusammenhänge abbilden zu können. Dieser Vorteil erweist sich gleichzeitig als wesentlicher Schwachpunkt. Kritiker werfen den KNN vor, dass die Ergebnisse dieses Verfahrens letztendlich nicht interpretierbar sind, da sie lediglich auf einem irgend gearteten Algorithmus basieren. Oftmals wird daher ein KNN auch als *Black Box* betrachtet. Darüber hinaus unterliegen KNN der Gefahr, auf zu viele oder zu wenige Daten äußerst sensitiv zu reagieren [LLS06].

3.2.2 Entscheidungsbaumverfahren ***

Entscheidungsbaumverfahren stellen ein sehr flexibles, leistungsfähiges und etabliertes Verfahren des *Data Mining* dar. Durch ihre übersichtliche Darstellung der Ergebnisse sind Entscheidungsbaumverfahren leicht zu interpretieren.

Das **Entscheidungsbaumverfahren** stellt eines der ältesten Verfahren des *Data Mining* dar. Der Anwendungsschwerpunkt dieser Methodenklasse richtet sich auf Aufgabenbereiche, welche die eindeutige Zuordnung eines Datenobjekts zu einer von zwei oder mehreren im Vorfeld gebildeten Klassen zum Gegenstand haben. Das Ziel dieses Verfahrens ist, anhand geeigneter Methoden Regeln zur **Klassifizierung** eines neuen Datenobjekts zu generieren, welche in Form einer Baumstruktur (Entscheidungs- bzw. Klassifikationsbaum) visualisiert werden können.

Anwendungsschwerpunkte

Zur Ermittlung der Klassifikationsregeln verfolgen Entscheidungsbaumverfahren einen Ansatz, der hinsichtlich seiner Funktionsweise einer nichtlinearen Diskriminanzanalyse entspricht (zu den Grundlagen der Diskriminanzanalyse [BEP+03, S. 156 ff.]). In einem ersten Schritt sind aus dem zu analysierenden Datensatz eine Zielvariable als abhängige Größe sowie die sie erklärenden bzw. beeinflussenden Attribute (unabhängige Variablen) zu identifizieren. Anschließend wird in sequentieller Vorgehensweise dasjenige Attribut ausgewählt, das im Hinblick auf die Zielvariable eine bestmögliche Aufteilung des zu analysierenden Datenbestands in zwei oder mehrere Klassen leisten kann. Dieser Zustand ist erreicht, wenn der Homogenitätsgrad einer Klasse einen maximalen Wert annimmt, d. h. wenn die zu einer Klasse zusammengefassten Datenobjekte sich durch eine maximale Ähnlichkeit zueinander auszeichnen [Küst01, S. 109].

Ansatz

Für die Aufteilung der Datenobjekte auf die einzelnen Klassen (hier auch als Knoten bezeichnet) kommen je nach angewendetem Verfahren unterschiedliche Gütekriterien zum Einsatz. Da die Gütekriterien zur Berechnung der »Verunreinigung« innerhalb der Knoten dienen, werden in diesem

Homogenitätsmaße als Auswahlkriterium

Zusammenhang als weitere gebräuchliche Bezeichnungen die Begriffe Reinheits- sowie **Homogenitätsmaß** verwendet. Diese Maße geben die Eindeutigkeit der einzelnen Knoten an und dienen auch als Auswahlkriterium für die Reihenfolge der Merkmale, nach denen eine Aufteilung des Datensets erfolgen soll. Dabei wird für die erste Teilung dasjenige Merkmal genutzt, das die höchste Reinheit innerhalb der Knoten generiert [Meye02, S. 205]. Zur Bestimmung der Homogenität kann eine Reihe von Maßen zur Anwendung kommen. Als verbreitete Homogenitätsmaße werden für diese Zwecke beispielsweise das Chi-Quadrat-Maß, die Entropie, der Gini-Index sowie der Twoing-Wert verwendet [Bank04, S. 402].

Definition

Ein Entscheidungsbaum lässt sich grundsätzlich als »gerichteter, zyklenfreier Graph aus Knoten und Kanten« definieren [Meye02, S. 205].

Bestandteile

Der oberste Knoten, von dem sich die weiteren Knoten abzweigen, trägt die Bezeichnung Wurzelknoten [WiEi01, S. 95]. In diesem Knoten befinden sich alle Datenobjekte, für welche die Entscheidungsregeln generiert werden sollen. Die übrigen Knoten, von denen sich wiederum weitere Knoten abzweigen, heißen innere Knoten. Die untersten Knoten, für die keine weitere Unterteilung erfolgt, bilden die Blattknoten eines Entscheidungsbaums. Die Verbindungslinien zwischen den einzelnen Knoten repräsentieren die Kanten des Graphen. Die generierten Entscheidungsregeln lassen sich nun unmittelbar aus dem Entscheidungsbaum ablesen. Wie ein Entscheidungsbaum aufgebaut ist, verdeutlicht das folgende Beispiel. Die Ausführungen orientieren sich dabei an der Funktionsweise des ID3-Algorithmus (Iterative Dichotomiser 3). Der ID3-Algorithmus stellt einen bekannten Algorithmus dar, der in den vergangenen Jahren für zahlreiche Anwendungen eingesetzt und schließlich zum Nachfolge-Algorithmus C4.5 weiterentwickelt wurde.

Anwendung des ID3-Algorithmus

Gegeben ist ein Datenset, das für Fußballmannschaften internationaler Ligen eine Reihe von Merkmalen enthält (Abb. 3.2-3).

Der Grundgedanke des ID3-Algorithmus liegt darin, Merkmale zu identifizieren, die besonders gute Indikatoren für

3.2 Ausgewählte Methoden des *Data Mining* *** 153

Nr.	Mannschaft	Meister im letzten Jahr?	Trainerwechsel?	Verletzungspech?	Defensive Spielweise?	Meister in diesem Jahr?
1	AC Juventus Mailand	ja	ja	nein	ja	ja
2	1. FC Bayern Dortmund	ja	ja	ja	nein	ja
3	FC Espanol Madrid	nein	nein	ja	nein	ja
4	FC Arsenal Chelsea	nein	nein	nein	ja	nein
5	Ajax Eindhoven	ja	nein	ja	ja	ja
6	GKS Moskau	nein	ja	ja	ja	nein

Abb. 3.2-3: Attributausprägungen zum Ausgangsbeispiel.

das jeweils betrachtete Ergebnis darstellen. Das Merkmal, das den besten Indikator für das Ergebnis liefert, wird als Wurzelknoten platziert. Im vorliegenden Anwendungsfall ist das Erreichen eines Meistertitels im vergangenen Jahr ein sehr guter Indikator, um den Meister in diesem Jahr vorherzusagen. In einem nächsten Schritt wird die Datenmenge anhand des identifizierten Indikators aufgeteilt, so dass alle Datenobjekte mit gleicher Ausprägung einer Gruppe angehören. Mit Blick auf das zugrundeliegende Anwendungsbeispiel hat dies zur Folge, dass die Mannschaften 1, 2 und 5, die im vergangenen Jahr Meister wurden, sich in einer Gruppe befinden. Die andere Gruppe setzt sich aus den Mannschaften 3, 4 und 6 zusammen, da diese im Vorjahr keinen Meistertitel erworben haben. Dieser Sachverhalt wird in der Abb. 3.2-4 verdeutlicht.

In Analogie zur bisher beschriebenen Vorgehensweise ist für die drei letzt genannten Mannschaften das Merkmal zu identifizieren, das sich als Indikator zur Beschreibung der Zielgröße am besten eignet. Bei Betrachtung der Ausgangskonstellation wird deutlich, dass das Merkmal »Defensive Spielweise« einen guten Indikator für den Gewinn der Meisterschaft in diesem Jahr darstellt. Immer wenn eine Mannschaft defensiv spielt, geht sie leer aus (Mannschaften 4 und 6), während Mannschaft 3, die sich nicht für diese Taktik entschieden hat, mit dem Meistertitel belohnt wurde. Die Aufteilung der Datenmenge nach diesem Kriterium führt folg-

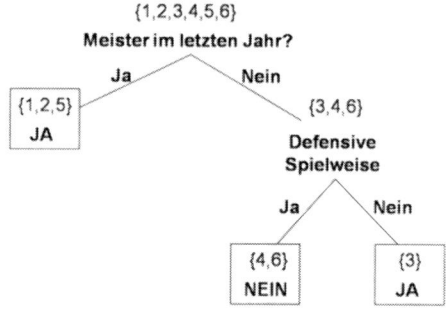

Abb. 3.2-4: Entscheidungsbaum nach Anwendung des ID3-Algorithmus.

lich zu zwei Gruppen. Die Mannschaften 4 und 6, die eine Gruppe bilden, zeichnen sich durch eine defensive Spielweise aus, während für Mannschaft 3 dies nicht zutrifft.

Ergebnis

Im Ergebnis sagt der vorliegende Entscheidungsbaum aus, dass Mannschaften Meister werden, wenn sie entweder im vergangenen Jahr den ersten Platz erreicht haben oder aber nicht Meister wurden, sich jedoch durch eine offensive Spielweise auszeichnen.

Techniken zum Zurechtschneiden der Baumstruktur

Je nach Ausprägung des Entscheidungsbaumverfahrens sowie der Anzahl der unabhängigen Attribute kann der Entscheidungsbaum eine komplexe bzw. tief verschachtelte Struktur aufweisen. Um ein unkontrolliertes Anwachsen der Baumstruktur zu verhindern, lassen sich sowohl Pre-**Pruning-** als auch Post-Pruning-Techniken einsetzen. Diese ermöglichen ein Zurecht- bzw. Zurückschneiden der Baumstruktur. Im Fall des Pre-Pruning kann im Vorfeld einer Entscheidungsbaumerstellung die Anzahl erlaubter Verästelungen vorgegeben werden. Im Gegensatz dazu erlauben Post-Pruning-Techniken eine nachträgliche Begrenzung der Baumtiefe [Bank04, S. 402].

Vorgehensweise

Für die Anwendung eines Entscheidungsbaumverfahrens empfiehlt sich eine mehrstufige Vorgehensweise. Um eine Klassifikation neuer Datenobjekte durchzuführen, ist es in einem ersten Schritt notwendig, einen vorhandenen bzw. historischen Datenbestand in zwei Teilgruppen aufzusplitten. Die zwei Datensets beinhalten einerseits die Trainingsdaten zur Modellierung des Entscheidungsbaums, an-

3.2 Ausgewählte Methoden des *Data Mining* ***

dererseits die Daten zur Validierung der Modellierungsergebnisse.

Aus dem zu analysierenden Datenbestand sind zunächst die Trainingsdaten zu wählen, welche einer repräsentativen Stichprobe des gesamten Datenbestandes entsprechen sollen. Die Trainingsdaten dienen als Grundlage zur Ermittlung eines ersten Analyseergebnisses. Vor der Anwendung des Entscheidungsbaumverfahrens ist zu entscheiden, welche unabhängigen Variablen sich am besten für die Trennung bzw. Einteilung der abhängigen Variablen des Datenbestandes eignen. Bekannte Ausprägungen eines Entscheidungsbaumverfahrens sind beispielsweise das Chi-Squared Automatic Interaction Detection-Verfahren (CHAID-Verfahren), das C4.5-Verfahren sowie das Classification and Regression Trees-Verfahren (CART-Verfahren). Ein Beispiel zur Anwendung des CHAID-Verfahrens zur Gestaltung von Werbemitteln sowie zur Identifizierung von Kundengruppen liefern [DeTe01, S. 671 ff.].

Trainingsdaten

Nachdem ein oder mehrere Entscheidungsbaumverfahren auf die Trainingsmenge angewendet wurden, ist zu überprüfen, inwieweit sich die aus dieser Trainingsmenge generierten Regeln auf das zweite Datenset – die Validierungs- bzw. Testmenge – übertragen lassen. Genügen die durch den Entscheidungsbaum generierten Regeln den Anforderungen zur Klassifikation der Testmenge, können sie in einem letzten Schritt zur Einordnung neuer Datenobjekte genutzt werden. Da bei dieser Vorgehensweise das mit Hilfe der Trainingsmenge erstellte Vorab-Modell eines Klassifikationsbaums mit den tatsächlichen Wertausprägungen der Testdaten konfrontiert wird, lässt sich diese Methodik auch als **überwachtes Lernen** bezeichnen. Für die Durchführung dieser Schritte ist eine ausreichend große Datenbasis eine zwingende Voraussetzung ([Meye02, S. 207], [Laro05, S. 109]). Diese garantiert, dass hinreichend große Trainingsmengen und Testmengen gebildet werden können, um aussagefähige Ergebnisse zu generieren.

Validierungs- & Testdaten

Aufgrund ihrer Flexibilität sowie Leistungsfähigkeit lassen sich Entscheidungsbaumverfahren in allen Anwendungsbereichen einsetzen, in denen die Ermittlung von Klassen und die Zuordnung von Datenobjekten Relevanz besitzt. Als

Anwendungsgebiete

klassisches Einsatzbeispiel für das Entscheidungsbaumverfahren wird häufig die Bonitätsprüfung angeführt, bei der die Einstufung potenzieller Kreditnehmer aufgrund ihrer Merkmalsausprägung bzw. Klassenzugehörigkeit als kreditwürdig oder kreditunwürdig erfolgt. Darüber hinaus werden Entscheidungsbäume auch zur Betrugsvorbeugung genutzt, um potenzielle Versicherungsnehmer aufgrund ihrer Merkmale in die Kategorien »betrugsverdächtig« und »nicht betrugsverdächtig« einzuteilen.

Fazit Dank der übersichtlichen Darstellung der Klassifikationsregeln in Form einer Baumstruktur sowie der daraus resultierenden leichten Interpretierbarkeit der Ergebnisse stellen Entscheidungsbaumverfahren ein beliebtes Verfahren zur Datenanalyse dar. Zur Klassifikation können auch KNN eingesetzt werden. Im Gegensatz zu diesem Verfahren bieten Entscheidungsbäume den Vorteil einer größeren Transparenz dadurch, dass sich die Klassifikationsregeln direkt aus dem Entscheidungsbaum ablesen lassen.

3.2.3 Clusterverfahren ***

Clusterverfahren werden mit dem Ziel eingesetzt, die Datenobjekte einer gegebenen Objektmenge zu homogenen Klassen zu gruppieren. Die im Rahmen des *Clustering* verwendeten Methoden lassen sich in hierarchische und partitionierende Clusterverfahren gliedern. Ein zentrales Anwendungsfeld liegt in der Markt- bzw. Kundensegmentierung.

Grundgedanke Clusterverfahren stellen eine Methodenklasse dar, die mit dem Ziel eingesetzt wird, einen Bestand heterogener Datenobjekte über deren Merkmalsausprägungen zu homogenen Segmenten aufzugliedern [Küst01]. Als Ergebnis der Methodenanwendung resultiert eine Anzahl von Clustern, die auch als *Gruppen, Kategorien, Klassen* oder *Segmente* bezeichnet werden [GGD08, S. 196]. Mit Blick auf diese Begriffe lässt sich die Anwendung der Clusterverfahren auch als Clustering, *Gruppierung, Kategorisierung, Klassifizierung* oder *Segmentierung* bezeichnen. Charakteristisch für eine gebildete Klasse ist, dass sich die zugehörigen Datenobjekte jeweils hinsichtlich ihrer Merkmalsausprägungen durch eine hohe Ähnlichkeit bzw. Homogenität auszeichnen. Dagegen besitzen sie im Vergleich zu den Datenobjekten anderer Klassen eine stärkere Unähnlichkeit bzw. Heterogenität.

Da im Vorfeld einer Analyse keinerlei Informationen über mögliche Segmente existieren, sind die Anforderungen an das Modell- und Datenverständnis zu Beginn einer Kategorisierung geringer als bei einer Klassifikation, welche die Zuordnung von Datenobjekten zu vorgegebenen Klassen fokussiert (vgl. hierzu die Ausführungen im Kapitel »Entscheidungsbaumverfahren«, S. 151). Die im Rahmen einer Kategorisierung zum Einsatz kommenden Verfahren bieten teilweise die Option, eine gewünschte Anzahl von Zielgruppen festzulegen. Andere Verfahren verzichten auf diese Vorgaben und ermitteln die Anzahl der Segmente aus dem Datenbestand heraus selbständig.

Anforderungen an das Modell- & Datenverständnis

Unter mathematischen Gesichtspunkten werden bei der Clusteranalyse aus einer vorgegebenen Menge von Datenobjekten Teilgruppen unter der Bedingung gebildet, dass diese den Lösungsraum vollständig ausfüllen. Der Ablauf einer Clusteranalyse vollzieht sich in drei Phasen. Nachdem zunächst das Proximitätsmaß und dann der Fusionierungsalgorithmus gewählt werden, erfolgt anschließend die Bestimmung der Clusteranzahl.

Phasen der Clusteranalyse

Im ersten Schritt ist ein **Proximitätsmaß** auszuwählen, welches den Ähnlichkeitsgrad zwischen zwei Datenobjekten quantifiziert [MeWi00, S. 216]. Es lassen sich dabei zwei Arten von Proximitätsmaßen unterscheiden. Einerseits bieten sich Maße an, welche die Ähnlichkeit bzw. Homogenität zweier Datenobjekte ausdrücken. Anderseits lassen sich zur Ermittlung der Unähnlichkeit bzw. Heterogenität zweier Datenobjekte Distanzmaße einsetzen. Welches Proximitätsmaß für eine Clusteranalyse anzuwenden ist, hängt von den Eigenschaften und dem Skalenniveau der Merkmale der betrachteten Datenobjekte ab. Eine Zusammenstellung ausgewählter Proximitätsmaße bieten [BEP+03]. Weisen die Variablen ein metrisches Skalenniveau auf, können Distanzmaße auf der Basis geometrischer Abstandskonstrukte wie die euklidische Distanz oder die Blockmetrik zum Einsatz kommen. Liegen die Variabeln nominalskaliert vor, lassen sich Maße verwenden, welche auf die Identifizierung von Über-

Wahl des Proximitätsmaßes

einstimmungen der einzelnen Merkmalsausprägungen ausgelegt sind [Küst01, S. 112]. Darüber hinaus kann auch eine unterschiedliche Gewichtung der Merkmale Einfluss auf das Ergebnis des Proximitätsmaßes ausüben.

Wahl des Fusionierungsalgorithmus

Nachdem ein geeignetes Proximitätsmaß bestimmt und die einzelnen Werte zur Ermittlung der Homogenität bzw. Heterogenität berechnet worden sind, folgt mit der Auswahl eines **Fusionierungsalgorithmus** der zweite Schritt einer Clusteranalyse. Fusionierungsalgorithmen haben die Aufgabe, die Datenobjekte gemäß ihrer Ähnlichkeitswerte in Gruppen zusammenzufassen. Auch hier steht eine Reihe von Verfahren zur Verfügung, die sich anhand verschiedener Kriterien systematisieren lassen. Eine gebräuchliche Einteilung sieht die Systematisierung in hierarchische und partitionierende Verfahren vor.

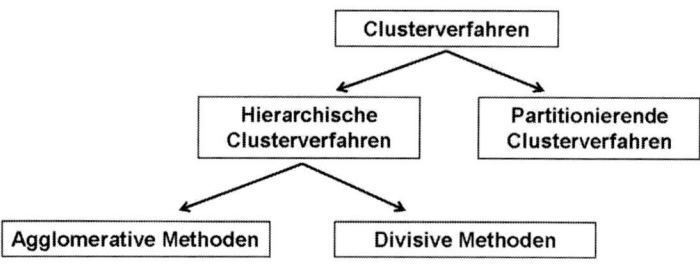

Abb. 3.2-5: Systematisierung der Clusterverfahren.

Partitionierende Verfahren

Partitionierenden Verfahren verfolgen das Ziel, ausgehend von einer vorgegebenen Gruppeneinteilung durch den Austausch der Datenobjekte zwischen den Klassen die Gesamtlösung schrittweise zu verbessern. Damit eignen sich diese Verfahren insbesondere für Einsatzbereiche, bei denen bereits eine Clustereinteilung vorliegt. Bei wachsenden Datenmengen ist es in diesem Zusammenhang erforderlich, bereits klassifizierte Datenobjekte hinsichtlich einer besseren Gruppenzugehörigkeit erneut zu prüfen. Je nach Ausprägung des eingesetzten Verfahrens setzen einige partitionierende Algorithmen die Angabe einer maximalen Clusterzahl voraus, während andere diese selbst ermitteln. Als verbreitete partitionierende Clustermethode gilt das K-Means-Verfahren.

3.2 Ausgewählte Methoden des *Data Mining* ***

Hierarchische Verfahren, bei denen keine Gruppeneinteilung vorgegeben ist, so dass die Klassen vollständig frei zu ermitteln sind, stehen alternativ zur Verfügung.

Hierarchische Verfahren

Die agglomerativ-hierarchischen Verfahren als eine Unterkategorie hierarchischer Clustermethoden verfolgen einen Bottom-Up-Ansatz und gehen bei der Gruppierung von der kleinsten Partition aus. Dies bedeutet, dass jedes Datenobjekt zunächst einen Cluster repräsentiert und sukzessiv neuen, größeren Gruppen zugeteilt wird. Gebräuchliche Maße zur Berechnung der Ähnlichkeiten bzw. Distanzen der Variablen sind beispielsweise das **Single-Linkage-Verfahren** sowie das **Complete-Linkage-Verfahren**. Während beim Single-Linkage-Verfahren der geringste Abstand zwischen zwei Datenobjekten als Grundlage zur Klassenbildung verwendet wird, dient beim Complete-Linkage-Verfahren der maximale Abstand zwischen zwei Datenobjekten als separierendes Kriterium. Weitere Methoden sehen die Bestimmung von Mittelwerten als Grundlage zur Berechnung der Distanz zwischen unterschiedlichen Datenobjekten bzw. Clustern vor (Average-Linkage-Verfahren).

Agglomerativ-hierarchische Verfahren

Im Gegensatz zu den agglomerativ-hierarchischen Verfahren beginnen die divisiv-hierarchischen Verfahren mit der gröbsten Partition. Diesem Top-Down-Ansatz zufolge befinden sich alle Datenobjekte zunächst in einem einzigen Cluster. Stufenweise erfolgt die Aufspaltung der Datenobjekte in homogenere Teilgruppen. Im Vergleich beider Ausprägungen einer hierarchischen Clusteranalyse ist zu konstatieren, dass agglomerative Verfahren sich als schneller erweisen und daher in der praktischen Anwendung den divisiven Methoden vorgezogen werden [Küst01].

Divisiv-hierarchische Verfahren

Weitere Systematisierungskriterien betreffen die Eindeutigkeit sowie die Optionalität der Zuordnung von Datenobjekten zu den Clustern. Bei einer disjunkten Gruppeneinteilung darf jedes Datenobjekt nur einer Gruppe angehören, bei einer nicht-disjunkten Klasseneinteilung ist auch eine überlappende Zuordnung von Datenobjekten zu mehreren Klassen erlaubt. Oftmals erweist es sich bei dem Einsatz eines streng partitionierenden Verfahrens als schwierig, ein Datenobjekt eindeutig einer Gruppe zuzuordnen. Als Ausweg bietet sich im Rahmen des »fuzzy **clustering**« die Zu-

Disjunktive & nicht-disjunktive Klasseneinteilungen

weisung von Werten an, die den Zugehörigkeitsgrad eines Objektes zu einer Gruppe wiedergeben [Küst01].

Exhaustive & nicht-exhaustive Verfahren

Mit Blick auf die Möglichkeit einer optionalen Zuordnung wird ferner zwischen exhaustiven und nicht-exhaustiven Verfahren unterschieden. Bei einer exhaustiven bzw. erschöpfenden Gruppierung werden alle Datenobjekte klassifiziert, während eine nicht-exhaustive Gruppierung Datenobjekte ohne Gruppenzugehörigkeit zulässt.

Bestimmung der Clusteranzahl

In der dritten Phase einer Clusteranalyse ist die Anzahl der Cluster festzulegen, welche sich mit Blick auf die Aufgabenstellung am besten verwenden lässt. Zu diesem Zweck erfolgt die Bestimmung des Fusionierungsschrittes, der zu einer geeigneten Clusteraufteilung führt. Dabei gilt es, den Zielkonflikt zwischen der Homogenitätsanforderung, die tendenziell eine große Clusterzahl impliziert, und der Handhabbarkeit sowie Aussagefähigkeit der Segmente, die eher durch eine geringe Clusterzahl begünstigt werden, zu lösen.

Anwendbarkeit der Klassenbildungen

Um die Qualität und damit die Anwendbarkeit der Klassenbildungen zu beurteilen, ist abschließend die Güte des Klassifikationsergebnisses zu bestimmen. Gebräuchliche Kriterien, die sich für diesen Zweck einsetzen lassen, stellen das Homogenitäts- / Heterogenitätskriterium und der F-Wert dar.

Anwendungsbereiche

Clusterverfahren lassen sich zur Beantwortung verschiedener Fragestellungen einsetzen. Als gebräuchlicher Anwendungsbereich der Clusteranalyse wird in der Literatur vielfach das Beispiel der *Marktsegmentierung* genannt, deren Ziel es ist, aus einem heterogenen Kundendatenbestand homogene Kundengruppen zu ermitteln, auf die sich gezielte Marketingmaßnahmen ausrichten lassen. Als geeignete Attribute zur Bestimmung der Cluster kommen neben sozioökonomischen Kriterien die Verhaltens- sowie Einstellungsmuster potenzieller Kunden bzw. Kundengruppen in Frage, die sich z. B. als Ergebnis einer Kundenbefragung ergeben. In analoger Weise lassen sich beispielsweise auch Wettbewerber anhand ihrer strategischen Ausrichtung klassifizieren.

Weitere Anwendungsfelder liegen in der Produktentwicklung. Produkte, die anhand verschiedener Kriterien bewertet wurden, lassen sich mit Hilfe des Clustering in Produktgruppen segmentieren. Die aus der Clusteranalyse resultierenden Informationen liefern Ansatzpunkte zur »Optimierung« der Produkteigenschaften bzw. der Produktqualität. Ebenso bietet der Gesundheitsbereich Einsatzfelder für eine Clusteranalyse. In diesem Zusammenhang lassen sich etwa anhand des Alters, des Geschlechts, des Blutdrucks und des Cholesterinwerts diverser Patienten typische Datenkonstellationen in Form von Klassen ermitteln, die zur gezielten Krankheitsprävention genutzt werden können.

3.2.4 Verfahren zur Assoziationsanalyse ***

Assoziationsmethoden werden angewendet, um Zusammenhänge zu identifizieren, die sich in Form von Wenn-Dann-Aussagen formulieren lassen, und eignen sich dadurch zur Durchführung von Untersuchungen im Marketing, im *Controlling* oder auch außerhalb betriebswirtschaftlicher Einsatzfelder.

Das Ziel einer Assoziationsanalyse liegt darin, strukturelle Abhängigkeiten zwischen Ereignissen bzw. Merkmalsausprägungen eines Datenbestands aufzudecken. Die zu ermittelnden Abhängigkeiten geben Auskunft darüber, welche Ereignisse gleichzeitig oder in einer sequentiellen Abfolge eintreten. Im Gegensatz zu den klassischen Verfahren der Regressionsanalyse werden bei den Assoziationsmethoden ex ante keine Abhängigkeiten unterstellt. Vielmehr ist es das Ziel dieser Methodenklasse, Zusammenhänge sowie Abhängigkeiten einerseits zwischen den relevanten Attributsausprägungen eines Datensatzes, andererseits zwischen unterschiedlichen Datensätzen selbständig zu ermitteln. Als kennzeichnend für die Assoziationsanalyse erweist sich, dass aufgedeckte Zusammenhänge sich anhand von Regeln in Form von Wenn-Dann-Beziehungen beschreiben lassen. Der Bedingungsteil (der Wenn-Teil) wird auch als Regelrumpf, Prämisse oder Antezedens bezeichnet, während als Synonyme für den Dann-Teil die Begriffe Regelkopf, Konklusion oder Sukzedens Verwendung finden.

Ziel & Gegenstand

Wie bei jedem statistischen Verfahren müssen auch bei der Assoziationsanalyse geeignete Maßzahlen eingesetzt werden, die das Untersuchungsergebnis in aggregierter Form

Maßzahlen

präsentieren. Im Zusammenhang mit der Verwendung von Assoziationsmethoden sind die bekanntesten Maßzahlen, die auch als Interessantheitsmaße bezeichnet werden, der **Support** sowie die **Konfidenz**. Weitere Interessantheitsmaße stellen Hettich/Hippner zusammen [HeHi01].

Zusammenhänge zwischen Ereignissen

Der Support einer Regel setzt die Anzahl der Datensätze, die eine Regel unterstützen, ins Verhältnis zur Gesamtzahl aller betrachteten Datensätze. Folglich bringt der Support die relative Häufigkeit bzw. den Anteilswert der betrachteten Regel zum Ausdruck, wobei ein höherer Anteilswert auf eine größere Relevanz schließen lässt. Das Konfidenz-Maß bestimmt die Stärke des Zusammenhangs zwischen den betreffenden Merkmalen. Der Konfidenz-Wert errechnet sich, indem die Anzahl der Datensätze, die eine Regel unterstützen, ins Verhältnis zur Anzahl aller Datensätze gesetzt wird, die den Prämissenteil der Regel erfüllen. Der nicht notwendigerweise kausale Zusammenhang zwischen den betrachteten Attributen ist umso stärker, je größer der Konfidenz-Wert ist.

Beispiel einer Assoziationsanalyse

Support und Konfidenz sowie der Zusammenhang zwischen diesen beiden Interessantheitsmaßen werden anhand eines Beispiels in der Abb. 3.2-6 veranschaulicht (vgl. hierzu das Beispiel einer Assoziationsanalyse in [Bode06]).

Beispiel 1a

Das gebräuchlichste Anwendungsbeispiel zur Verdeutlichung der Einsatzmöglichkeiten von Assoziationsmethoden ist die **Warenkorbanalyse**. Das Ziel einer derartigen Analyse besteht darin, anhand von Kassenbondaten zu ermitteln, welche Produkte von den Kunden im Verbund erworben werden. In diesem Beispiel ist eine Assoziationsanalyse für die Produkte Nudeln und Wein durchzuführen. Hierzu liegen folgende Informationen zu den Kauftransaktionen vor:

Transaktionen gesamt: 1.000.000
Nudeln: 200.000
Wein: 50.000
Nudeln und Wein: 30.000

Ausgehend von den diesen Werten beträgt die Konfidenz 15% (30.000 / 200.000) und der Support 3% (30.000 / 1.000.000). Daraus lässt sich die Regel ableiten, dass in

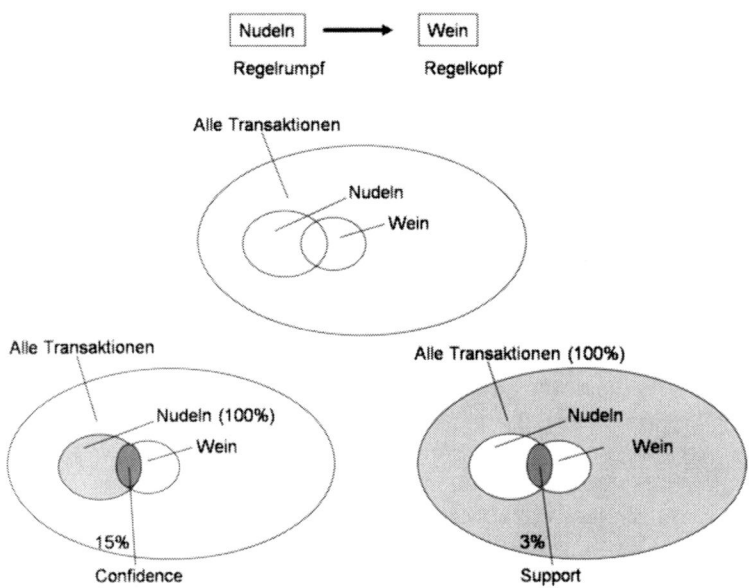

Abb. 3.2-6: Warenkorbanalyse als Anwendungsbeispiel der Einsatzmöglichkeiten.

15% der Fälle, in denen Nudeln erworben, auch Wein eingekauft wurde (Konfidenz). Dieser Zusammenhang ließe sich z. B. wiederum in 3% aller aufgezeichneten Transaktionen beobachten (Support).

Die grundsätzliche Vorgehensweise zur Ermittlung derartiger Regeln entspricht dem Lösungsweg einer Enumeration [Küst01]. Das Auftreten einzelner Merkmalsausprägungen oder Ereignisse wird in Beziehung gesetzt zu dem Auftreten weiterer Ausprägungen oder Ereignisse. Da oftmals bei einer Abhängigkeitsermittlung auf Datensätze zugegriffen wird, die in tausendfacher Ausprägung u. U. in verschiedenen *Informationssystemen* auftreten, hätte eine vollständige Aufzählung der Kombinationsmöglichkeiten aller Attribute eine Explosion des Lösungsraums zur Folge. Zur Ermittlung des Support- und Konfidenzwertes wären von den eingesetzten Rechnern sowie Analysewerkzeugen hohe Anforderungen an die Verarbeitungsleistung zu erfüllen. Aus diesem Grund wurden Assoziationsverfahren mit dem Ziel entwickelt, ei-

Assoziationsverfahren zur Begrenzung des Lösungsraumes

nerseits den Lösungsraum zu begrenzen, andererseits die Ressourcen der eingesetzten Informationssysteme nicht zu stark zu beanspruchen.

Phasen des Apriori-Algorithmus

In den diversen *Data Mining*-Softwarepaketen sind üblicherweise verschiedene Verfahren zur Ermittlung von Abhängigkeiten im Rahmen einer Assoziationsanalyse integriert. Als einer der ersten und auch in der heutigen *Data Mining*-Praxis häufig genutzten Vertreter erweist sich der Apriori-Algorithmus. Seit seiner Entstehung diente dieser Algorithmus als Vorlage zur Entwicklung zahlreicher Varianten und Erweiterungen. Die Entwicklung erster Assoziationsmethoden – darunter auch des Apriori-Algorithmus – wurde maßgeblich von der im Jahr 1993 am IBM Forschungszentrum in Almaden/USA gegründeten Forschungsgruppe um Rakesh Agrawal vorangetrieben. Seitdem entwickelten sich die verschiedenen Verfahren beständig weiter und hielten erfolgreich Einzug in die Unternehmungspraxis [HeHi01]. Die Anwendung des Apriori-Algorithmus erfolgt in zwei Phasen. In der ersten Phase werden alle gemeinsam auftretenden Ereignisse bestimmt, deren Support-Werte ein Minimum nicht unterschreiten, um alle Items bzw. Itemkombinationen herauszufiltern, die einen für die Analyse relevanten Anteil an der Gesamtheit der Transaktionen ausmachen. Anschließend erfolgt in der zweiten Phase aus den bestimmten Objektpaaren die Ableitung von Regeln, deren Konfidenz-Wert ebenfalls über einem im Vorfeld festgelegten Minimum liegt.

Sequenzanalyse als Zeitraumbetrachtung

Während die klassische Assoziationsanalyse (auch als parallele Assoziationsanalyse bezeichnet) Informationen über den inhaltlichen Zusammenhang zwischen Ereignissen liefert, erbringen die im Rahmen einer sequentiellen Assoziationsanalyse ermittelten Regeln eine Auskunft über den zeitlichen Ablauf einer Transaktionsfolge. In Abgrenzung zur parallelen Assoziationsanalyse handelt es sich bei der Sequenzanalyse um eine Zeitraumbetrachtung [HeHi01]. Über eine sequentielle Assoziationsanalyse lässt sich damit beispielsweise im Rahmen einer Längsschnittanalyse das Kaufverhalten von Kunden über einen bestimmten Zeitraum abbilden.

Beispiel 1b

In Fortführung des Beispiels zum simultanen Kauf von Nudeln und Wein kann über eine sequenzielle Assoziationsanalyse z. B. ermittelt werden, dass nach dem Kauf der bereits erwähnten Produkte eine bestimmte Käufergruppe innerhalb von 2 Wochen an einem Preisausschreiben für eine auf der Verpackung beider Lebensmittel beworbene Italien-Reise teilnimmt.

Derartige Analysen, die sich selbstverständlich auch auf andere Anwendungsbereiche übertragen lassen, werden mit dem Ziel durchgeführt, Informationen beispielsweise zur möglichst optimalen Anordnung der Produkte in einem Versandkatalog, zur Layoutplanung in einem Ladengeschäft oder zur Vorbereitung einer Direktmailing-Aktion zu erhalten. Neben dem Marketing liegen weitere betriebliche Einsatzfelder im Bereich des **Controlling**, z. B. im Rahmen der Ursachenforschung bei Plan-Ist-Abweichungen von Kennzahlen. Selbstverständlich ist die Assoziationsanalyse nicht nur auf betriebswirtschaftliche Fragestellungen begrenzt. Weitere Anwendungsbereiche ergeben sich beispielsweise in der Ermittlung von sich ergänzenden Behandlungsmethoden im Gesundheitswesen oder zur Aufdeckung von systematischen technischen Fehlern, die bei der Gesprächsvermittlung als Fehlroutings im Telekommunikationsbereich entstehen. Einsatzmöglichkeiten der Assoziationsanalyse in diesen Anwendungsdomänen präsentieren [BSC03]. Darüber hinaus lässt sich die Assoziationsanalyse als erfolgreiches Instrument zur Identifizierung fehlerhafter oder redundanter Datensätze in Datenbanken einsetzen. Ungeachtet des Anwendungsfelds müssen die Ergebnisse einer Assoziationsanalyse in jedem Fall von einem Anwendungsexperten für eine weitere Nutzung untersucht werden. Dabei ist zu prüfen, inwieweit die Assoziationsregeln eine tatsächliche Relevanz für die jeweilige Fragestellung besitzen. Oftmals bestätigen diese bereits vorhandenes Wissen oder sind das Ergebnis zufälliger, irrelevanter Datenkonstellationen [BSC03].

Anwendungsbereiche

3.3 Fallstudie: TOPBIKE – *Data Mining* **

Im Folgenden steht nicht nur die Nutzung der *Data Mining*-Verfahren im Vordergrund. Vielmehr sollen exemplarisch

Fiktives *Data Mining*-Projekt

alle Phasen betrachtet werden, die zur Durchführung einer Datenanalyse notwendig sind. Als geeignetes *Data Mining*-Vorgehensmodell kommt das Prozessmodell CRISP-DM-Modell (siehe »Das CRISP-DM-Modell«, S. 123) zur Anwendung.

Die folgende Behandlung der Themen orientiert sich an den Phasen des CRISP-DM-Vorgehensmodells. Ausgehend von einer Zusammenfassung der Inhalte und Ziele der jeweiligen Phase wird ihre Umsetzung anhand des Projekts in den jeweiligen Bausteinen thematisiert. Der inhaltliche Schwerpunkt liegt dabei auf der Phase der Modellierung, in der die verschiedenen Data Mining-Verfahren zur Auswertung des Datenbestands mit dem Ziel zum Einsatz kommen, Cross Selling-Potenziale für die TOPBIKE zu ermitteln:

- »Fallstudie: TOPBIKE – Business Understanding (Phase 1)«, S. 166
- »Fallstudie: TOPBIKE – Data Understanding (Phase 2)«, S. 174
- »Fallstudie: TOPBIKE – Data Preparation (Phase 3)«, S. 180
- »Fallstudie: TOPBIKE – Data Modeling (Phase 4)«, S. 185
- »Fallstudie: TOPBIKE – Evaluation und Deployment (Phase 5 und Phase 6)«, S. 205

3.3.1 Fallstudie: TOPBIKE – *Business Understanding* (Phase 1) **

Gegenstand der Phase

In der ersten Phase des **Business Understanding** ist ausgehend von einer Situationsanalyse eine entsprechende Problem-, Anforderungs- sowie Zielformulierung für das anstehende *Data Mining*-Projekt zu erarbeiten. Darüber hinaus wird angestrebt, ein Verständnis für die Eigenschaften und Leistungsfähigkeit der eingesetzten *Data Mining*-Software zu gewinnen.

Hintergrundinformationen zu TOPBIKE

Zur Evaluierung der Ausgangssituation des anstehenden *Data Mining*-Projekts wird im folgenden Abschnitt die hier betrachtete Beispielunternehmung TOPBIKE GmbH nochmals vertieft vorgestellt. Dabei steht weniger die Konstruktion eines vollständigen Firmenbilds, als vielmehr die Vermittlung derjeniger Hintergrundinformationen im Vordergrund, die für die Durchführung des *Data Mining*-Projekts zur Identifikation von **Cross Selling**-Potenzialen von Bedeutung sind.

Ziele des *Data Mining*-Projekts

Die TOPBIKE GmbH ist eine mittelständische Unternehmung, deren Kerngeschäftsfelder in der Produktion und dem Vertrieb von Fahrrädern sowie Fahrradzubehörartikeln liegen. Dabei produziert die Unternehmung selbst keinerlei Bauteile, sondern kauft alle notwendigen Vorprodukte bei verschiedenen Lieferanten ein. Die Kernkompetenz der Unternehmung liegt in der Montage dieser Einzelteile zu einem zielgruppengerechten Endprodukt. Seit einigen Jahren tragen neben den etablierten Groß- und Einzelhandelshäusern insbesondere Privatkunden als Lauf- oder auch im verstärkten Maß als Stammkundschaft zum Unternehmungsumsatz bei. Als umsatzstärkste Kundengruppe haben die Stammkunden für die weitere wirtschaftliche Entwicklung von TOPBIKE einen besonders hohen Stellenwert. Da die Unternehmung an einer internationalen Expansion interessiert ist, bestehen ebenfalls erste Kooperationsvereinbarungen mit Exporteuren.

Gegenstand der TOPBIKE GmbH

Die wirtschaftlichen Erfolge der vergangenen Jahre sowie die zu erwartenden Entwicklungspotenziale der TOPBIKE GmbH haben dazu geführt, dass sich die Unternehmung als ernstzunehmender Konkurrent bereits etablierter Anbieter auf dem Fahrradmarkt behaupten konnte. In diesem Zusammenhang ist zu bemerken, dass sich der Ausbau der Vertriebsstruktur über das Internet als wichtiger Treiber für die Prosperität erwies. Nachdem die TOPBIKE GmbH seit ihrer Entstehung bis auf wenige Ausnahmen in jedem Jahr eine Steigerung des Umsatzes sowie des Gewinns verzeichnen konnte, waren in den vergangenen Jahren nachhaltige, rezessive Tendenzen sowohl auf dem gesamten Fahrradmarkt als auch in den Geschäftszahlen von TOPBIKE festzustellen. Bereits im dritten Jahr in Folge sind die Gewinn- und Umsatzzahlen rückläufig.

Historie der Unternehmung

Geplante CRM-Systemeinführung als Initiator des Data Mining-Projekts

In einer der jüngsten Vorstandssitzungen hat der Marketingleiter von TOPBIKE einen Vorschlag zur Diskussion gestellt, der eine effizientere und effektivere Verwendung der Marketingausgaben sowie eine stärkere Ausrichtung der Unternehmung insbesondere an den Interessen der umsatzgenerierenden Privatkunden zum Gegenstand hat. Als Ergebnis der Sitzung konnte festgehalten werden, in den kommenden Jahren ein integriertes CRM-System (*Customer Relationship Management*-System) zu implementieren. Die Geschäftsführung hat dabei erkannt, dass ein wichtiger Schlüsselfaktor zur Gestaltung eines solchen Systems darin liegt, das Kunden- bzw. Kaufverhalten besser zu verstehen. Die Unternehmung verspricht sich, mit Hilfe des *Data Mining*-Ansatzes dieses Ziel zu erreichen und damit einen wichtigen Schritt zum Aufbau eines zukunftsträchtigen CRM-Systems zu realisieren.

Erste Schritte der Kundenanalyse

Um erste Erkenntnisse zum Kaufverhalten der Privatkunden zu erzielen, beschloss die Unternehmungsleitung, zunächst in kleinen Schritten mit konkreten Fragestellungen zu beginnen. Hierzu wurde als wichtigster Ansatzpunkt zur Steigerung des Gewinns die Schöpfung von **Cross Selling**-Potenzialen unter Anwendung geeigneter *Data Mining*-Verfahren identifiziert. Die Aufgabe des für das *Data Mining*-Projekt gebildeten Projektteams besteht folglich darin, aufbauend auf den existierenden sowie potenziell zugänglichen Daten geeignete Kundenprofile zu ermitteln, die wiederum als Basis für Cross Selling-Aktivitäten dienen sollen.

Cross Selling im Fokus des Projekts

Zur Etablierung eines gemeinsamen Begriffsverständnisses haben sich die Mitglieder der Geschäftsführung sowie der Leitung des anstehenden *Data Mining*-Projekts in ihrer jüngsten Sitzung darauf geeinigt, unter Cross Selling bzw. »Quer-Verkaufen« alle Maßnahmen eines Anbieters zu verstehen, die mit dem Ziel durchgeführt werden, dem Kunden oder einer Kundengruppe während der verschiedenen Phasen einer Kauftransaktion weitere komplementäre oder substitutive Güter zum Kauf anzubieten [SRJ01, S. 953]. Maßnahmen zur Förderung eines Up Selling, die darauf ausgerichtet sind, einem Kunden qualitativ höherwertige Produkte anzubieten, spielen für die Geschäftsführung in dem aktuellen *Data Mining*-Projekt hingegen keine Rolle.

3.3 Fallstudie: TOPBIKE – *Data Mining* **

Die Geschäftsführung von TOPBIKE erhofft sich, über einen forcierten Verbundverkauf einen Ausweg aus der aktuellen Unternehmungskrise zu finden. Als Zielgröße des anstehenden *Data Mining*-Projekts zur Ermittlung von Cross Selling-Potenzialen wurde daher die Steigerung des Kundennutzens identifiziert, um möglichst langfristige, stabile und damit umsatzfördernde Kundenbindungen aufzubauen (zu den generellen Bestimmungsfaktoren für einen Kaufverbund [BoSi06, S. 109]). Über die daraus resultierende Kundenloyalität strebt TOPBIKE an, den Gesamtumsatz pro Kunde bei gleich bleibenden Kosten zu steigern und auf diese Weise der aktuell zu beobachtenden rezessiven Unternehmungsentwicklung entgegenzusteuern. Zur Durchführung der Cross Selling-Analysen hat sich die Unternehmung zur Nutzung von SPSS-CLEMENTINE als leistungsfähiges und benutzungsfreundliches *Data Mining*-Werkzeug entschieden.

Steigerung des Kundennutzens zur Kundenbindung

Neben der Ermittlung von geeigneten Kundengruppen und Cross Selling-Potenzialen richtet sich ein weiteres Augenmerk auf die Identifizierung von Kunden, die in der Vergangenheit eine schlechte Zahlungsmoral aufwiesen und deshalb mehrfach gemahnt werden mussten. Als besonders zahlungsunfähig oder -unwillig ließen sich Kunden identifizieren, welche die TOPBIKE-Artikel auf Rechnung erwerben. Die Unternehmung verspricht sich von einer Bonitätsanalyse, diejenigen Kunden auszumachen, die mit hoher Wahrscheinlichkeit ihren Zahlungsverpflichtungen nicht nachkommen. Mit den heraus gefilterten Kunden sollen dann spezielle Zahlungsbedingungen ausgehandelt werden.

Bonitätsanalyse

SPSS Clementine

SPSS Clementine stellt eines der marktführenden Produkte auf dem *Data Mining*-Markt dar. Die Vorgehensweise zur Datenanalyse orientiert sich dabei am CRISP-DM-Modell. Bei Clementine handelt es sich um ein Produkt der Firma SPSS, das zusammen mit dem Enterprise Miner (SAS) und dem Intelligent Miner von IBM zu den verbreitetsten Werkzeugen auf dem Markt für kommerzielle *Data Mining*-Software gehört. Clementine bietet eine integrierte Softwarelösung, die alle Phasen eines *Data Mining*-Projektes unterstützt. Neben der Funktionalität, auf verschiedene Datenquellen zuzugreifen, diverse Datenformate zu nutzen sowie notwendige

Einordnung & Funktionsumfang

Anpassungen an den auszuwertenden Daten vorzunehmen, stellt Clementine eine Reihe von *Data Mining*-Methoden zur Verfügung. Das Angebot verfügbarer Methoden umfasst diverse Ausprägungen von **Entscheidungsbäumen, Clusteranalysen, Künstlichen Neuronalen Netzen**, Regressionsanalysen sowie **Assoziationsanalysen**. Für das anstehende *Data Mining*-Projekt wurde Clementine in der Version 12.0 ausgewählt.

Erstellung eines Analysepfades

Eine der größten Stärken von Clementine liegt in seiner benutzungsfreundlichen Bedienung. Die Methodik zur Datenanalyse orientiert sich an der prozessorientierten Vorgehensweise des CRISP-DM-Modells. Im Mittelpunkt steht dabei die Erstellung eines Analysepfads, der in der Begriffswelt von Clementine als **Stream** bezeichnet wird. Streams setzen sich aus verschiedenen Knoten zusammen, die wiederum miteinander in Form von gerichteten Pfeilen verbunden sind. Jeder Knoten repräsentiert eine Aktivität bzw. Funktion innerhalb des Prozesses der Datenanalyse. Für die Erstellung eines Analysepfades stehen dem Anwender acht verschiedene Knotenkategorien zur Verfügung, aus denen je nach Komplexität der zu bearbeitenden Fragestellung sowie der Qualität der zu analysierenden Daten verschiedene Knoten auszuwählen und zu verbinden sind. Einmal erstellte Analysepfade lassen sich jederzeit anpassen, indem sowohl neue Knoten als auch Beziehungsstrukturen angelegt oder gelöscht werden können.

Knotenkategorien

Wie in der nachfolgenden Übersicht verdeutlicht ist, handelt es sich bei den von Clementine angebotenen Knotenkategorien um Funktionen zur Anbindung von Datenquellen, zur Durchführung von Datensatzoperationen und Feldoperationen, zur Anwendung der *Data Mining*-Modelle bzw. -Verfahren, zur Auswertung und Veranschaulichung der Ergebnisse sowie zum Export der Datenausgabe. Die Kategorien sind in Form von acht Registerkarten angelegt, wobei die Favoriten-Registerkarte die von den Anwendern bevorzugten Knoten der sieben anderen Kategorien enthält. Die in den Registerkarten enthaltenen Knoten lassen sich je nach Bedarf per Doppelklick oder *Drag and Drop* in einen Analysepfad einbinden.

3.3 Fallstudie: TOPBIKE – *Data Mining* **

Abb. 3.3-1: Übersicht zu den Knoten in Clementine.

Um einen Stream zu erstellen, ist in einem ersten Schritt ein Knoten aus der Kategorie der Datenquellen auszuwählen. Hierzu stehen Knoten zur Verfügung, die eine Datenanbindung an verschiedene Quellen und Formate ermöglichen. In Clementine existieren hierzu Knoten, die beispielsweise über die *Open Database Connectivity*-Schnittstelle (ODBC-Schnittstelle) einen Zugriff auf Daten erlauben, die in einer relationalen Datenbank abgelegt sind. Ferner können auch SPSS- oder SAS-Dateien als Datenquellen genutzt werden. Selbstverständlich existiert auch die Option, auf Textdateien oder *Comma Separated Values*-Dateien (CSV-Dateien) zuzugreifen.

Knotenkategorie »Datenquellen«

In die Kategorie der Datensatzoperationen fallen alle Knoten, die im Rahmen der Vorverarbeitungsphase eines *Data Mining*-Projekts eine Transformation der Datensätze erlauben. Dazu gehören beispielsweise Knoten, die es ermöglichen, Datensätze aus verschiedenen Quellen zusammenzuführen oder zu sortieren. Ferner lässt sich über einen entsprechenden Knoten ein zu analysierender Datenbestand auf eine Stichprobe reduzieren, wobei nur ausgewählte Datensätze, die einem bestimmten Kriterium genügen, in die Analyse aufgenommen werden. Ebenso lässt sich ein Knoten nutzen, der vorgegebene Aggregationsfunktionen bietet, wie eine automatische Summen- und Mittelwertberechnung, eine Ermittlung des Maximum- und Minimumwerts sowie eine Berechnung der Standardabweichung.

Knotenkategorie »Datensatzoperationen«

Die Kategorie der Feldoperationen enthält sämtliche Knoten zur Anpassung der Attribute eines Datenbestands. Die von Clementine für diesen Zweck angebotenen Knoten sind einerseits der Filterknoten, andererseits ein Knoten zur Ableitung von Merkmalen (Ableitungsknoten). Während der Einsatz des Filterknotens erfolgt, um die Anzahl der Attribute zu beschränken, kann mit Hilfe eines Ableitungsknotens ein neues Attribut als Ergebnis einer Datenfeldoperation hinzu-

Knotenkategorie »Feldoperationen«

gefügt werden. Hierbei lassen sich beispielsweise alle arithmetischen Operationen zur Verkettung von zwei Attributen anwenden. Darüber hinaus können auch die auszuwertenden Attribute nach einem vorgegebenen Sortierkriterium für eine bestimmte Datensicht angeordnet werden. Ein Knoten zur Dichotomisierung von Daten sowie Befüllung leerer Datenfelder findet sich ebenfalls in dieser Knotenkategorie.

Knotenkategorie »Diagramme«

Die Knotenkategorie »Diagramme« umfasst alle Knotentypen, die sich zur graphischen Darstellung der Daten einsetzen lassen. In diesem Zusammenhang können beispielsweise die Ergebnisse einer Datenfeld- oder Datensatzoperation sowie die Analyseergebnisse nach Anwendung der *Data Mining*-Verfahren in Form eines Koordinatensystems, Verteilungsdiagramms, Histogramms oder auch Netzdiagramms visualisiert werden.

Knotenkategorie »Modellierung«

Der Knotentyp »Modellierung« stellt eine sehr bedeutende Knotenkategorie beim *Data Mining*-Prozess mit Clementine dar. Sämtliche zur Verfügung stehenden Methoden zur Datenanalyse sind in dieser Knotenkategorie abgelegt, wobei alle im Kapitel »Betriebswirtschaftliche Einsatzgebiete des Data Mining«, S. 139, präsentierten Anwendungsbereiche durch geeignete Methoden unterstützt werden. Als Verfahren zur Assoziationsanalyse stehen die Methoden Apriori und GRI zur Verfügung. Für einen Entscheidungsbaumverfahren können der C5.0-, der CART-, der QUEST- und der CHAID-Algorithmus genutzt werden. Eine **Kategorisierung** lässt sich mit dem K-Means oder mit dem Two-Step-Verfahren durchführen. Auch die in diesem Abschnitt nicht behandelte klassische lineare oder logistische Regressionsanalyse ist über einen entsprechenden Knoten in Clementine repräsentiert.

Knotenkategorie »Ausgabe«

In der Kategorie der Ausgabeknoten befinden sich Knoten, mit denen sich die Analyseergebnisse einerseits visualisieren andererseits evaluieren lassen. Neben einem Knoten für Tabellen zur Überprüfung der Datenwerte in eine Tabellensicht steht z.B. ein Berichtsknoten zur Erstellung formatierter Berichte zur Verfügung, die sowohl Textinhalte als auch Daten und andere aus den Daten abgeleitete Ausdrücke präsentieren können. Darüber hinaus finden sich in dieser Knotenkategorie weitere Knoten, die sich zur Evaluierung der

3.3 Fallstudie: TOPBIKE – *Data Mining* **

Güte der *Data Mining*-Ergebnisse oder zur Berechnung statischer Kennzahlen, wie z. B. des Mittelwerts, nutzen lassen.

Exportknoten bieten die Funktionalität, Daten in verschiedene Formate zur Weiterverarbeitung zu exportieren. Mit Hilfe des Exportknotens lassen sich beispielsweise Analyseergebnisse in eine Datenbank zurückschreiben. Gleichzeitig wird der Datenexport in verschiedene Formate wie *Hypertext Markup Language*-Dateien (HTML-Dateien), *Comma Separated Values*-Dateien (CSV-Dateien), *Excel Spreadsheet-Dateien* (XLS-Dateien) oder *Predictive Model Markup Language-Dateien* (PMML-Dokumente) unterstützt. Ein Beispiel für den Einsatz diverser Knoten in Form eines Stream veranschaulicht die folgende Abb. 3.3-2.

Knotenkategorie »Export«

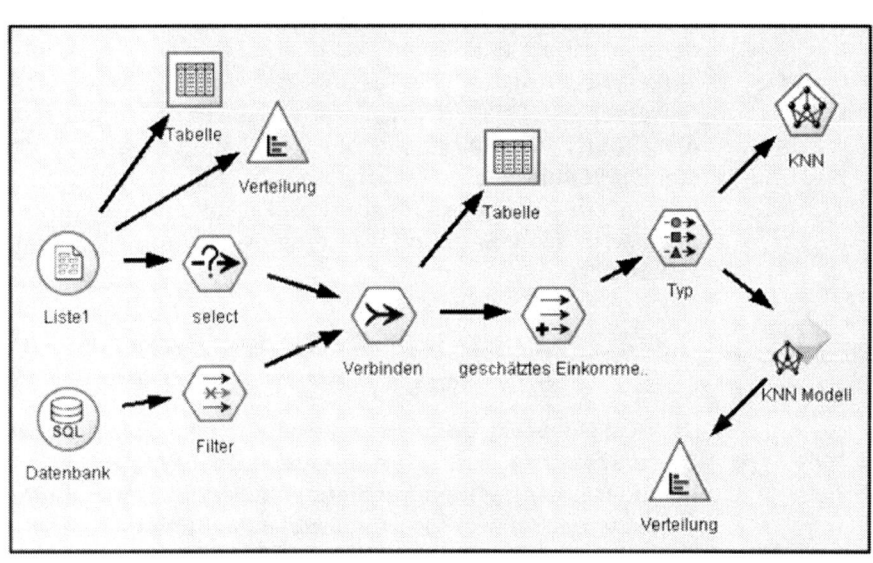

Abb. 3.3-2: Beispiel eines Analyse-*Streams*.

Der hier präsentierte Beispiel-*Stream* beschreibt einen Analysepfad zur Vorverarbeitung sowie Auswertung eines Datensets. Um auf die zu analysierenden Daten zuzugreifen, werden zu Beginn der Analyse zwei Datenquellenknoten verwendet. Während der Knoten mit der Bezeichnung »Datenbank« die Verbindung zu einer Datenbank-Relation herstellt, richtet der Knoten »Liste 1« die Verknüpfung zu einer

Diverse Knotenarten in Clementine

Text-Datei ein. Über einen Tabellenknoten sowie einen Verteilungsdiagrammknoten lassen sich die aus der Text-Datei eingelesenen Daten in Tabellenform bzw. als Verteilungsdiagramm betrachten. Mit Hilfe eines Filter- sowie eines *Select-Knotens* werden im weiteren Verlauf der Vorverarbeitung nur diejenigen Daten zugelassen, die für die zugrunde liegende Aufgabenstellung relevant sind (Filterknoten) und einem bestimmten Kriterium (*Select*-Knoten) genügen. Der Zusammenführungsknoten als Vertreter einer Datensatzoperation führt die Daten aus der Relation und die Daten der Text-Datei zu einem integrierten Datenset zusammen. Anschließend lässt sich über den Ableitungsknoten mit der Bezeichnung »Geschätztes Einkommen« eine neue Variable bzw. ein neues Attribut anlegen, wobei die sich darin befindenden Einträge das Ergebnis einer arithmetischen Kombination vorhandener Attribute darstellen. Nachdem über einen Typ-Knoten eingestellt wird, welche Variable des vorverarbeiteten Datensets die Zielgröße repräsentiert und welche Variablen die diese Zielgröße beeinflussenden unabhängigen Größen darstellen, kommt in einem nächsten Schritt als Modellierungsknoten ein KNN zum Einsatz. Das Ergebnis seiner Anwendung wird schließlich in Form eines Verteilungsdiagramms visualisiert.

3.3.2 Fallstudie: TOPBIKE – *Data Understanding* (Phase 2) **

Gegenstand der Phase

Die dem **Business Understanding** folgende Phase des **Data Understanding** sieht eine intensive Analyse der tatsächlich oder potenziell zur Verfügung stehenden Daten mit anschließender Auswahl für die Problemstellung vor. Das Ziel dieser Phase liegt darin, ein Verständnis für die im weiteren Verlauf eines *Data Mining*-Projekts zu analysierenden Daten zu erhalten.

Interne Daten

Stamm- & Bewegungsdaten

Zur computergestützten Abwicklung des Tagesgeschäfts nutzt die TOPBIKE seit geraumer Zeit eine operative Anwendungslösung auf Basis eines relationalen Datenbanksystems (DBS), das wiederum als Datenlieferant für ein analyseorientiertes Berichtssystem dient. In dem DBS sind neben den demografischen Stammdaten der Kunden, wie Adresse, Telefonnummer, Geschlecht, Geburtsjahr usw., auch relevante Bewegungsdaten zu den jeweiligen Kauftransaktionen hinterlegt. Zu dieser Datenkategorie gehören z. B. Angaben zum Zeitpunkt eines Kaufs. Daneben sind die Umsätze der verschiedenen Produkte sowie die aktuellen Lagerbestände verfügbar.

Darüber hinaus wird bei jeder Kauftransaktion die vom Kunden gewählte Zahlweise in das DBS übernommen. Kunden haben die Möglichkeit, einen Kauf in bar, auf Rechnung oder als Ratenkauf zu tätigen. Da die Unternehmung in den letzten Jahren den Vertrieb über das Internet forciert hat, wurde insbesondere der Rechnungskauf von der Kundschaft bevorzugt. Erfolgt ein Kauf per Rechnung oder Kredit, wird darüber hinaus die aktuelle Mahnstufe im DBS hinterlegt. Auf diese Weise lässt sich im Mahnwesen feststellen, ob ein Kunde nach Erhalt der Rechnung zahlt oder seine Zahlungsverpflichtung versäumt. Unterlässt es ein Kunde, direkt oder nach einmaliger Aufforderung seine Zahlungen zu leisten, wird diesem Kunden eine schlechte Bonität zugeordnet. In diesem Fall ist in der Datenbank eine »0« einzugeben, während eine »1« für einen Kunden mit einer guten Bonität steht.

Zahlungsarten & Bonitätsstatus

Die Verarbeitung der Stamm- und Bewegungsdaten wurde insbesondere durch die erfolgreiche Einführung der TOPBIKE-Bonus-Card begünstigt. Hierbei handelt es sich um ein Punktesystem, bei dem die Besitzer der TOPBIKE-Bonus-Card bei jedem Produktkauf eine im Vorfeld festgeschriebene Punktezahl gutgeschrieben bekommen, die sich bei Erreichung einer Mindestsumme gegen einen Sachpreis einlösen lässt. Seit der Einführung der Bonus-Card vor drei Jahren wird diese Karte von vielen Kunden genutzt, so dass die Unternehmung bereits auf einen beträchtlichen Stamm- und Bewegungsdatenpool zurückgreifen kann.

TOPBIKE-Bonus-Card

Neben den diversen Stamm- und Bewegungsdaten zu den Kunden werden vom Datenbanksystem alle relevanten Informationen zum Produktsortiment von TOPBIKE nachgehalten. Die wichtigste und zugleich umsatzstärkste Produktkategorie stellt das Fahrradsegment dar. Wie sich der nachfolgenden Übersicht entnehmen lässt, finden sich im Pro-

Fahrrad-Sortiment als umsatzstärkste Produktkategorie

gramm der TOPBIKE GmbH unterschiedliche Fahrradtypen sowie Baureihen, die das gesamte Spektrum des Massenmarkts abdecken (siehe »Fallstudie: TOPBIKE «, S. 35). In der Übersicht aufgeführt sind diejenigen Fahrradtypen, die den größten Umsatz generieren.

Fahrräder
- 101 Trekkingrad
- 102 Mountainbike
- 103 Rennrad
- 104 Cruiser
- 105 Elektrorad
- 106 BMX
- 107 Kinderfahrrad

Das Fahrradsortiment bietet einerseits für die junge Käufergruppe ein umfassendes Angebot an BMX und Kinderrädern, andererseits für die sportiven Kunden anspruchsvolle Rennräder. Weiterhin beinhaltet das Sortiment die boomenden Produktgruppen der Mountainbikes, Trekkingräder sowie Cruiser, die sowohl als günstige Einsteigermodelle als auch als qualitativ höherwertige Modelle des oberen Preissegments angeboten werden. Die Fahrräder der TOPBIKE GmbH bestechen nicht nur durch eine erstklassige Qualität, sondern durch eine einzigartige Eleganz, die insbesondere durch die Rahmenkonstruktion sowie die Farbgebung hervorgerufen wird. Auf die heterogene Nachfrage reagiert die Unternehmung flexibel mit der Produktion von Fahrrädern in allen gängigen Rahmengrößen und Farben.

Sortiment »Basis-Fahrradzubehör«

Der sich durch den erfolgreichen Verkauf von Fahrrädern einstellenden Nachfrage nach Zubehörartikeln konnte die Unternehmung in den vergangenen Jahren mit einer sukzessiven Ausweitung des Produktangebots um drei weitere Produktkategorien begegnen. Die TOPBIKE GmbH bietet z. B. Zubehörartikel an, die sich als grundlegend für einen sicheren und komfortablen Gebrauch eines Fahrrads etabliert haben. Wie der nachfolgenden Zusammenstellung zu entnehmen ist, können die Kunden von TOPBIKE verschiedene Größen sowie Arten von Fahrradschlössern, Trinkflaschen und Beleuchtungssets erwerben.

3.3 Fallstudie: TOPBIKE – *Data Mining* **

Basis-Fahrradzubehör

- 201 GPS-Navigationsgerät
- 202 Fahrradschloss Standard
- 203 Bügel-Schloss Standard
- 204 Bügel-Schloss Titan
- 205 Trinkflasche Schluck
- 206 Trinkflasche ExtraSchluck
- 207 Trinkflasche Profi (isoliert)
- 208 Beleuchtungsset Standard
- 209 Beleuchtungsset Chrom

Neben dem Absatz von Fahrrädern und Basis-Fahrradzubehör erwies sich der Verkauf von Fahrradbekleidung als wichtiger Umsatztreiber. Eine Auflistung der umsatzstärksten Artikel dieser Produktkategorie liefert die nachfolgende Übersicht.

Sortiment »Fahrradbekleidung«

Fahrradbekleidung

- 301 Trikots
- 302 Spezialschuhe
- 303 Sportbrillen
- 304 Fahrradhelm Standard
- 305 Fahrradhelm Cross
- 306 Fahrradhelm Speed
- 307 Kinderhelm
- 308 Schoner-Set
- 309 Regenjacke

Die vierte Produktkategorie der Unternehmung umfasst alle Artikel, die als erweitertes Zubehör von den Kunden nachgefragt werden. Die wichtigsten Artikel dieser Kategorie sind in der nachfolgenden Übersicht aufgeführt.

Erweitertes Zubehör

- 401 Pulsmesser
- 402 Fahrradkorb
- 403 Fahrradcomputer Standard
- 404 Fahrradcomputer Profi
- 405 Kindersitz
- 406 Kinder-Anhänger

Externe Daten

Beschaffung externer Daten

Um aussagekräftige Ergebnisse zu erzielen, hat das *Data Mining*-Projektteam von TOPBIKE vorgeschlagen, den Bestand an Stamm- und Bewegungsdaten mit weiteren Angaben anzureichern. Die Geschäftsführung von TOPBIKE hat darauf hin beschlossen, Daten von einem unternehmungsexternen Informationsdienstleister zu erwerben. Als geeigneter Datenlieferant kommt die» Gesellschaft für Freizeit- und Konsumforschung« in Frage, deren Tätigkeitsbereich u. a. darin liegt, Studien zum Kauf und zur Nutzung von Fahrrädern zu erstellen. Das den Studien zugrunde liegende anonymisierte Datenmaterial bietet die Gesellschaft für eine Weiterverwendung gegen Entgelt an, wobei bereits bei der persönlichen Erhebung der Daten – i. d. R. auf Sport- und Freizeitmessen – die Befragten einer Weitergabe zustimmen müssen.

Finanzielle Ausstattung sowie Nutzungsverhalten von Fahrradkäufern

Das *Data Mining*-Projektteam von TOPBIKE richtete ein besonderes Augenmerk auf Informationen zur finanziellen Ausstattung sowie zum Nutzungsverhalten der Käufer von Fahrrädern. Die Abb. 3.3-3 liefert eine Übersicht über die Angaben, die von den Teilnehmern der Befragung erhoben wurden.

PLZ	*Individuelle Angabe*
Ort	*Individuelle Angabe*
Land	"Deutschland"
Geschlecht	"Männlich", "Weiblich"
Alter	*Individuelle Angabe*
Zahlungsbereitschaft	"1", "2", "3", "4", "5", "6"
Jahresbruttoeinkommen	"1", "2", "3", "4", "5", "6"
Fahrradnutzung pro Monat	*Individuelle Angabe*

Abb. 3.3-3: Übersicht über die erhobenen Daten.

Neben Angaben zum Wohnort (PLZ, Ort, Land), Geschlecht und Alter wurde von den Teilnehmern das verfügbare Jahresbruttoeinkommen sowie der Maximalbetrag für Freizeitausgaben im Quartalsdurchschnitt (Zahlungsbereitschaft) erfragt. Bei der Einkommenserhebung sollten sich die Befragten in eine von sechs verschiedenen Einkommenskategorien einordnen. Im Einzelnen stehen die Kategorien für die Einkommensgruppen der Abb. 3.3-4.

Einkommens-kategorie	Einkommens-intervall in €
1	0 bis 14.999
2	15.000 bis 24.999
3	25.000 bis 34.999
4	35.000 bis 44.999
5	45.000 bis 54.999
6	über 55.000

Abb. 3.3-4: Einkommenskategorien.

Ebenso ließen sich auch die Zahlungsbereitschaften der Befragten in sechs Segmente gliedern. Eine Übersicht über die Zuordnung der Kategorienummern zu den Intervallen liefert die Abb. 3.3-5.

Zahlungs-bereitschafts-kategorie	Zahlungs-bereitschaft in €
1	0 bis 99
2	100 bis 199
3	200 bis 299
4	300 bis 399
5	400 bis 499
6	über 500

Abb. 3.3-5: Zahlungsbereitschaftskategorien.

Darüber hinaus wurden die Teilnehmer befragt, wie oft sie im Monat das Fahrrad nutzen.

3.3.3 Fallstudie: TOPBIKE – *Data Preparation* (Phase 3) **

Zusammenführung der auszuwertenden Daten

Als Ergebnis der vorangehenden Phase des *Data Understanding* wurde festgehalten, dass die für die nachfolgenden Analysen notwendigen Daten einerseits aus dem relationalen DBS von TOPBIKE stammen, andererseits im CSV-Format bereit stehen (siehe »Fallstudie: TOPBIKE – Data Understanding (Phase 2)«, S. 174). Gegenstand der im Folgenden durchzuführenden Aktivitäten der *Data Preparation* ist es, die auszuwertenden Daten dieser beiden Datenquellen in eine konsistente und auswertbare Form zu überführen. Zu diesem Zweck sind die Daten des DBS von TOPBIKE und der CSV-Datei über Import-Schnittstellen in das *Data Mining*-Werkzeug einzulesen. Hierzu bietet Clementine eine Reihe von Knoten, die sich nutzen lassen, um Verbindungen zu ausgewählten Datenquellen einzurichten (siehe »Fallstudie: TOPBIKE – Business Understanding (Phase 1)«, S. 166).

Verbindung zu den Datenquellen

Wie in der Abb. 3.3-6 verdeutlicht, erfolgt der Zugriff auf die Stamm- und Bewegungsdaten des relationalen DBS von TOPBIKE über einen Datenbankknoten. Dieser Knoten knüpft die Verbindung zur Datenbank über eine ODBC-Schnittstelle. Zum Import der Daten aus der CSV-Datei kommt ein anderer Knoten zum Einsatz, der für die Anbindung derartiger Datenquellen geeignet ist. Der mit dem Datenquellenknoten »Datenbank« verbundene Auswahlknoten erlaubt das Einlesen einer Teilmenge der Stamm- und Bewegungsdaten auf Grundlage einer Bedingung.

Den in der *Modeling*-Phase durchgeführten Analysen wird ein Datenset von 5000 Kauftransaktionen zugrunde gelegt. Bei der Konfiguration des Datenimports lässt sich darüber hinaus genau vorgeben, welche Attribute aus der Quelldatenbank für die Analysen einzubinden sind. Im Rahmen des Data Mining-Projekts werden z. B. Angaben zum Zeitpunkt sowie zum Umsatz der jeweiligen Kauftransaktionen nicht betrachtet. Nachdem die Verbindungen zu den beiden Datenquellen angelegt und das Teilset der Stamm- und Bewegungsdaten zur Vorverarbeitung ausgewählt sind, ergibt sich die Aufgabe, die beiden Datasets, d. h. die 5000 Kauftransaktionen sowie die dazugehörenden Kundenstamm-

3.3 Fallstudie: TOPBIKE – Data Mining **

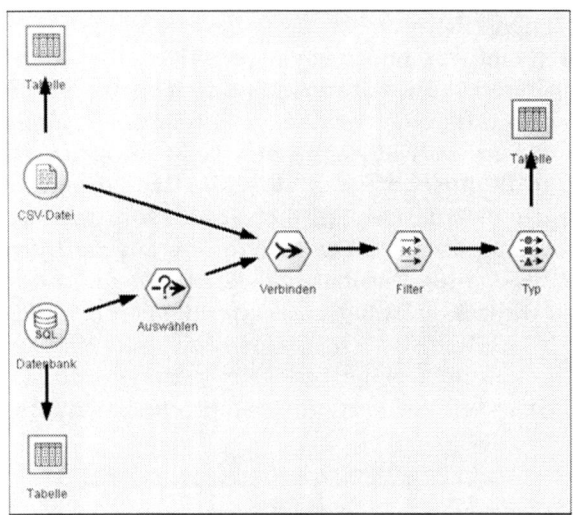

Abb. 3.3-6: Clementine-*Stream* zur Datenvorverarbeitung.

daten aus der TOPBIKE-Datenbank und die externen Daten, über geeignete Attribute zusammenzuführen. Die Abb. 3.3-7 liefert hierzu eine Gegenüberstellung der jeweiligen Attribute.

TOPBIKE	GFK
Name	PLZ
Strasse/Postfach	Ort
PLZ	Land
Ort	Alter
Land	Geschlecht
Telefon	Zahlungsbereitschaft
Geburtstag	Jahresbruttoeinkommen
Alter	Fahrradnutzung pro Monat
Geschlecht	
Bonität	
Anzahl Fahrräder	
Anzahl Fahrräderzubehörartikel	

Abb. 3.3-7: Gegenüberstellung der zur Verfügung stehenden Attribute.

Attribute zur Zusammenführung der Datensets

Entsprechend der grau markierten Feldern in der Abb. 3.3-7 lässt sich eine Verknüpfung der bereitgestellten Daten über die Attribute »PLZ«, »Alter« und »Geschlecht« durchführen. Nach Verknüpfung der beiden Datensets über die Attribute »PLZ«, »Alter« und »Geschlecht«, steht zu jedem Kunden nicht nur die Anschrift, das Alter und das Geschlecht, sondern auch das durchschnittliche Jahresbruttoeinkommen sowie die durchschnittliche Zahlungsbereitschaft pro Quartal zur Verfügung. Darüber hinaus enthält die zusammengeführte Tabelle Informationen über die Bonität sowie über die bei TOPBIKE bisher erworbenen Fahrräder und Zubehörartikel der Kunden. Eine Übersicht über alle für die *Data Mining*-Analysen zur Verfügung stehenden Attribute liefert die Abb. 3.3-8.

Name
Strasse/Postfach
PLZ
Ort
Land
Telefon
Geburtstag
Alter
Geschlecht
Bonität
Zahlungsbereitschaft
Jahresbruttoeinkommen
Anzahl Fahrräder
Anzahl Fahrräderzubehörartikel
Fahrradnutzung pro Monat

Abb. 3.3-8: Übersicht über die für die Analysen zur Verfügung stehenden Attribute.

Zur Verknüpfung beider Datensets über die Attribute »PLZ«, »Geschlecht« und »Alter« verwendet der vorliegende Analyse-Stream den Verbindenknoten aus der Knotenkategorie »Datensatzoperationen«. Nach der Zusammenführung der beiden Datensets wird die weitere Aufbereitung der Daten anhand der Feldoperationenknoten »Filter« und »Typ« vorgenommen. Der Filterknoten dient in diesem Zusammen-

3.3 Fallstudie: TOPBIKE – *Data Mining* **

hang der Sperrung von Merkmalen, die für die weiteren Analysen nicht benötigt werden. Wie die Abb. 3.3-9 verdeutlicht, sind für diesen Zweck die für den weiteren Projektverlauf nicht relevanten Attribute mit einem Kreuz zu markieren. Neben den Angaben zur Adresse wird auch das Geburtsdatum der Käufer gefiltert, da sich für die weitere Betrachtung das hieraus berechnete Attribut »Alter« nutzen lässt.

Feld	Filter	Feld
PLZ	✗ →	PLZ
Ort	✗ →	Ort
Land	✗ →	Land
Telefon	✗ →	Telefon
Geburtstag	✗ →	Geburtstag
Alter	→	Alter
Geschlecht	→	Geschlecht
Bonität	→	Bonität
Zahlungsbereitschaft	→	Zahlungsbereitschaft
Einkommen	→	Einkommen

Abb. 3.3-9: Filtereinstellungen.

Darüber hinaus kommt im Rahmen der Datenvorverarbeitung der Festlegung der Datentypen eine besondere Bedeutung zu. Da die Zuweisung falscher Datentypen zu fehlerhaften oder verzerrten Analyseergebnissen führen kann, ist deren korrekte Definition unbedingt sicherzustellen. Für diese Aufgabe lässt sich in Clementine ein Typknoten verwenden, der im Analyse-Stream hinter den Filterknoten platziert und mit diesem über einen gerichteten Pfeil verbunden ist. Durch einen Doppelklick auf den Typknoten lassen sich die in der folgenden Abb. 3.3-10 dargestellten Einstellungen vornehmen.

Datentypeinstellungen in Clementine

Je nach Skalenniveau der einzelnen Felder bietet Clementine verschiedene vordefinierte Datentypen. Da die Attribute »Alter« und, »Nutzung_pro_Monat« numerische Werte enthalten, wird hier der Datentyp »Bereich« gewählt. Die Felder »Anzahl_Zubehör« und »Anzahl_Fahrräder« besitzen jeweils eine begrenzte Anzahl möglicher Wertausprägungen. Für diese nominal skalierte Struktur sieht SPSS-CLEMENTINE den Datentyp »Set« vor. Dieser Datentyp wird auch für die At-

Feld	Typ	Werte	...	Überprüfen	Verwendung
Alter	Bereich	[18,75]		Keine	Prädiktor
Geschlecht	Flag	M/F		Keine	Prädiktor
Bonität	Flag	"1"/"0"		Keine	Prädiktor
Zahlungsbereitschaft	Set	1,2,3,4,5,6		Keine	Prädiktor
Einkommen	Set	1,2,3,4,5,6		Keine	Prädiktor
Anzahl_Zubehör	Set	0,1,2,3,4,5,6,7,8		Keine	Prädiktor
Anzahl_Fahrräder	Set	0,1,2,3,4,5,6,7,8		Keine	Prädiktor
Nutzung_pro_Monat	Bereich	[1,16]		Keine	Prädiktor

Abb. 3.3-10: Datentypen in Clementine.

tribute »Zahlungsbereitschaft« und »Einkommen« verwendet, da die Wertausprägungen dieser Datenfelder in Form von kategorialen Werten vorliegen. Die Werte der Attribute »Geschlecht« und »Bonität« weisen eine dichotome Ausprägung auf. Dementsprechend ist für diese Felder der Datentyp »Flag« auszuwählen.

Tabellenknoten zur Kontrolle der Datenaufbereitung

Vor der Anwendung der Data Mining-Verfahren empfiehlt sich zu kontrollieren, ob die Daten erfolgreich eingelesen, zusammengeführt und bereinigt wurden. Für diesen Zweck bietet Clementine einen Knoten, mit dessen Hilfe sich die Ergebnisse der Vorverarbeitung als Tabelle darstellen lassen. Hierzu ist lediglich aus der Ausgabeknotenkategorie der Tabellenknoten mit dem Typknoten zu verknüpfen. Ein Aufruf dieses Tabellenknotens führt die zuvor angelegten Knoten aus und zeigt das Ergebnis dieser Verarbeitungsschritte in Tabellenform an. Die Abb. 3.3-11 zeigt einen Ausschnitt der für die nachfolgenden Auswertungen zur Verfügung stehenden Daten. Aus der Auflistung geht z. B. hervor, dass der Kunde, der die Kauftransaktion 1451 ausgelöst hat, sich für das Hauptprodukt 104 (Cruiser) und den Zubehörartikel A203 (Bügel-Schloss Standard) entschieden hat, 43 Jahre alt und männlichen Geschlechts ist sowie eine negative Bonität aufweist. Darüber hinaus verfügt dieser Kunde über ein jährliches Bruttoeinkommen der 1. Kategorie (0 bis 14.999 Euro) und eine Zahlungsbereitschaft (für Freizeitausgaben pro Quartal) der 3. Kategorie (200 bis 299 Euro). Vor dem Kauf hat er bei der TOPBIKE ein Zubehörartikel, jedoch kein Fahrrad erworben. Im Durchschnitt fährt dieser Kunde acht Mal im Monat Fahrrad.

3.3 Fallstudie: TOPBIKE – Data Mining **

ID	Alter	Geschlecht	Bonität	Zahlungsbereitschaft	Einkommen	Anzahl Zubehör	Anzahl Fahrräder	Nutzung pro Monat	Hauptprodukt	A201	A202	A203
1450	52	F	1	5	4	3	0	8	106	0	0	0
1451	43	M	0	3	1	1	0	8	104	0	0	1
1452	54	M	1	4	1	4	1	6	101	0	0	0

Abb. 3.3-11: Tabellenausschnitt der aufbereiteten Daten.

Die Abb. 3.3-11 belegt, dass sowohl die Bezeichnungen der Attribute als auch die Werte der einzelnen Datensätze korrekt importiert, bereinigt und verknüpft sind. Weiterhin wird verdeutlicht, dass die Daten bereits in einer strukturierten und einheitlichen Form vorliegen. Mit den oben erläuterten Schritten sind alle Vorkehrungen für die sich anschließende Phase der Modellierung getroffen, so dass im folgenden Abschnitt der Modellierungsprozess sowie die Analyseergebnisse des Data Mining-Projekts vorgestellt werden können.

Überleitung zur Modeling-Phase

ID	Alter	Geschlecht	Familienstand	Bonität	Zahlweise	Zahlungsbereitschaft	Einkommen	Anzahl Fahrräder	Nutzung pro Monat	Fahrerkategorie	Hauptprodukt	A201
1532	21	M	V	F	Raten	250	15100	1	15	Ambitioniert	102	0
1535	44	W	V	T	Bar	400	22700	4	15	Hobby	101	0
1536	18	M	V	F	Raten	2100	28000	2	10	Hobby	102	1
1537	49	W	L	T	Rechnung	2000	19500	4	5	Gelegenheitsfahrer	102	0

Abb. 3.3-12: Tabellenausschnitt der aufbereiteten Daten.

3.3.4 Fallstudie: TOPBIKE – Data Modeling (Phase 4) **

Im Rahmen der *Modeling*-Phase ist zu untersuchen, inwieweit sich die zur Verfügung stehenden *Data Mining*-Verfahren sinnvoll zur Identifizierung von Cross Selling-Potenzialen für die TOPBIKE nutzen lassen. Vor diesem Hinter-

Gegenstand der Phase Modeling

grund eignen sich insbesondere die **Assoziationsanalyse**, die **Clusteranalyse** sowie das **Entscheidungsbaumverfahren**, um interessantes Wissen aus den vorliegenden Daten zu extrahieren. Im Folgenden wird die Anwendung dieser Verfahren erläutert.

Ermittlung von Verbundverkäufen

Identifikation von Cross Selling-Potenzialen

Mit Hilfe einer Assoziationsanalyse lassen sich aus den Kauftransaktionen diejenigen Produkte herausfiltern, die von den TOPBIKE-Kunden gemeinsam im Rahmen eines Kaufvorganges erworben wurden. Um aus den vorhandenen Daten interessantes Wissen in Bezug auf das Kaufverhalten der Kunden zu extrahieren, hat sich das *Data Mining*-Projektteam von TOPBIKE dazu entschieden, mit einer Assoziationsanalyse zu beginnen. Ziel ist es, aus den vorliegenden Kauftransaktionen diejenigen Artikel zu identifizieren, die sich im Verbund verkaufen ließen. TOPBIKE erhoffte sich, durch die Analyse der Verkäufe erste Ansatzpunkte zur Identifikation von **Cross Selling**-Potenzialen zu definieren. Dabei ist es für die Unternehmung von Interesse, insbesondere diejenigen Zubehörartikel zu ermitteln, die im Verbund mit den Fahrrädern als umsatzstärkste Produktgruppe erworben werden. Der sich für den vorliegenden Anwendungsfall ergebende Stream für die Assoziationsanalyse ist in der Abb. 3.3-13 dargestellt.

Auswahl geeigneter Attribute

Zunächst ist es erforderlich, die Einstellungen der Attribute, die in der Phase **Data Preparation** vorgenommen wurden, für die anzuwendende Methode zur Assoziationsanalyse anzupassen. Hierzu sind in einem ersten Schritt im Filterknoten die relevanten Merkmale auszuwählen. Für die anstehende Assoziationsanalyse werden nur das Feld Hauptprodukt sowie die Felder der einzelnen Zubehörartikel benötigt. Alle anderen Tabellenfelder lassen sich vorerst im Filterknoten deaktivieren und damit für die Assoziationsanalyse ausblenden.

Einstellung der »Datenrichtungen«

Da die Auswahl der Datentypen bereits für alle Felder in der Phase der *Data Preparation* erfolgte (siehe »Fallstudie: TOPBIKE – Data Preparation (Phase 3)«, S. 180), sind im nächsten Schritt über den Typknoten die »Datenrichtungen« der für die Assoziationsanalyse ausgewählten Merkmale einzu-

3.3 Fallstudie: TOPBIKE – *Data Mining*

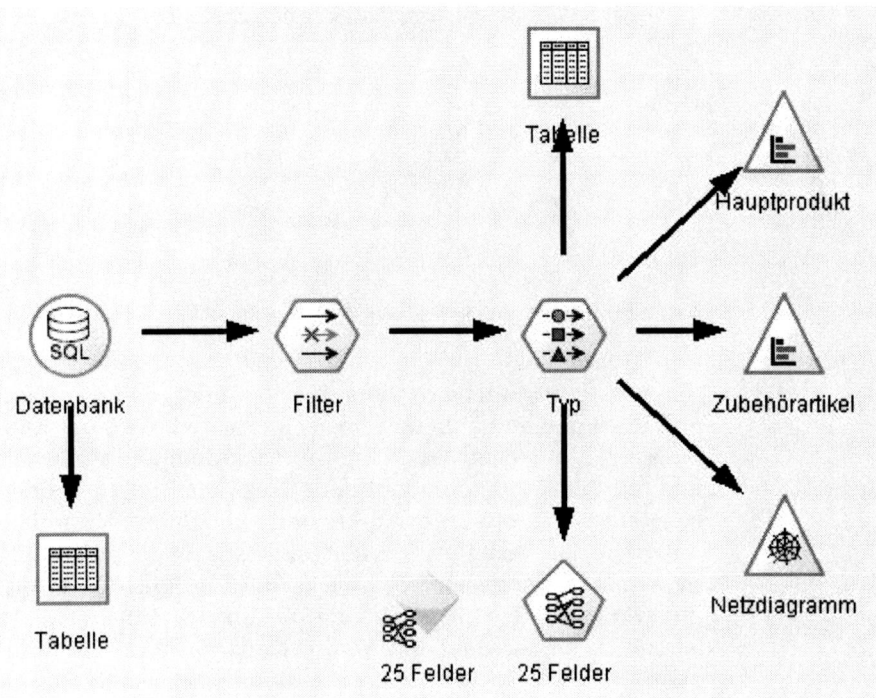

Abb. 3.3-13: Clementine-*Stream* zur Assoziationsanalyse.

stellen. Wird ein Attribut im Typknoten als Prädiktor gesetzt, steht dieses Merkmal für den »Wenn-Teil« der zu ermittelnden Regel. Alternativ lassen sich Merkmale als abhängige Variablen bzw. als Zielfelder mit der Auswirkung verwenden, dass sie für den »Dann-Teil« einer Assoziationsregel stehen. Da alle Zusammenhänge zwischen den von TOPBIKE verkauften Artikeln Relevanz aufweisen können, sind die Variable »Hauptprodukt« sowie alle Zubehör-Felder sowohl als »Prädiktoren« als auch als »Zielfelder« zu kennzeichnen. Das Ergebnis dieser Einstellungen wird in der Abb. 3.3-14 deutlich.

Vor der Durchführung der Assoziationsanalyse erscheint es dem Projektteam wichtig, sich einen Überblick über die Häufigkeiten der verkauften Artikel zu verschaffen. Eine genaue Kenntnis der Häufigkeitsverteilung ist von Bedeutung, um Fehlinterpretationen der generierten Regeln zu vermeiden.

Übersicht zu den Häufigkeitsverteilungen der Artikel

Feld	Typ	Werte	Fehlend	Überprüfen	Verwendung
Hauptprodukt	Set	101,102,1...	Keine		Beides
A201	Flag	1/0	Keine		Beides
A202	Flag	1/0	Keine		Beides
A203	Flag	1/0	Keine		Beides
A204	Flag	1/0	Keine		Beides
A205	Flag	1/0	Keine		Beides
A206	Flag	1/0	Keine		Beides
A207	Flag	1/0	Keine		Beides
A208	Flag	1/0	Keine		Beides

Abb. 3.3-14: Übersicht zu den Häufigkeitsverteilungen.

Um die Häufigkeitsverteilung für das Feld Hauptprodukt und die einzelnen Zubehörfelder zu erhalten, wird der Knoten »Verteilung« aus der Kategorie »Diagramme« ausgewählt und mit dem Typknoten verbunden (vgl. die Knoten mit den Bezeichnungen »Hauptprodukt« und »Zubehör«). Nach dem Aufrufen des Verteilungknotens sind anschließend die Variablen zu selektieren, für welche die Häufigkeiten ermittelt werden sollen. Bei den Flag-Werten der Zubehörfelder ist zu beachten, dass nur wahre Flags zur Anzeige kommen. Auf diese Weise lassen sich aus dem zugrunde liegenden Datenset von 5000 Kauftransaktionen für die Produktkategorie der Fahrräder und für die drei weiteren Produktsegmente von TOPBIKE die Anzahl der verkauften Artikel ermitteln. Die Häufigkeitsverteilung der verkauften Artikel liegt sowohl in relativen als auch absoluten Wertangaben vor (Abb. 3.3-15, Abb. 3.3-16).

Wert	Anteil	%	Anzahl
101		32,48	1624
103		21,74	1087
106		13,7	685
104		10,0	500
105		8,78	439
102		7,7	385
107		5,6	280

Abb. 3.3-15: Häufigkeitsverteilung der verkauften Fahrradkategorien.

Feld	Anteil wahr	%	Anzahl
A403		23,36	1168
A304		19,98	999
A202		19,04	952
A303		16,42	821
A207		14,64	732
A305		14,44	722
A203		14,26	713
A402		14,14	707
A208		9,08	454
A209		8,38	419
A301		8,18	409
A309		8,1	405
A401		8,02	401
A302		7,32	366
A404		6,68	334
A306		6,48	324
A307		5,6	280
A308		3,52	176
A201		3,3	165
A405		1,6	80
A406		1,6	80
A206		0,84	42
A204		0,66	33
A205		0,54	27

Abb. 3.3-16: Häufigkeitsverteilung der verkauften Zubehörartikel.

Darüber hinaus möchte das *Data Mining*-Projektteam von TOPBIKE vor der Durchführung einer Assoziationsanalyse untersuchen, ob zwischen den betrachteten Datenobjekten Zusammenhänge existieren, die für die Durchführung der Assoziationsanalyse und die Interpretation der Ergebnisse von Bedeutung sein können. Derartige Korrelationen lassen sich z. B. durch den Einsatz eines Netzdiagramms aufdecken, das die Zusammenhänge zwischen den betrachteten Datenobjekten unter Berücksichtigung ihrer jeweiligen Verbindungsstärke darstellt.

Überblick über die Zusammenhänge zwischen den Variablen in einem Netzdiagramm

Netzdiagramm zur Visualisierung der Zusammenhänge

Um ein Netzdiagramm in den Analyse-Stream einzubinden, ist aus der Knotenkategorie »Diagramme« der Knoten mit der Bezeichnung »Netzdiagramm« auszuwählen und mit dem Typknoten zu verbinden. Da die Zusammenhänge zwischen allen von TOPBIKE verkauften Artikeln betrachtet werden sollen, erfolgt die Verwendung als ungerichtetes Netzdiagramm. Darüber hinaus ist eine Einstellung vorzunehmen, dass nur wahre Flag-Werte bei der Erstellung des Netzdiagramms berücksichtigt werden. Wie in der Abb. 3.3-17 verdeutlicht ist, führen die Einstellungen im Netzdiagrammknoten dazu, dass die Zusammensetzung der Verbundverkäufe in Form von Verbindungslinien dargestellt wird. Dabei repräsentiert die Stärke bzw. Dicke der Verbindungslinien die Häufigkeit des gemeinsamen Kaufs der jeweils betrachteten Artikel.

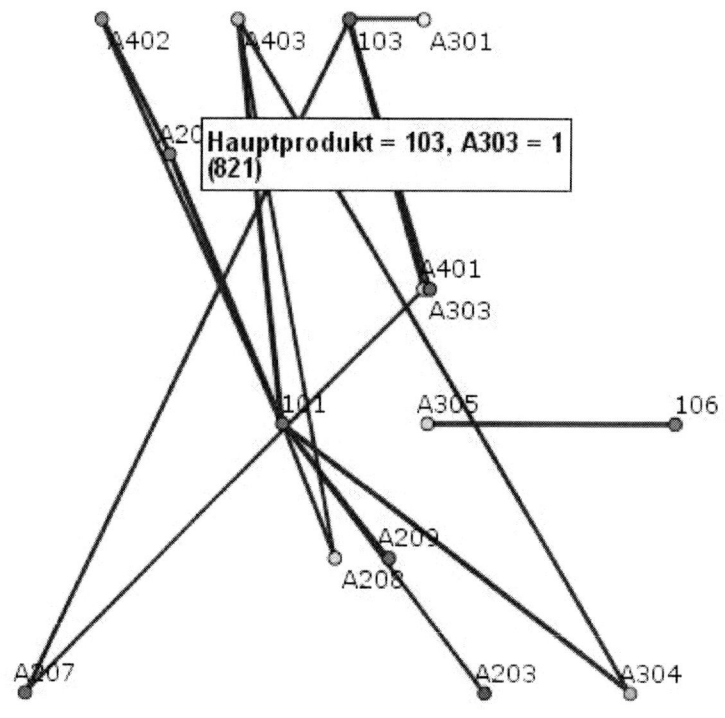

Abb. 3.3-17: Ergebnisse nach Anwendung des Netzdiagramms.

3.3 Fallstudie: TOPBIKE – *Data Mining* **

Bei der Interpretation des Netzdiagramms ist zu beachten, dass mit Hilfe eines Netzdiagramms keine Regeln generiert, sondern lediglich Zusammenhänge visualisiert werden, die im weiteren Verlauf eines *Data Mining*-Projekts detailliert in Hinblick auf ihre Aussagekraft zu analysieren sind. Auf diese Weise lässt sich feststellen, dass zwischen den von TOPBIKE verkauften Artikeln zahlreiche Zusammenhänge bestehen, die als Informationsgrundlage für eine sich anschließende Assoziationsanalyse dienen können. Das in der Abb. 3.3-17 dargestellte Netzdiagramm visualisiert alle Produktbeziehungen, die mehr als 400 Mal auftreten. In diesem Zusammenhang wird deutlich, dass die Fahrradkategorie 103 in den ausgewerteten 5000 Kauftransaktionen mehr als 400 Mal in Verbund mit den Artikeln A207, A301, A303 und A 401 erworben wurde. Unter diesen Verbindungen sticht die Verknüpfung der Produkte 103 (Rennrad) und A303 (Radschuhe) mit 823 Kauftransaktionen heraus.

Interpretation der Ergebnisse

Um ein Analyseergebnis auf Basis einer Assoziationsanalyse zu ermitteln, muss der Knoten des zur Anwendung kommenden Assoziationsverfahrens aus der Knotenkategorie »Modellierung« mit dem Typknoten verbunden werden. Für die Durchführung einer Assoziationsanalyse stellt Clementine mit der *Generalized Rule Induction* (GRI), dem *Continuous Association Rule Mining Algorithm* (CARMA-Algorithmus) und dem Apriori-Algorithmus drei verschiedene Verfahren zur Verfügung, die sich insbesondere durch ihre Anforderungen an die Datenstruktur sowie durch ihre Funktionsweise unterscheiden. Der Apriori-Algorithmus ist in der Praxis am weitesten verbreitet und überzeugt vor allem durch seine hohe Flexibilität insbesondere in Bezug auf das Training von Modellen und die Begrenzung der Regelzahl. Daher wird diese Ausprägung eines Assoziationsverfahrens für den vorliegenden Anwendungsfall als besonders geeignet angesehen (Abb. 3.3-18).

Verschiedene Verfahren zur Assoziationsanalyse

Eine Parametrisierung lässt sich in Bezug auf die Antezedens-Unterstützung, die Regelkonfidenz und die Anzahl von Antezedenzien vornehmen. Die Antezedenz-Unterstützung gibt die Untergrenze für den Support-Faktor an, den eine generierte Regel aufweisen soll. Über die Regelkonfidenz lässt sich der minimale Konfidenzwert der zu generierenden Regeln einstellen. Die Anzahl von Antezeden-

Einstellungsmöglichkeiten für eine Assoziationsanalyse

3 Data Mining – Datenmustererkennung *

Modellname:	⦿ Automatisch ○ Angepasst	
☑ Partitionierte Daten verwenden		
Minimale Antezedens-Unterstützung:	10,0	
Minimale Regelkonfidenz:	60,0	
Maximale Anzahl von Antezedentien:	5	

Abb. 3.3-18: Parameter für die Assoziationsanalyse.

zien dient schließlich der Festlegung, wie viele Ausprägungen der Prädiktor-Variable maximal für die Regelgenerierung eingehen dürfen. Bei dem *Data Mining*-Projekt wurde die Antezedenz-Unterstützung mit 10 % und die Regelkonfidenz mit 60 % bewusst hoch eingestellt, um eindeutige und aussagekräftige Zusammenhänge aufzudecken. Der Wert für die Anzahl der Antezedenzien wird auf 5 festgelegt. Das Apriori-Assoziationsverfahren führt zu den in der Abb. 3.3-19 präsentierten Ergebnissen.

Sukzedens	Antezedens	Unterstützung %	Konfidenz %
A305	Hauptprodukt = 106	13,7	83,212
A202	A402	14,14	82,32
A303	A207 Hauptprodukt = 103	10,0	80,8
A202	A402 Hauptprodukt = 101	10,76	76,766
A303	Hauptprodukt = 103	21,74	75,529
A403	A304 Hauptprodukt = 101	12,9	63,566
A402	A202	19,04	61,134

Abb. 3.3-19: Ergebnisse der Assoziationsanalyse.

Zwischenergebnisse

In der Abb. 3.3-19 sind die generierten Regeln zusammengefasst, wobei jeweils der Antezedens (Wenn-Teil), der Sukzedens (Dann-Teil), das Support-Niveau (Unterstützung) sowie die Konfidenz der Regeln angegeben sind. Von Interesse sind insbesondere die Regeln zu den am meisten verkauften Fahrradgruppen 101, 103 und 106. Mit Blick auf die hohen Support- und Konfidenzwerte der generierten Regeln kann festgestellt werden, dass jedes dieser Hauptprodukte bevorzugt mit mindestens einem bestimmten Zubehörartikel im Verbund verkauft wurde. Für das Produkt 101 lassen sich sogar zwei Zubehörartikel (A202 und A403) ermitteln, die Gegenstand eines Verbundkaufs sind. Neben diesem Kaufmuster lässt sich ein weiterer interessanter Zusammenhang identifizieren. Offensichtlich bevorzugen die TOPBIKE-Kunden den gemeinsamen Erwerb der Artikel 202 (Fahrradschloss Standard) und 402 (Fahrradkorb). Unabhängig davon, ob der eine oder der andere Artikel den Antezedens der Regel darstellt, wird hierbei der Mindestsupport- und -konfidenzwert übertroffen.

Dank der Durchführung einer Assoziationsanalyse ist es dem *Data Mining*-Projektteam von TOPBIKE gelungen, Regeln zu generieren, die das Kaufverhalten der Kunden beschreiben. Diese Regeln sind nicht nur wegen ihrer statistischen Relevanz, sondern vor allem wegen ihrer inhaltlichen Aussagekraft von Bedeutung. Sie enthalten wichtige Informationen über das Cross Selling-Verhalten der Kunden und lassen sich zielgerichtet in Marketingaktionen einbinden, die beispielsweise auf die Absatzförderung eines im Vorfeld definierten Produktbündels ausgerichtet sind. Um die Ansprache der Kunden von TOPBIKE zu verbessern, wird im Folgenden untersucht, inwieweit sich mit Hilfe der **Clusteranalyse** und dem Entscheidungsbaumverfahren weitere interessante und nützliche Erkenntnisse aufdecken lassen.

Zusammenfassung und Ausblick

Clusteranalyse zur zielgruppengerechten Kundenansprache

Neben der Frage, welche Produkte im Verbund erworben werden, ist für die TOPBIKE die Frage von Interesse, wie sich eine verbesserte Kundenansprache durchführen lässt. Zu diesem Zweck beschäftigt sich das Data Mining-Projektteam mit den Einsatzmöglichkeiten einer Clusteranalyse. Die Ergebnisse der Assoziationsanalyse aus dem vorherigen Abschnitt enthalten zwar interessante und nützliche Informationen in Bezug auf das Kaufverhalten der Kunden. Ein

Analysemehrwert durch Clusterung

Vorschlag zur Einteilung der Kunden in möglichst homogene Gruppen, die als Grundlage zur Gestaltung individuellerer Marketingmaßnahmen dienen sollen, kann aus den bisherigen Ergebnissen allerdings noch nicht abgeleitet werden. Daher ist im Folgenden zu untersuchen, inwieweit die Clusteranalyse einen Beitrag zur Verbesserung der Kundenansprache leistet.

Clementine-Stream für die Clusteranalyse

Die Abb. 3.3-20 stellt den Clementine-Stream dar, der für die Clusteranalyse zum Einsatz kommt.

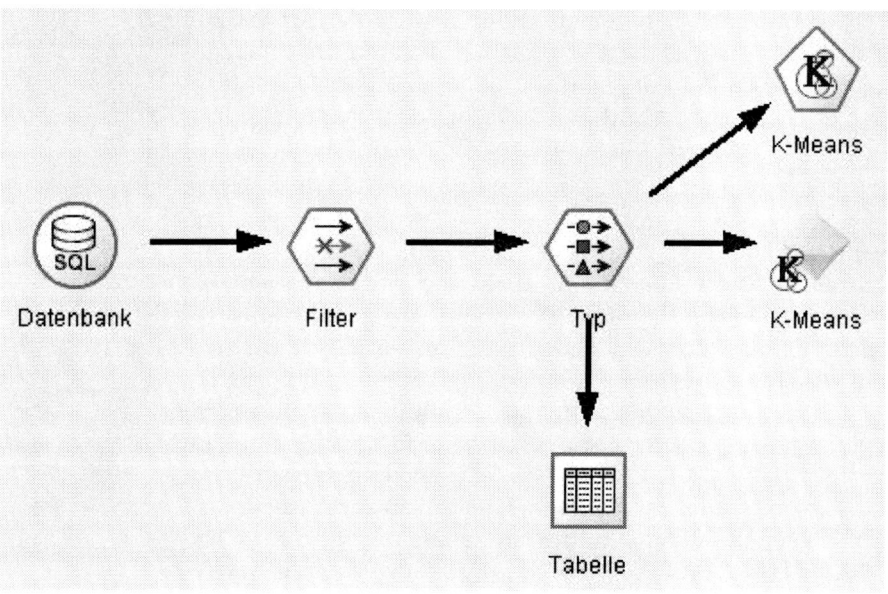

Abb. 3.3-20: *Stream* zur Clusteranalyse.

Wie bei der Assoziationsanalyse dient die Verwendung eines Datenquellenknotens dazu, um auf die Datenbank mit den erforderlichen Inhalten zuzugreifen. Der Filterknoten sorgt dafür, dass nur ausgewählte Attribute des Datensets für die Clusteranalyse herangezogen werden. Wie die Abb. 3.3-21 verdeutlicht, erfolgt zum einen die Betrachtung sozio-demografischer Daten wie Alter und Geschlecht der TOPBIKE-Kunden. Zum andern werden Informationen zum Nutzungsverhalten, zur Fahrradausstattung, zur Einkommenssituation sowie zur Zahlungsbereitschaft der Kunden in die Analyse einbezogen. Da die der Stichprobe zugrunde liegenden 5000 TOPBIKE-Kunden aus 1768 Orten stammen, lässt sich das Datenfeld Ort nicht als segmentierendes Attribut für die Clusteranalyse verwenden.

Feld	Filter	Feld
ID	✗→	ID
Name	✗→	Name
Strasse	✗→	Strasse
PLZ	✗→	PLZ
Ort	✗→	Ort
Land	✗→	Land
Telefon	✗→	Telefon
Geburtstag	✗→	Geburtstag
Alter	→	Alter
Geschlecht	→	Geschlecht
Bonität	✗→	Bonität
Zahlungsbereitschaft	→	Zahlungsbereitschaft
Einkommen	→	Einkommen
Anzahl_Zubehör	→	Anzahl_Zubehör
Anzahl_Fahrräder	→	Anzahl_Fahrräder
Nutzung_pro_Monat	→	Nutzung_pro_Monat
Hauptprodukt	✗→	Hauptprodukt
A201	✗→	A201
A202	✗→	A202
A203	✗→	A203

Abb. 3.3-21: Filtereinstellungen bei der Clusteranalyse.

Die Datentypen werden in Anlehnung an die Einstellungen der »Fallstudie: TOPBIKE – Data Preparation (Phase 3)«, S. 180, übernommen. Da die zur Verfügung stehenden Attribute zur Beschreibung der zu generierenden Cluster dienen sollen, werden diese Datenfelder als Prädiktoren gekennzeichnet. Das Ergebnis ist in der nachfolgenden Abb. 3.3-22 dargestellt. Mit diesen Schritten ist die Vorverarbeitung der Daten für die eigentliche Clusteranalyse abgeschlossen.

Mit dem Typknoten lässt sich nun unmittelbar der entsprechende Modellierungsknoten für die Clusteranalyse verknüpfen. Mit dem K-Means-Algorithmus entscheidet sich das

K-Means-Algorithmus

Feld	Typ	Werte	...	Überprüfen	Verwendung
Alter	Bereich	[18,75]		Keine	Prädiktor
Geschlecht	Flag	M/F		Keine	Prädiktor
Zahlungsbereitschaft	Set	1,2,3,4,5,6		Keine	Prädiktor
Einkommen	Set	1,2,3,4,5,6		Keine	Prädiktor
Anzahl_Zubehör	Set	0,1,2,3,4,5,6,7,8		Keine	Prädiktor
Anzahl_Fahrräder	Set	0,1,2,3,4,5,6,7,8		Keine	Prädiktor
Nutzung_pro_Monat	Bereich	[1,16]		Keine	Prädiktor

Abb. 3.3-22: Datentypeneinstellungen zum Einsatz des Clusterverfahrens.

TOPBIKE-*Data Mining*-Team für ein sehr verbreitetes partitionierendes Clusterverfahren, das die gleichzeitige Verarbeitung von gemischt skalierten Variablen unterstützt und durch eine schnelle Auswertung der Daten überzeugt. Die TOPBIKE strebt an, 5 Kundengruppen zu identifizieren. Daher wird die zulässige Clusterzahl im K-Means-Knoten auf 5 gesetzt. Die nachfolgende Abb. 3.3-23 präsentiert eine Übersicht über die Ausprägungen der durch das K-Means-Verfahren ermittelten Klassen.

Ausprägung der Cluster

Neben der Anzahl der Datensätze, die für jedes Cluster angezeigt werden, berechnet Clementine im Fall numerischer Felder den Durchschnittswert und bei diskreten Feldern das Attribut, das die meisten Ausprägungen aufweist. Das Werkzeug bietet in diesem Zusammenhang die Option, nicht nur die höchste Wertausprägung, sondern auch alle weiteren Ausprägungen anzuzeigen. So wird deutlich, dass die Kunden des 2. Clusters mit 30,04 % eine verhältnismäßig hohe Zahlungsbereitschaft der 2. Kategorie aufweisen. Cluster 2 fasst mit 1824 Datensätzen die meisten Kunden zu einer Gruppe zusammen. Die verbleibenden Kunden werden in nahezu gleiche Segmente klassifiziert (Abb. 3.3-23).

Ausprägungen der Cluster

Einen Überblick über die Ausprägungen der untersuchten Attribute für die jeweilige Klasse liefert die Abb. 3.3-24. Auffallend ist, dass Cluster 1 ausschließlich Kunden enthält, die mehrheitlich weder Fahrräder noch Fahrradzubehör besitzen und weiblichen Geschlechts sind. Darüber hinaus gehören die Kundinnen zu knapp 45 % der 1. Einkommensgruppe an.

Bei der Betrachtung des Clusters 3 ist zu erkennen, dass sich in dieser Gruppe ausschließlich männliche Kunden be-

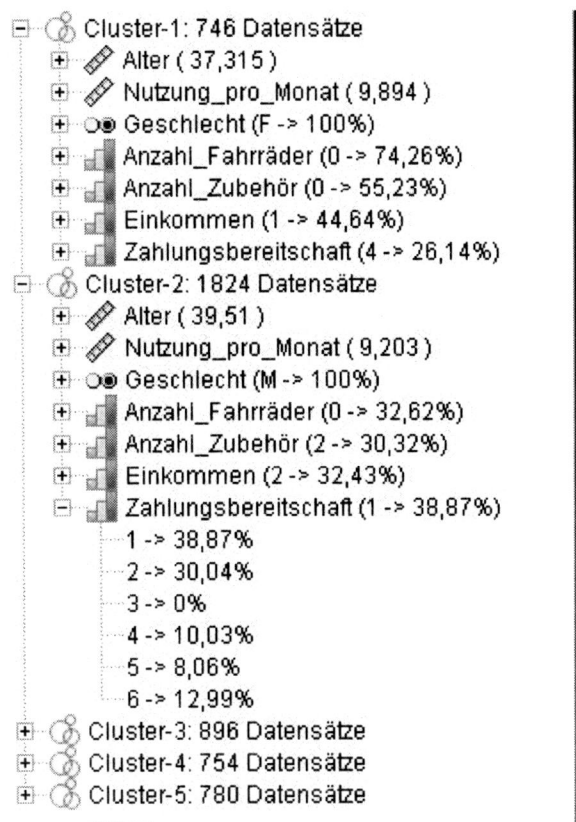

Abb. 3.3-23: Ausprägungen der Cluster.

finden, die ausschließlich eine Zahlungsbereitschaft der 3. Kategorie haben. Tendenziell besitzen die Kunden kein oder ein Fahrrad sowie kein oder zwei Zubehörartikel. Das Durchschnittsalter weist mit einem Wert von 39,53 Jahren den zweithöchsten Wert aller Cluster auf.

Cluster 5 zeichnet sich dadurch aus, dass bei diesem Segment die Kunden überwiegend zur 2. Einkommensgruppe gehören und keine Zubehörartikel erworben haben. Hingegen besitzen die zu 100 % weiblichen Kunden mehrheitlich ein, zwei oder drei Fahrräder. Hierin ist eine wichtige Unterscheidung zu allen anderen Kundengruppen zu sehen.

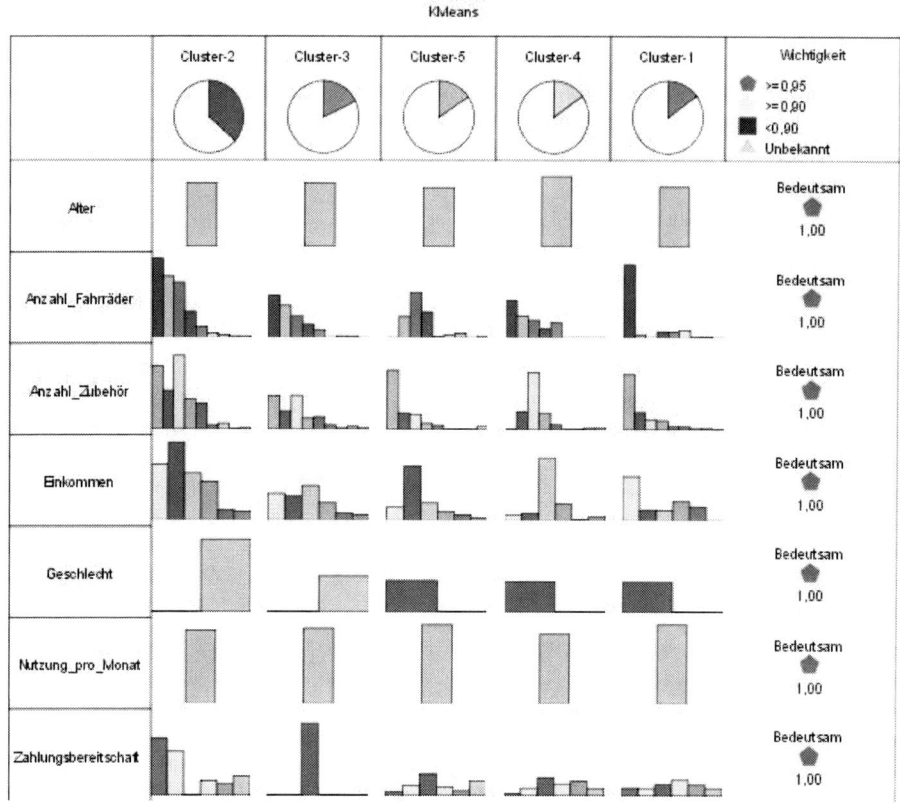

Abb. 3.3-24: Bedeutung der Attribute.

Inwieweit sich die Attribute zur Segmentierung eignen, wird ebenfalls anhand der Abb. 3.3-24 deutlich. Sowohl für (numerische) Bereichsfelder als auch für diskrete Felder gilt der Zusammenhang, dass mit der Höhe des Wichtigkeitsmaßes die Wahrscheinlichkeit abnimmt, dass die Variation bei einem Datenfeld zwischen den verschiedenen Clustern zufälliger Natur ist. Ein hohes Wichtigkeitsmaß deutet daher auf einen tatsächlichen Unterschied. Felder, die ein hohes Wichtigkeitsmaß aufweisen, sollten weiter untersucht werden. In der betrachteten Fallstudie haben alle Attribute ein hohes Wichtigkeitsmaß, d.h. sie werden von dem Clusteralgorithmus als bedeutsam eingestuft.

3.3 Fallstudie: TOPBIKE – *Data Mining* **

Zusammenfassend ist festzuhalten, dass es TOPBIKE gelungen ist, mit Hilfe der Assoziationsanalyse und der Clusteranalyse bis zum jetzigen Zeitpunkt interessantes und nützliches Wissen in Bezug auf die vorliegende Aufgabenstellung zu generieren. Im Folgenden bleibt zu untersuchen, auf welche Weise sich das Entscheidungsbaumverfahren für die Ermittlung weiterer Zusammenhänge aus den vorliegenden Daten nutzen lässt.

Zusammenfassung

Entscheidungsbaumverfahren zur Bonitätsanalyse

Im Folgenden ist zu prüfen, inwieweit das Entscheidungsbaumverfahren zur Generierung weiterer Erkenntnisse in Bezug auf die vorliegenden Daten der TOPBIKE GmbH beitragen kann. Ein Einsatz des Entscheidungsbaumverfahrens zur Lösung von Klassifizierungsproblemen erweist sich als zielführend. Dabei gilt es, vorhandene Datensätze anhand verschiedener Merkmale bzw. Variablen vorab gebildeten Klassen zuzuordnen. Die hieraus gewonnenen Erkenntnisse dienen nicht nur zur Deskription der vorliegenden Ist-Daten, sondern auch zur Prognose zukünftiger Werte. Mit dem vorliegenden Analyseschritt strebt die TOPBIKE an, Regeln abzuleiten, die eine Einteilung der Kunden in zahlungswillige und zahlungsunwillige bzw. zahlungsunfähige Kunden erlauben. Mit der Prüfung der Zahlungsfähigkeit von Kunden liegt ein klassischer Anwendungsfall für das Entscheidungsbaumverfahren vor. Das zu untersuchende Datenmaterial umfasst verschiedene Variablen, welche das Zahlungsverhalten eines Kunden beeinflussen können. Von besonderem Interesse ist in diesem Zusammenhang das Merkmal »Bonität«, welches angibt, ob die Kunden, die per Rechnung zahlen, ihrer Zahlungsverpflichtung ohne Verzug nachkamen (Bonität = »1«) oder ob sie angemahnt werden mussten (Bonität = »0«).

Bonität als klassischer Anwendungsfall

Um die Daten im Rahmen der Phase *Data Preparation* für das Entscheidungsbaumverfahren vorzubereiten, wird die gleiche Vorgehensweise wie für die Assoziations- und Clusterverfahren angewendet (Abb. 3.3-25).

Datenvorverarbeitung

Analog zur Assoziationsanalyse und zur Clusteranalyse sind zunächst die nicht relevanten Variablen mit Hilfe des Filter-

3 Data Mining – Datenmustererkennung *

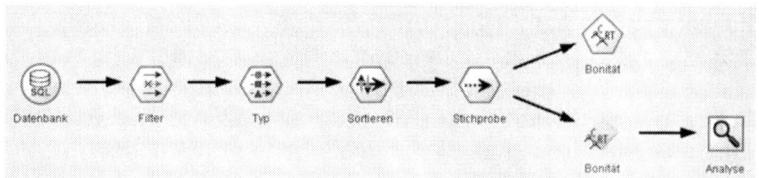

Abb. 3.3-25: Clementine-*Stream* zum Einsatz eines Entscheidungsbaums.

knotens auszublenden. Mit Blick auf die Filtereinstellungen beim Clusterverfahren wird das Attribut Bonität in die Analyse einbezogen. In diesem Zusammenhang ist zu beachten, dass für die zukünftige Anwendung der Ergebnisse Attribute verwendet werden müssen, die der TOPBIKE in dem Moment vorliegen, indem auch neue Kunden Bestellungen entweder über die Web-Site oder telefonisch durchführen. Da Informationen zum Einkommen, zur Zahlungsbereitschaft oder zum Nutzungsverhalten der Kunden weder bei der Abwicklung einer Bestellung noch bei der Erstellung einer TOPBIKE-Bonuskarte von den potenziellen TOPBIKE-Kunden erhoben werden (sollen), hat sich das *Data Mining*-Projektteam für die Attribute »Alter«, »Geschlecht«, »PLZ_Gebiet« und »Produktgruppe« entschieden. Während die Variablen »Alter« und »Geschlecht« im bestehenden Datenset enthalten sind, müssen die Datenfelder »PLZ_Gebiet« und »Produktgruppe« erstellt und mit Werten gefüllt werden.

Attribute Postleitzahlengebiet & Produktgruppe

Das Attribut »PLZ_Gebiet« steht für das Postleitzahlengebiet, in dem der Kunde wohnhaft ist. Für die Bundesrepublik Deutschland stehen die Ziffern von null bis neun zur Verfügung, um die 10 Postleitzahlengebiete zu unterscheiden. Um die entsprechenden Wertausprägungen für jeden Kunden zu erhalten, wird die erste Ziffer aus dem Attribut »PLZ« des zur Verfügung stehenden Datensets ausgelesen und in das neu erstellte Datenfeld »PLZ_Gebiet« geschrieben. Auf diese Weise lassen sich bei der Anwendung des Entscheidungsbaumverfahrens die Postleitzahlengebiete als klassifizierende Werte nutzen. Mit der gleichen Zielsetzung wird jedem TOPBIKE-Kunden die Produktgruppe zugewiesen, aus der er bereits einzelne Produkte erworben hat. In diesem Zusammenhang interessiert sich die Geschäftsführung von TOPBIKE insbesondere für diejenige Produktgruppe mit dem höchsten Bestellwert. Hierfür wird das Attribut »Produktgruppe« gebildet, das die Produktgruppen_IDs 100, 200, 300 und 400 als Wertausprägungen zulässt. Das Anlegen sowie die Befüllung der Attribute »PLZ_Gebiet« und »Produktgruppe« mit den transformierten Daten erfolgt mit Hilfe von SQL auf Basis eines entsprechenden DDL- und DML-Statements, das datenbankseitig angelegt und ausgeführt wird.

Die Datentypen sowie die zur Verfügung stehenden Wertausprägungen lassen sich der Abb. 3.3-26 entnehmen. Zur Einstellung des Datentyps kommt der Typknoten zum Einsatz, in dem die Richtung der Variablen festgelegt werden muss. Die Variable »Bonität« repräsentiert die Zielgröße, während die übrigen Variablen als Prädiktoren zu kennzeichnen sind.

Feld	Typ	Werte	...	Überprüfen	Verwendung
PLZ_Gebiet	Set	0,1,2,3,4,5,6,7,8,9		Keine	Prädiktor
Alter	Bereich	[18,75]		Keine	Prädiktor
Geschlecht	Flag	M/F		Keine	Prädiktor
Bonität	Flag	"1"/"0"		Keine	Ziel
Produktgruppe	Set	100,200,300,400		Keine	Prädiktor

Abb. 3.3-26: Datentypeinstellungen zum Einsatz des Entscheidungsbaums.

Da aus dem zugrunde liegenden Datenset von 5000 Kunden 854 Käufer ein unzureichendes Zahlungsverhalten aufweisen, wird aus den verbleibenden Einträgen, d. h. von den 4146 Kunden, die bei einem Rechnungskauf nicht angemahnt wurden (hier als positive Bonität bezeichnet), eine Stichprobe von 854 Datensätzen gezogen. Um diese Anpassung vorzunehmen, erfolgt die Verknüpfung des Typknotens mit einem Sortierknoten. Dieser Knoten hat die Aufgabe, die Datensätze nach den Einträgen »0« und »1« zu sortieren. Der Einsatz des Stichprobenknotens verfolgt das Ziel, eine Stichprobe aus den Datensätzen 855 bis 5000 (Kunden mit positiver Bonität) zu ziehen. Im Ergebnis lassen sich für die weitere Betrachtung insgesamt 1708 Datensätze nutzen, die hälftig kreditwürdige und nicht kreditwürdige Kunden repräsentieren. Mit diesen Einstellungen sind alle notwendigen Maßnahmen für die Vorbereitung der Daten abgeschlossen, so dass der entsprechende Modellierungsknoten mit dem Stichprobenknoten verbunden werden kann.

Wahl eines Entscheidungsbaumverfahrens

Mit dem CART-, dem CHAID- und dem C5.0-Algorithmus stellt Cementine drei verschiedene Entscheidungsbaumverfahren zur Verfügung (eine genauere Unterscheidung dieser Verfahren hinsichtlich ihrer Funktionalität findet sich z. B. bei [PaSc06, S. 73 ff.]. Zur Klassifikation der Kundendaten wird der CART-Algorithmus gewählt. CART seht als Akronym für *Classification And Regression Tree* und der zugehörige Algorithmus ist speziell auf die Bildung von Binärbäumen ausgerichtet. Mit dem Verfahren lassen sich sowohl stetige als auch diskrete Attribute verarbeiten.

Generierter Entscheidungsbaum nach Anwendung des CART-Verfahrens

Wie die Abb. 3.3-27 verdeutlicht, wird das Attribut Alter dazu verwendet, das Datenset auf oberster Ebene zu separieren. Die Abb. 3.3-27 präsentiert den linken Ast, der ausschließlich diejenigen Kunden enthält, die höchstens 40,5 Jahre alt sind.

In diesem Zusammenhang wird deutlich, dass Kunden, die männlichen Geschlechts, jünger als 23 Jahre sind und sich für ein Produkt aus der Produktgruppe 300 (Fahrradbekleidung) interessieren, zu mehr als 80 % eine negative Bonität aufweisen (Knoten 17). Eine positive Bonität zeichnet hingegen weibliche Kunden aus, die ein Produkt aus der Produktkategorie 100, 200 oder 300 bestellt haben und in den Postleitzahlengebieten 3, 4, 5 und 6 wohnen (Knoten 19). Nahezu 80 % dieser Kundinnen weisen ein einwandfreies Zahlungsverhalten auf.

Werden die TOPBIKE-Produkte von Kunden erworben, die älter als 40,5 Jahre sind, so ergibt sich eine andere Klassifizierung. Als besonders zahlungskräftig lassen sich in knapp 82 % der Fälle männliche Kunden identifizieren, die in den Postleitzahlengebieten 3, 4 und 5 wohnen und ein Produkt der Produktgruppen 100, 200 und 400 gekauft haben (Knoten 23).

Bewertung der Ergebnisqualität

Mit Hilfe des Analyseknotens, der mit dem Modell-Nugget verknüpft wird, lässt sich die Qualität der Ergebnisse bewerten. Dabei zeigt sich, dass mehr als 81 % der erzeugten bzw. vorhergesagten Werte mit den zugehörigen Ist-Wertausprägungen des zugrunde liegenden Datensets übereinstimmen. Ein korrektes Klassifikationsergebnis ist folglich immer dann gegeben, wenn der durch den Entscheidungsbaum vorhergesagte Wert der Bonität mit dem tatsächlichen übereinstimmt. Diese Konstellation stellt sich in 1.393 der 1.708 analysierten Datensätze ein.

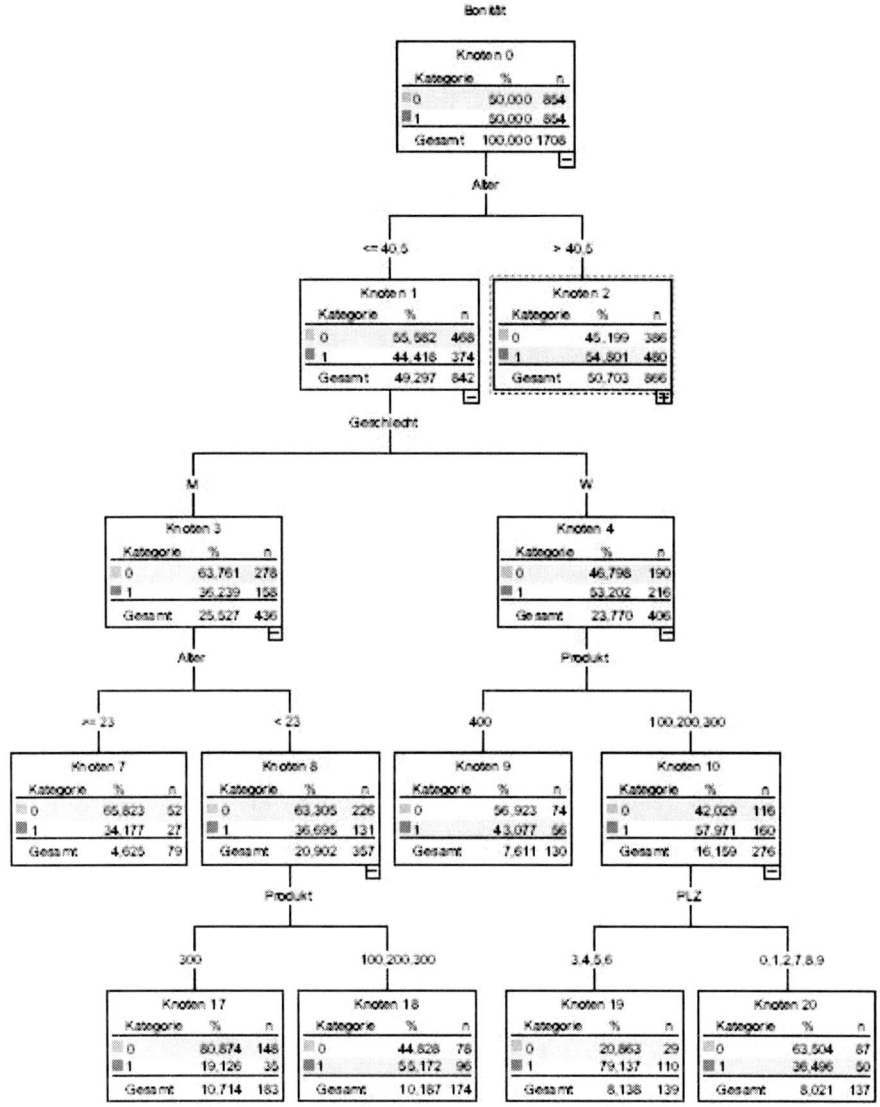

Abb. 3.3-27: Entscheidungsbaum: Linker Ast.

3 Data Mining – Datenmustererkennung *

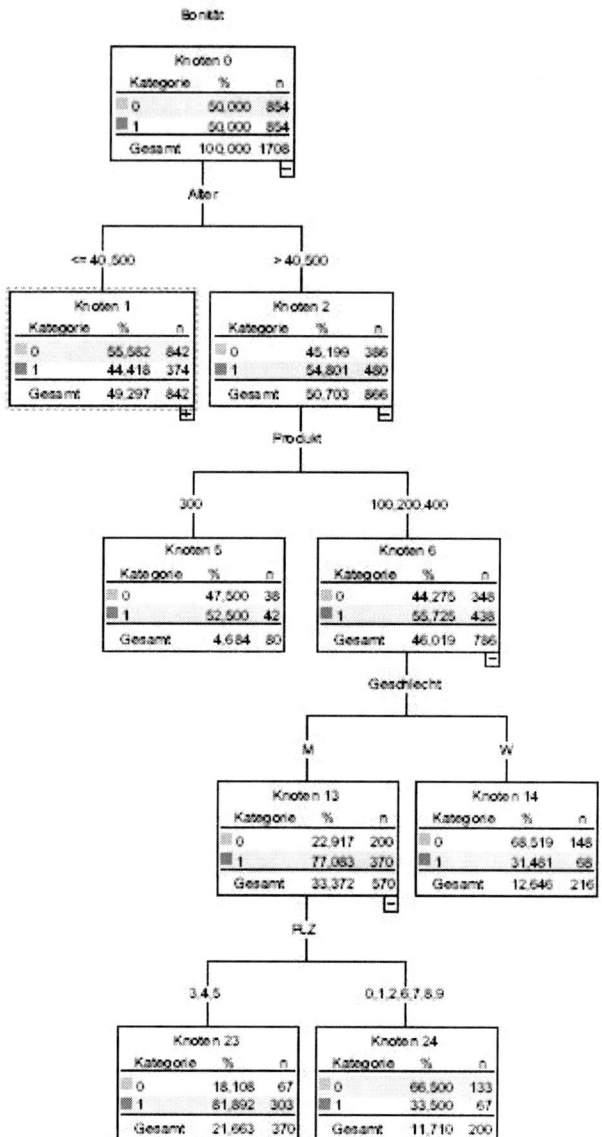

Abb. 3.3-28: Entscheidungsbaum: Rechter Ast.

```
⊟ Ergebnisse für Zielfeld Bonität
  ⊟ Vergleichen von $R-Bonität mit Bonität
```

Korrekt	1.393	81,56%
Falsch	315	18,44%
Gesamt	1.708	

Abb. 3.3-29: Fehlklassifizierungstabelle.

Mit Hilfe des Entscheidungsbaumverfahrens ist es der TOPBIKE gelungen, weitere Informationen aus dem zugrundeliegenden Datenmaterial zu gewinnen. Das zum Einsatz kommenden CART-Verfahren liefert Regeln, die sich zur Verringerung von Zahlungsausfällen verwenden lassen. Im folgenden Abschnitt ist zu klären, welche Handlungsempfehlungen aus den durchgeführten *Data Mining*-Analysen abgeleitet und welche Ansätze zur Verbesserung der Analyseergebnisse identifiziert werden können.

Fazit

3.3.5 Fallstudie: TOPBIKE – Evaluation und Deployment (Phase 5 und Phase 6) **

In der Evaluation-Phase werden Ergebnisse der Analyse ausgewählt, die letztlich in der Phase Deployment zu konkreten Maßnahmen in der Unternehmung führen. In der Phase **Evaluation** findet eine kritische Beurteilung und Auswahl der Modellierungsergebnisse mit Blick auf ihre weitere Verwendung sowie eine Bewertung des gesamten Analyseprozesses statt. Die Phase **Deployment** steht schließlich für die unternehmungs- bzw. projektinterne Verwertung, indem aus den gewonnenen Erkenntnissen Handlungsempfehlungen abgeleitet und konkrete Maßnahmen umgesetzt werden. Mit Blick auf die Anforderungen und Ziele des hier betrachteten Projekts sind in diesen beiden Phasen konkrete Marketingmaßnahmen zu formulieren, die sich aus den durchgeführten *Data Mining*-Analysen bezüglich des Cross Selling-Verhaltens und der Zahlungsfähigkeit bzw. -willigkeit der Kunden ableiten lassen. Da sich die Fallstudie im Kern auf die analytischen Inhalte des CRISP-DM-Modells konzentriert, wird an dieser Stelle nur verkürzt auf die Nutzungsmöglichkeiten der Ergebnisse eingegangen.

Gegenstand der Phasen

3 Data Mining – Datenmustererkennung *

Assoziations-analyse

Eine Rekapitulation der erzielten Ergebnisse unter Berücksichtigung der Aufgabenstellung führt zu der Erkenntnis, dass sich durch die Anwendung der Assoziationsanalyse nützliches und interessantes Wissen bezüglich des Cross Selling-Verhaltens der Kunden aufdecken ließ, welches für die Durchführung von Kundenbindungsmaßnahmen verwendbar ist. Im Mittelpunkt stehen die favorisierten Verbundkäufe, bei denen bestimmte Fahrradtypen bevorzugt mit weiteren Zubehörartikeln erworbenen werden.

Initiierung geeigneter Maßnahmen zur Kundenbindung

Hervorzuheben sind an dieser Stelle die häufig in Verbindung mit weiteren Zubehörartikeln gekauften Fahrradkategorien 101, 103 und 106 (Trekkingrad, Rennrad und BMX). Für diese Artikel sollte in Zukunft das Cross Selling direkt beim Kauf forciert werden, da offensichtlich eine hohe Nachfrage nach passendem Zubehör besteht. Eine verkaufsfördernde Platzierung von speziellen Angeboten lässt sich z. B. durchführen, indem beim Kauf eines Fahrrads der Kategorie 101, 103 oder 106 eine günstige Paketpreisoption zusammen mit den jeweils im Verbund nachgefragten Zubehörartikel eröffnet wird. Darüber hinaus ist selbstverständlich die Platzierung verschiedener Verbundangebote auf der Web-Site der Unternehmung sinnvoll.

Weitere Empfehlungen

Für die Durchführung weiterer Analysen ist ferner zu empfehlen, den Einfluss des Zeitpunkts einer Kauftransaktion von Zubehörartikeln beispielsweise im Rahmen einer sequentiellen Assoziationsanalyse zu untersuchen. Gerade wenn ein Zubehörkauf nachgelagert zum Erwerb eines Hauptprodukts erfolgt, bieten sich für die TOPBIKE GmbH weitere Potenziale zur Kundenbindung. So könnte es erfolgversprechend sein, in regelmäßigen Abständen auf die jeweiligen Kundengruppen zugeschnittene Zubehörprospekte zu versenden, um das Cross Selling weiter ausbauen.

Cluster-analyse

Die Clusteranalyse hatte zum Ziel, mit Hilfe der von der »Gesellschaft für Freizeit- und Konsumforschung« bereitgestellten Daten die Kunden von TOPBIKE in homogene Klassen zusammenzufassen, um ein differenziertes Bild der heterogenen Kundenlandschaft zu gewinnen. Im Ergebnis ist es der TOPBIKE dadurch möglich, bei der Gestaltung von Marketingmaßnahmen nicht nur die demografischen Eigenschaften der Kunden zu berücksichtigen, sondern auch ihr

3.3 Fallstudie: TOPBIKE – *Data Mining* **

Nutzungsverhalten, ihr Jahreseinkommen sowie ihre Ausgabenbereitschaft. In diesem Zusammenhang ist es z. B. denkbar, Kunden die ein geringes Einkommen sowie eine geringe Zahlungsbereitschaft für Sportaktivitäten besitzen und noch kein Fahrrad bei TOPBIKE erworben haben, über günstige Angebote von Auslaufmodellen zu einem Kauf zu motivieren (siehe Cluster 1). Gleichzeitig lässt sich aus Cluster 4 ableiten, dass es sinnvoll wäre, Kunden mit einem relativ hohen Einkommen weitere Zubehörartikel zum Kauf anzubieten.

Ferner lassen sich mit Hilfe des Entscheidungsbaumverfahrens aussagekräftige Regeln identifizieren, die darüber informieren, welche Gruppen von Kunden nach einem Kauf auf Rechnung zahlungsfähig bzw. -willig sind. Zum einen wurde deutlich, dass sowohl weibliche als auch männliche Kunden, die in den Postleitzahlengebieten 3, 4 und 5 wohnen, sich durch eine besonders gutes Zahlungsverhalten auszeichnen. Zum andern ließ sich eine Gruppe identifizieren, die zu verhältnismäßig vielen Zahlungsausfällen geführt hat. Junge männliche Erwachsene, die ein oder mehrere Produkte aus der Produktgruppe 300 (Fahrradbekleidung) bestellen wollen, mussten zu 80% gemahnt werden.

Entscheidungsbaumverfahren

Die mit Hilfe des Entscheidungsbaumverfahrens aufgedeckten Informationen sollten durch weitere, deskriptive Analysen seitens des Managements der TOPBIKE GmbH ausgewertet werden. Zunächst wäre eine weitere Auswertung der Zahlungsausfälle vorzunehmen, um festzustellen, in welchem Ausmaß sich diese auf das Unternehmungsergebnis auswirken. Falls der Einfluss der Zahlungsausfälle auf das Geschäftsergebnis von TOPBIKE einen Toleranzwert übersteigt, so wäre die Abwicklung der Bestellungen über einen Kauf auf Rechnung generell zu überdenken. In diesem Fall sollten in der Zukunft Rechnungskäufe nur noch für diejenigen Kunden angeboten werden, welche die identifizierten Voraussetzungen für eine gutes Zahlungsverhalten erfüllen. Um Zahlungsausfällen vorzubeugen, wäre beispielsweise zu empfehlen, neuen Kunden, die unter 23 Jahre alt und männlich sind, einen Kauf nur bei Bar- oder Kartenzahlung zu gestatten.

Empfehlungen zur Initiierung geeigneter Gegenmaßnahmen

Um einen tieferen Einblick in das Kaufverhalten dieser Kundengruppe zu gewinnen, wäre es darüber hinaus ratsam, die Zusammenstellung der von diesen Kunden erworbenen Zubehörartikel der Produktgruppe 300 zu überprüfen. Möglicherweise handelt es sich bei diesen Produkten um besonders teure Produkte, welche die Käufer als Modeartikel oder für andere Sportaktivitäten nutzten. Um weitere Informationen zum Zahlungsverhalten der Kunden zu erhalten, ist darüber hinaus auch eine Auswertung der Ratenkäufe zu empfehlen, die in der bisherigen Analyse nicht erfolgte. Auch hier wäre die Frage zu beantworten, welche Kundengruppen, die einen Kreditkauf auf Raten vornehmen, ihrer Zahlungsverpflichtung gar nicht oder mit Verzug nachkommen.

4 Zusammenfassung und Ausblick **

Mit dem *Data Warehouse*-Konzept und dem *Data Mining* wurden zwei Ansätze präsentiert, die sich mit der Sammlung, Aufbereitung und Auswertung von Daten zur adäquaten Entscheidungsunterstützung betrieblicher Fach- und Führungskräfte befassen. Die Ausführungen zum *Data Warehouse*-Konzept fokussierten die erforderlichen Bausteine einer zeitgemäßen und leistungsfähigen Bereitstellung von entscheidungsorientiertem Datenmaterial. Im Vordergrund standen hier neben den zugehörigen Speicherkomponenten vor allem auch die Funktionalitäten und Werkzeuge zum Extrahieren der Daten aus den Vorsystemen, zur Transformation im Sinne einer angemessenen Aufbereitung und zum Laden der Daten in die Zielumgebung. Das *On-Line Analytical Processing* (OLAP) legt die Ausrichtung auf den anforderungsgerechten Umgang mit multidimensionalen Datenbeständen. Demgegenüber stellt das *Data Mining* sich mit einem ausgeprägten methodischen Fokus der Herausforderung, umfangreiche und diffuse Datenbestände zu analysieren, um aussagekräftige und geschäftsrelevante Muster zu identifizieren.

Bewertung des *Data Warehouse*-Konzeptes

Die folgenden Ausführungen greifen die vorgestellten Herangehensweisen und Techniken nochmals auf und präsentieren eine zusammenfassende Bewertung zum *Data Warehouse*-Konzept und zum *Data Mining*. Die potenziellen Einsatzbereiche für den abgestimmten und bereinigten Datenpool im *Data Warehouse* erweisen sich als breit gefächert und facettenreich. Prinzipiell lässt sich ein Datenbestand mit entscheidungsrelevanten Inhalten überall dort nutzen, wo dispositive bzw. analyseorientierte Aufgaben in Organisationen zu lösen sind. Damit finden sich Anwendungsfelder sowohl im Rahmen der reinen Informationsversorgung von Fach- und Führungskräften *(data support)* als auch als Datenbasis für anspruchsvolle statistische oder finanzmathematische Auswertungen *(decision support)*, so zum Bei-

Einsatzbereiche

spiel bei Berechnungen im Rahmen von Marktprognosen und Investitionsentscheidungen.

Single Point of the Truth

Bei geeigneter Umsetzung erweist sich ein Data Warehouse als Kommunikationsplattform über Abteilungs- und ggf. sogar Unternehmungsgrenzen hinweg. Da die gespeicherten Inhalte erst nach sorgfältiger Überprüfung und aufwändiger Harmonisierung in die Datenbasis gelangen, dient das *Data Warehouse* als organisationsweite Vertrauensbasis, auf die sich die Mitarbeiter vor allem bei kontroversen Sichtweisen berufen können (»*Single Point of the Truth*«). Dazu trägt insbesondere eine zuvor durchgeführte semantische Normierung bei, die Klarheit über verwendete betriebswirtschaftliche Begrifflichkeiten und Berechnungsvorschriften erbringen muss. Nur so lassen sich die zugeordneten quantitativen Größen auch sinnvoll interpretieren.

Integration & Antwortzeiten

Im Vergleich zu einer ausschließlich auf den operativen Anwendungssystemen basierenden Informationsversorgung ergeben sich weitere Nutzenpotenziale. Da in ein Data Warehouse Inhalte aus unterschiedlichen operativen Vorsystemen Eingang finden und diese darüber hinaus mit unternehmungsexternen Informationen angereichert werden können, zeigt sich ein umfassendes und ganzheitliches Bild der eigenen Organisation. Die Leistungen einzelner Bereiche lassen sich besser sowohl miteinander als auch mit unternehmungsexternen Einheiten im Sinne eines Benchmarkings vergleichen. Dabei garantiert die gewählte Architekturform ein ausgezeichnetes Antwortzeitverhalten, wodurch es gelingt, auch große Datenbestände zeitnah und zielgerichtet analysieren zu können.

Weiterführende Analysen

Für zahlreiche Anwendungen in den Unternehmungen dient der Datenbestand eines *Data Warehouse* lediglich als Ausgangspunkt für weiterführende und ggf. aufwändige Analysen. Derart anspruchsvolle Untersuchungen des verfügbaren Datenmaterials werden in Unternehmungen bereits seit vielen Jahren beispielsweise zur Planung und Prognose, aber auch zur Diagnose und Interpretation betrieben. Die konzeptionellen Grundlagen und Wurzeln der heute genutzten Verfahren und technischen Lösungen basieren daher zumeist auf den klassischen Systemen für die Analyse betriebswirtschaftlichen Datenmaterials: Planungssysteme,

4 Zusammenfassung und Ausblick **

Systeme des Operations Research, Systeme der Künstlichen Intelligenz sowie Statistikpakete. Dabei erweist sich für die derzeit genutzten Konzepte und Technologien eine Unterteilung in Ansätze zur Hypothesenverifizierung und zur Hypothesengenerierung als hilfreich.

Im Rahmen der Hypothesenverifizierung soll die Gültigkeit einer von einem Anwender zuvor implizit oder explizit formulierten Hypothese über Tatbestände, Beziehungen oder Entwicklungen im abgebildeten Realitätsausschnitt untersucht und möglichst belegt werden. Dem Anwender kommt hierbei eine ausgesprochen aktive Rolle zu, da er die Überprüfung seiner Annahme unmittelbar am System vornimmt. Als derzeit dominierende Softwaretechnologie zur Verifizierung betriebswirtschaftlicher Hypothesen gilt derzeit das *On-Line Analytical Processing*.

Techniken zur Hypothesenverifizierung

OLAP *(On-Line Analytical Processing)* ermöglicht dem Anwender, Analyseprozesse auf Unternehmungsdaten interaktiv (Online) durchführen zu können. Dies impliziert eine Nutzung des Informationssystems im Dialogbetrieb. Eine angemessene Gestaltung des Mensch-Maschine-Dialogs bedingt jedoch, dass die Antwortzeiten des Systems niedrig gehalten werden, um den Gedankenfluss des Benutzers nicht unnötig zu unterbrechen. Komplexe Operationen, die eine umfassende Analysetätigkeit erfordern, sind von den OLTP-Systeme (operativen Transaktionssystemen) mit den geforderten Responsezeiten nicht zu realisieren. Systeme, welche die geforderte OLAP-Funktionalität aufweisen, sind folglich logisch und physikalisch getrennt von den Transaktionssystemen zu konzipieren und zu implementieren. Dabei ergeben sich zahlreiche Einsatzbereiche für ein derart gestaltetes OLAP-System und vielfältige Navigations- und Analysefunktionalitäten.

OLAP

Bewertung der *Data Mining*-Verfahren

Kenntnisse zum erfolgreichen Methodeneinsatz notwendig

Data Mining-Verfahren werden mit dem Ziel eingesetzt, Zusammenhänge sowie ergänzend oder alternativ Abhängigkeiten zwischen den Attributen eines auszuwertenden Datenbestandes zu ermitteln, und tragen damit hypothesengenerierenden Charakter. Vor dem Hintergrund der Komplexität der Anforderungen eines *Data Mining*-Projekts, die insbesondere aus dem Umfang sowie der Qualität des zu analysierenden Datenbestands resultiert, reicht die isolierte Anwendung der Verfahren oftmals nicht aus. Der erfolgreiche Einsatz erfordert genaue Kenntnisse einerseits ihrer Funktionsweise, andererseits potenzieller Anwendungsbereiche sowie zusätzlich fundiertes betriebswirtschaftliches Wissen zur zielorientierten Interpretation der Ergebnisse.

Top-Down & Bottom-Up als Betrachtungsperspektiven

In einer groben Einteilung lassen sich die *Data Mining*-Verfahren hinsichtlich ihrer Ausrichtung bzw. Betrachtungsperspektive unterteilen. Hierzu kann *Data Mining* einerseits als Top-Down-Ansatz erfolgen, indem ausgehend von der Identifikation einer Zielvariablen sowie der sie beeinflussenden unabhängigen Variablen ein Analyseergebnis generiert wird. Alternativ erfolgt die Durchführung von *Data Mining* auch nach dem Bottom-Up-Prinzip, bei dem sich die Zusammenhänge oder Kausalitäten ohne explizite Definition der Variablen ermitteln lassen. In der Regel werden beim Bottom-Up-Ansatz keine Hypothesen oder Abhängigkeiten a priori formuliert. Im günstigsten Fall herrscht beim Datenanalytiker ein Vorverständnis bzw. eine Ahnung hinsichtlich eines zu untersuchenden Zusammenhangs sowie der Relevanz der zu analysierenden Datenobjekte oder Merkmale.

Hypothesengenerierung beim Data Mining

Im letzten Aspekt ist ein wichtiger Unterscheidungspunkt zur klassischen Statistik zu identifizieren, in der ausgehend von einer Hypothesenformulierung Modelle aufgestellt und in einem nächsten Schritt beispielsweise durch Anwendung eines geeigneten Regressionsverfahrens geschätzt werden. Eine Gegenüberstellung zwischen der Vorgehensweise bei der traditionellen Datenanalyse und dem *Data Mining*-Ansatz präsentieren Kemper/Mehanna/Unger [KMU06, S. 107]. In der klassischen Statistik obliegt die Formulierung der Hypothesen dem Anwender. Anschließend sind diese durch den Einsatz entsprechender statistischer Verfahren zu verifizieren. Im Gegensatz dazu werden die Hypothesen beim *Data Mining* durch die Anwendung beispielsweise eines oder mehrerer der oben beschriebenen Verfahren generiert, wobei eine Verifikation der Analyseergebnisse wiederum über den Einsatz statistischer Mittel erfolgt [Klin03, S. 69 ff.]. Ziel dieser Herangehensweise ist es insbesondere, aus den umfangreichen und vorverarbeiteten Datenbeständen Erkenntnisse zu gewinnen, die nicht antizipierbar bzw. trivialer Natur sind. Neben der Hypothesengenerierung eignen sich die Verfahren des *Data Mining* auch zur Hypothesenvalidierung, indem vorformulierte Hypothesen anhand der zur Verfügung stehenden Daten überprüft werden [Bode06, S. 46].

Mit Blick auf die vorgenommene Einordnung der *Data Mining*-Verfahren zu den jeweiligen Anwendungsbereichen ist zu konstatieren, dass Künstliche Neuronale Netze die flexibelste Methodenklasse zur Auswertung eines Datenbestandes darstellen, zumal sie sich sowohl für die Segmentierung von Datenobjekten als auch für Klassifikationszwecke sowie zur Vorhersage von Werten eignen. Vor dem Hintergrund der verschiedenen Möglichkeiten zur Erstellung eines KNN ist der Einsatz dieser Methodenklasse mit dem Nachteil verbunden, dass für eine erfolgreiche Nutzung dieses Verfahrens hohe Anforderungen an das Fachwissen sowie Erfahrungen des Datenanalytikers zu erfüllen sind. Aufgabenbereiche der anderen Methoden Der Aufgabenbereich der Clusteranalyse beschränkt sich auf die Kategorisierung von Datenobjekten. Dagegen fokussieren die Varianten des Entscheidungsbaumverfahrens auf die Klassifikation neuer Datenobjekte [Hipp06, S. 268]. Liegt ein Entscheidungsbaum vor, so kann dieser ebenfalls für Prognosezwecke zum Einsatz kommen. Das Anwendungsfeld der Assoziationsanalyse ist in Abgrenzung zu den anderen drei Verfahren auf den speziellen Fall der Abhängigkeitsermittlung ausgerichtet.

Aufgabenbereiche und Eignung KNN

Obwohl die Leistungsfähigkeit der hier beschriebenen Verfahren in den vergangenen Jahren in vielen Projekten herausgestellt werden konnte, kann die isolierte Anwendung dieser Methodenklassen nicht den gewünschten Erfolg bringen. Vielmehr ist eine systematische und methodengestützte Vorgehensweise im Rahmen eines geeigneten Vorgehensmodells anzuwenden, um *Data Mining*-Projekte erfolgreich durchzuführen. Ferner erweist es sich als Aufgabe von Ana-

Wichtigkeit des Analytikers zur Überprüfung der Regelaussagefähigkeit

lytikern sowie Anwendungsexperten, nach der Berechnung eines Analyseergebnisses die ermittelten Regeln hinsichtlich ihrer Aussagefähigkeit und Anwendbarkeit zu überprüfen, um letztlich nur nutzenstiftendes Wissen zu extrahieren. Folglich müssen zum einen insbesondere diejenigen Regeln identifiziert werden, die sich aus Zufälligkeiten ergeben haben. Zum anderen bestätigt der Einsatz der Verfahren möglicherweise lediglich bereits bekanntes Wissen, das wiederum für den weiteren Gebrauch nutzlos ist.

Glossar

Abweichungsanalyse *(analysis of variance)*
Bei einer Abweichungsanalyse werden Sollwerte mit Istwerten verglichen und die dabei auftretenden Gesamtabweichungen in Teilabweichungen zerlegt, um so Abweichungsursachen zu erklären und zukünftige Differenzen zu vermeiden.

Ad-hoc-Reporting
Das Ad-hoc-Reporting zeichnet sich durch Funktionalitäten zur spontanen, bedarfsgesteuerten Zusammenstellung benötigter Informationen durch den Endanwender aus.

Akronym *(acronym)*
Ein Akronym wird als Kunstwort aus den Anfangsbuchstaben mehrerer Wörter gebildet und lässt sich dann als Kurzform für den gesamten Begriffskomplex verwenden (z. B. OLAP für On-Line Analytical Processing).

Analyseorientiertes Informationssystem *(analysis-orientated informationsystem)*
Ein Analyseorientiertes Informationssystem (häufig auch als Analytisches Informationssystem bezeichnet) bietet Unterstützung bei dispositiven und analytischen Tätigkeiten (Planungs-, Entscheidungs- und Kontrollaufgaben). Als zentrale Aufgabe dieser Systemkategorie gilt die anforderungsgerechte Informationsversorgung betrieblicher Fach- und Führungskräfte mitsamt den zugehörigen analytischen Funktionalitäten.

Analytisches Informationssystem *(analytical information system)*
Analytische Informationssysteme dienen im Gegensatz zu →operativen Informationssystemen nicht zur Unterstützung der Durchführung von →Geschäftsprozessen, sondern zur Auswertung und Analyse von →Daten, die bei der Prozessdurchführung anfallen.

Assoziationsanalyse *(association analysis)*
Eine Assoziationsanalyse wird mit dem Ziel durchgeführt, strukturelle Zusammenhänge in einem Datenbestand herauszustellen. Aufgedeckte Beziehungen lassen sich als Wenn-Dann-Regeln interpretieren. Auskünfte über die Stärke einer Regel geben der Support und die Konfidenz. Als eine der verbreitetsten Implementierungen zur Assoziationsanalyse gilt der A Priori-Algorithmus.

Basel II
Unter dem Oberbegriff Basel II wird die Gesamtheit der Eigenkapitalvorschriften verstanden, die vom Baseler Ausschuss für Bankenaufsicht in den letzten Jahren vorgeschlagen wurden. Ziel ist die Sicherung einer angemessenen Eigenkapitalausstattung von Banken sowie die Schaffung einheitlicher Wettbewerbsbedingungen für die Kreditvergabe und den Kredithandel.

Batch-Verfahren *(batch-mode)*
Bei einem Batch-Verfahren werden in einem Computersystem Einzeloperationen gebündelt sequenziell abgearbeitet (im Gegensatz zum Dialog-Verfahren).

Benutzungsoberfläche *(user interface)*
Der Begriff Benutzungsoberfläche meint die Schnittstelle eines Rechnersystems, über die der Anwender mit einem Betriebssystem oder einem Anwendungssystem kommunizieren kann.

Business Intelligence
Unter dem Begriff *Business Intelligence* versteht man Vorgehensweisen, Konzepte und Anwendungssysteme zur Erhebung, Darstellung und Analyse von →Daten, die zur Entscheidungsunterstützung für das Management von Bedeutung sind. Hierfür kommen →analytische Informationssysteme zum Einsatz.

Business Understanding
In der Phase Business Understanding (erste Phase des CRISP-DM-Modells) sind aus der Bewertung des zu analysierenden Datenbestands sowie der Ausgangssituation heraus Problem-, Anforderungs- sowie Zielformulierungen für das Data Mining-Projekt zu erarbeiten.

Client-Server-Architektur *(client/server architecture)*
Ein Client-Server-System besteht aus Clients, die Verbindungen zu Dienste anbietenden Servern aufbauen. Der Client bietet die Benutzungsoberfläche bzw. die Benutzungsschnittstelle der Anwendung an. Durch Client-Server-Architekturen wird u. a. eine Verteilung der Rechnerlast auf unterschiedliche Systemkomponenten erreicht.

Clusteranalyse
Unter Clusteranalyse ist ein strukturentdeckendes Analyseverfahren zur Ermittlung von Gruppen (Clustern) von Objekten zu verstehen, deren Attributausprägungen bestimmte Ähnlichkeiten aufweisen.

Complete Linkage-Verfahren *(complete-linkage mode)*
Beim Clustering werden schrittweise einzelne Objekte solange zu Gruppen (Clustern) und diese zu größeren Gruppen zusammengefasst, bis eine genügende Anzahl von Clustern vorliegt. Als Distanzmaß zwischen zwei Clustern fungiert beim Complete-Linkage-Verfahren der maximale Abstand der jeweils zugehörigen Elemente.

Controlling
Unter Controlling lässt sich ein ganzheitliches Konzept zur Unterstützung von Entscheidungsträgern in einer Unternehmung bei der ergebnisorientierten Planung und Kontrolle verstehen. Hierzu werden Daten gesammelt, aufbereitet und analysiert.

CRISP-DM
(Cross Industry Standard Process for Data Mining-Modell) Das CRISP-DM-Modell repräsentiert ein Vorgehens- bzw. Prozessmodell zur Durchführung von *Data Mining*-Projekten und besteht aus den Phasen *Business Understanding*, *Data Understanding*, *Data Preparation*, *Modeling*, *Evaluation* und *Deployment*.

Cross Selling *(cross selling)*
Cross Selling verfolgt das Ziel, eine bestehende Kundenbeziehung zum Verkauf weiterer Artikel und/oder Dienstleistungen zu nutzen.

Customer Relationship Management
CRM verkörpert eine kundenorientierte Unternehmungsphilosophie, die mit Hilfe moderner Informations- und Kommunikationstechnologien versucht, langfristig profitable Kundenbeziehungen durch ganzheitliche und differenzierte Marketing-, Vertriebs- und Servicekonzepte aufzubauen und zu festigen. (Abk.: CRM)

Data Mart
Ein *Data Mart* stellt einen Extrakt aus dem unternehmungsweiten *Data Warehouse* für einen bestimmten Organisationsbereich, eine abgegrenzte Personengruppe oder eine spezifische Anwendung dar und wird häufig physisch separat gespeichert, um so schnelle Antwortzeiten für das jeweilige Einsatzgebiet gewährleisten zu können.

Data Mining
Data Mining steht für eine strukturierte, aus mehreren Teilschritten bestehende, interaktive und iterative Vorgehensweise zur systematischen Datenanalyse. Das Ziel der Analyse liegt darin, in einem definierten Datenbestand Muster zu erkennen, die im Hinblick auf die Beantwortung einer Frage bzw. Problemstellung relevant sein können. In einer alternativen Interpretation des Begriffes steht *Data Mining* für eine Phase im Prozess des *Knowledge Dicovery in Databases*. (Abk.: DM)

Data Mining-Werkzeug *(Data Mining tool)*
Bei einem *Data Mining*-Werkzeug handelt es sich um ein integriertes Softwaresystem, das zur Unterstützung bzw. Durchführung des *Data Mining* genutzt werden kann.

Data Preparation
Die Phase *Data Preparation* umfasst im Rahmen des *Data Mining* Aktivitäten zur Vorverarbeitung des zu analysierenden Datenbestands mit dem Ziel, diesen für eine reibungslose Anwendung der Analyseverfahren vorzubereiten.

Data Understanding
Im Rahmen des *Data Mining* befasst sich die Phase des *Data Understanding* mit einer intensiven Analyse der tatsächlich oder potenziell zur Verfügung stehenden Daten zuzüglich anschließender problembezogener Auswahl. Das Ziel dieser Phase liegt darin, ein Verständnis für die im weiteren Verlauf eines *Data Mining*-Projekts zu untersuchenden Daten zu erhalten.

Data Warehouse
Das *Data Warehouse* stellt ein unternehmungsweites Konzept dar, das als logisch zentraler Speicher eine einheitliche und konsistente Datenbasis zur Entscheidungsunterstützung von Fach- und Führungskräften aller Bereiche und Ebenen bietet. Diese Datenbasis wird getrennt von den operativen Datenbanken abgelegt und verwaltet. (Abk.: DW)

Daten *(data)*
Daten bestehen aus Zeichen, die nach gewissen Syntaxregeln zusammengesetzt werden.

Daten *(data)*
Daten bestehen aus Zeichen, die nach vorgegebenen Syntaxregeln zusammengesetzt werden. Daten stellen Information aufgrund bekannter oder unterstellter Abmachungen in einer maschinell verarbeitbaren Form dar.

Datenbanksystem *(data base system)*
Ein Datenbanksystem ist ein System zur Verwaltung, Speicherung und Kontrolle von umfangreichen Datenmengen. Charakteristisch sind die Redundanzarmut (keine mehrfache Speicherung derselben Daten) und die gleichzeitige Nutzbarkeit durch mehrere Anwendungsprogramme und Datenbankanwender. Datenbanksysteme zeichnen sich zudem durch konsistente Datenbestände, Datensicherheit und Unabhängigkeit von Daten und Programmen aus. (Abk.: DBS)

Datenmanipulationssprache *(data manipulation language)*
Eine Datenmanipulationssprache dient zur Bearbeitung von Daten und stellt Sprachelemente zum Einfügen, Verändern und Löschen sowie zur Wiedergewinnung und Verdichtung von Daten zur Verfügung. (Abk.: DML)

Datenwürfel *(data cube)*
Eine multidimensionale Datenstruktur wird auch als Datenwürfel (data cube) bezeichnet, in dem die enthaltenen Zahlengrößen entlang verschiedener Dimensionen organisiert sind.

Datenzelle *(data cell)*
Der Begriff Datenzelle umschreibt die Koordinate innerhalb eines Datenwürfels, die durch die zugehörigen Rand- bzw. Dimensionselemente adressiert wird.

Deployment
Die Phase *Deployment* steht im Rahmen des *Data Mining* für die unternehmungs- bzw. projektinterne Verwertung der Analyseergebnisse, indem aus den gewonnenen Erkenntnissen Handlungsempfehlungen abgeleitet und konkrete Maßnahmen umgesetzt werden.

Dialog- & Transaktionssysteme *(query-reply and transaction system)*
Dialog- & Transaktionssysteme eröffnen dem Benutzer Zugriff auf zentralisierte oder auch verteilte Datenbestände und Applikationen, die sich interaktiv abrufen und verwenden lassen.

Dicing
Dicing meint das Drehen des Datenwürfels (Rotation) bzw. Auswählen eines bestimmten Ausschnittes, um eine andere Sicht auf die Daten aus einer abweichenden Betrachtungsperspektive zu erlangen.

Drill-Down
Drill-Down steht für die hierarchie- bzw. stufenweise Aufgliederung der vorhandenen Daten innerhalb einer Dimension von der höchsten bis zur untersten Aggregationsebene.

Entscheidungsbaum *(decision tree)*
Grafische Darstellung einer vertikalen Entscheidungstabelle, bei der alle Alternativen und Aktionen explizit ausformuliert werden.

Entscheidungsbaumverfahren *(decision tree mode)*
Unter einem Entscheidungsbaumverfahren wird eine spezielle Technik zur Gruppierung ähnlicher Datensätze zu homogenen Clustern sowie der zugehörigen baumartigen Darstellungsform verstanden.

Evaluation *(evaluation)*
In der *Data Mining*-Phase Evaluation findet eine kritische Beurteilung und Auswahl der Modellierungsergebnisse mit Blick auf deren weitere Verwendung sowie eine Bewertung des gesamten Analyseprozesses statt.

Fusionierungsalgorithmus *(amalgamation algorithmen)*
Fusionierungsalgorithmen haben die Aufgabe, Datenobjekte gemäß ihrer Ähnlichkeitswerte in Gruppen zusammenzufassen.

Geschäftsprozess *(business process)*
Ein Geschäftsprozess (oft abgekürzt nur »Prozess« genannt) ist eine Abfolge von Funktionen (auch als →Aktivitäten bezeichnet) zur Erfüllung einer betrieblichen Aufgabe, wobei eine Leistung in Form von Informations- und/oder Materialtransformation erbracht wird. (Syn.: Prozess, Ablauf)

Hidden Layer
Künstliche neuronale Netze, die aus einer Menge unabhängiger Neuronen bestehen, basieren auf neurobiologischen Modellen. Eine Eingabeschicht *(input layer)* nimmt zunächst die Eingabedaten entgegen. Diese werden anschließend in einer oder mehreren verborgenen Schichten *(hidden layer)* prozessiert und schließlich in der Ausgabeschicht *(output layer)* wieder ausgegeben.

Hierarchische Verfahren *(hierarchical modes)*
Im Rahmen der Clusteranalyse werden bei den hierarchischen Verfahren Cluster entweder durch Top-Down-Aufteilung oder mittels Bottom-Up-Verschmelzung gebildet.

Homogenitätsmaß *(degree of homogeneity)*
Das Homogenitätsmaß bestimmt, wie sehr sich die Objekte innerhalb eines Clusters gleichen.

Induktion *(induction)*
Induktion meint in der Logik das Folgern vom Speziellen auf das Allgemeine.

Information *(information)*
Bei Information handelt es sich um Daten, die in einem Kontext interpretiert werden und somit eine Bedeutung für den Besitzer oder Empfänger dieser Daten haben. Häufig liegen Informationen in wenig strukturierter Form als Textdokumente, Zeichnungen etc. vor, weshalb sie sich schwer automatisch verarbeiten lassen.

Informations- und Kommunikationssystem *(information and communication system)*
Der Begriff IuK-System (Informations- & Kommunikationssystem) repräsentiert ein auf die funktionalen Anforderungen des jeweiligen Anwendungsbereichs abgestimmtes Zusammenspiel von Menschen und/oder Maschinen, in dem Informationen erfasst, transformiert, gespeichert und übertragen werden. (Abk.: IuK-System)

Informationssystem *(information system)*
Ein Informationssystem ist ein technisch-organisatorisches System, das →Informationen verarbeitet. Meist werden speziell computergestützte Systeme als Informationssysteme bezeichnet.

Kategorisierung *(classification in categories)*
Bei einer Kategorisierung wird der Ausgangsdatenbestand in Klassen ähnlicher Informationsobjekte segmentiert.

Klassifizierung *(classification)*
Klassifizierung bezeichnet die Einteilung einzelner Informationsobjekte in bestimmte, bereits vorgegebene Klassen

Knowledge Discovery in Databases
Knowledge Discovery in Databases bezeichnet den erforderlichen Prozess, um in großen Datenmengen bislang unbekannte und nützliche Zusammenhänge zu erkennen. Während *Data Mining* als einzelner Schritt im Rahmen des KDD interpretiert werden kann, umfasst KDD als Gesamtprozess beispielsweise auch die Vorbereitung der Daten sowie die Bewertung der Resultate. (Abk.: KDD)

Konfidenz *(confidence)*
Die Konfidenz liefert Auskunft über die Stärke einer im Rahmen einer Assoziationsanalyse generierten Regel. Der Konfidenzfaktor wird ermittelt, indem der Anteil der Transaktionen, die A (Regelrumpf) und B (Regelkopf) beinhalten, in Beziehung gesetzt wird zu der Menge der Transaktionen, die den Regelrumpf A erfüllen.

Konfirmatorisches Verfahren
Konfirmatorische Verfahren tragen hypothesentestenden Charakter und verifizieren oder falsifizieren Ausgangshypothesen.

Kritischer Erfolgsfaktor *(critical factor of success)*
Kritische Erfolgsfaktoren erweisen sich als unmittelbar erfolgsrelevante Größen, die für das Erreichen der Unternehmungsgesamtziele zentrale Bedeutung aufweisen.

Kündigeranalyse
Kündigeranalysen dienen zur Aufdeckung potenzieller Kündiger. Die resultierenden Untersuchungsergebnisse werden bspw. genutzt, um die Kundenfluktuation zu reduzieren oder gar ehemalige Kunden wiederzugewinnen.

Künstliches neuronales Netz *(artificial neural network)*
Das Modell eines Künstlichen Neuronalen Netzes beinhaltet in mehreren Schichten angeordnete Neuronen. Daten werden hierbei über eine Inputschicht aufgenommen und über eine Outputschicht erzeugte Aus-

gabewerte angeboten. Dazwischen können sich ggf. mehrere verdeckte Schichten befinden. Der Anwendungsschwerpunkt Künstlicher Neuronaler Netze wird dort gesehen, wo Rechner lernen sollen, beliebige Eingabemuster in die gewünschten Ausgabemuster zu überführen.

Lernen, überwachtes *(monitored learning)*
Im Gegensatz zum unüberwachten werden beim überwachten Lernen Trainingssets verwendet, um anhand bekannter Modellergebnisse die Modellparameter zu justieren. Als alternative Bezeichnungen stehen supervised learning oder beaufsichtigtes Lernen zur Verfügung.

Lernen, unüberwachtes *(unmonitored learning)*
Beim unüberwachten Lernen nimmt das Verfahren eine Adjustierung der Modellparameter autonom und ohne äußere Vorgaben vor. Alternative Bezeichnungen sind unsupervised oder unbeaufsichtigtes Lernen.

Managementapplikation *(management application)*
Unter einer Managementapplikation wird eine vom Management genutzte Anwendung verstanden, die auf die speziellen inhaltlichen und funktionalen Anforderungen dieser Nutzergruppe abgestimmt ist.

Metadaten *(meta data)*
Metadaten enthalten allgemeine, beschreibende, strukturierende oder klassifizierende Angaben über abgelegte Inhalte oder Abläufe eines Informationssystems.

Methode
Unter einer Methode wird ein planmäßiges und folgerichtiges Vorgehen zur Zielerreichung verstanden.

Modeling
Die Phase *Modeling* beinhaltet die Anwendung verschiedener *Data Mining*-Methoden auf Grundlage einer auf die jeweiligen Verfahren abgestimmten Modellbildung.

Modell *(model)*
Ein Modell erweist sich als vereinfachtes Abbild der Realität, aus dem sich generelle Aussagen über bestimmte Sachverhalte herleiten lassen.

Monitorfunktion *(monitory function)*
Unter einer Monitorfunktion wird die systematische Erfassung, Beobachtung oder Überwachung eines Vorgangs oder Prozesses mittels technischer Hilfsmittel verstanden.

Neuron *(neuron)*
Ein Neuron stellt die wissenschaftliche Bezeichnung für eine Nervenzelle dar. Neuronen sind elementare Bausteine von Nervennetzen und bilden die Grundelemente des Gehirns bzw. des Nervensystems.

Normalisierung *(normalisation)*
Die Normalisierung erweist sich als Theorie zur Verteilung von Attributen auf einzelne Tabellen eines relationalen Datenbanksystems. Um eine abhängigkeitsbewahrende Zerlegung zu gewährleisten, werden dabei Ziele wie die Vermeidung von Redundanzen und eindeutiges Modellieren realitätskonformer Sachverhalte verfolgt. Zudem lassen sich

durch Einsatz der Normalisierung Anomalien im Zusammenhang mit Einfüge-, Änderungs- und Löschoperationen ausschließen.

On-Line Analytical Processing
On-Line Analytical Processing repräsentiert eine Softwaretechnik, die Managern wie auch qualifizierten Mitarbeitern aus den Fachabteilungen schnelle, interaktive und vielfältige Zugriffe auf relevante und konsistente Informationen ermöglichen soll. Im Vordergrund stehen dabei dynamische und multidimensionale Analysen auf historischen, konsolidierten Datenbeständen. (Abk.: OLAP; Syn.: Online Analytical Processing)

On-Line Transaction Processing
On-Line Transaction Processing-Systeme unterstützen transaktionsorientiert die Abwicklung der operativen Geschäftstätigkeit. Im Vordergrund stehen hierbei Lese und Schreiboperationen auf kurzfristig veränderlichen Datenbeständen. (Abk.: OLTP; Syn.: Online Transaction Processing)

Operatives Informationssystem *(functional information system)*
Ein operatives Informationssystem dient der informationstechnischen Abbildung alltäglicher betrieblicher Leistungsprozesse und damit der Unterstützung des Tagesgeschäftes.

Operatives Informationssystem *(operational information system)*
Ein operatives Informationssystem dient dazu, die Durchführung von →Geschäftsprozessen zu unterstützen. Im Gegensatz dazu stehen →Informationssysteme zum Entwurf oder zur Planung von Prozessen oder Systemen bzw. zur Auswertung und Analyse von →Daten (→analytische Informationssysteme). (Syn.: Operatives System)

Partitionierende Verfahren *(partional mode)*
Im Rahmen von Clusteranalysen lassen sich partitionierende Verfahren einsetzen, die aus einer zufällig gewählten Anfangspartition der zu gruppierenden Objekte durch Neuzuordnung die Klasseneinteilung schrittweise verbessern.

Personal Information Management
Softwareprodukte für das *Personal Information Management* unterstützen bei der integrierten Verwaltung persönlicher Daten wie Kontaktdaten, Termine, Aufgaben, aber auch Briefe, E-Mails. (Abk.: PIM)

Planungs- und Entscheidungsprozess
Ein Planungs und Entscheidungsprozess setzt sich aus mehreren, aufeinander aufbauenden Phasen zusammen, in denen zielgerichtet Aktivitäten geplant, realisiert und kontrolliert werden.

Proximitätsmaße *(proximity dimension)*
Proximitätsmaße messen die Ähnlichkeit oder Unähnlichkeit zwischen zwei Objekten durch Vergleich der zugehörigen Merkmalsausprägungen.

Pruning
Der Begriff *Pruning* steht in der Informatik für ein Verfahren, bei dem aus Effizienzgründen bewusst bestimmte Informationen ignoriert werden. Beim *Data Mining* bezeichnet *Pruning* den Vorgang der Vereinfachung einer gelernten Hypothese, mit dem Ziel, eine Überanpassung der Hypothese an die Trainings-Daten zu verhindern

Responseanalyse *(response analysis)*
Eine Responseanalyse untersucht die Reaktion von Kunden auf einzelne Marketing-Aktivitäten (bspw. auf eine Mailing-Aktion), um deren Wirksamkeit zu erhöhen.

Roll-Up
Im Rahmen des *On-Line Analytical Processing* bezeichnet *Roll-Up* eine Navigationsfunktionalität, die den Anwender von einer detaillierten zu einer stärker aggregierten Datensicht wechseln lässt.

Segmentierung
Segmentierung bzw. Clusterung beschreibt die Aufteilung eines vorgegebenen Datenbestandes in homogene Gruppen. Aufgabe des zugehörigen Segmentierungsverfahrens ist es, Ähnlichkeiten zwischen unterschiedlichen Datenobjekten aufzudecken und nach erkannten Kriterien Gruppeneinteilungen vorzunehmen.

Simultanplanung *(simultaneous planning)*
Bei der Simultanplanung erfolgt die integrierte Aufstellung aller Teilpläne einer Unternehmung (wie Absatz-, Kapazitäts-, Kapitalbedarfsplanung etc.). Das resultierende Planungsmodell enthält alle zu planenden Teilbereiche mit den auftretenden Interdependenzen.

Single-Linkage-Verfahren
Beim Clustering lassen sich schrittweise einzelne Objekte zu Clustern und diese zu größeren Gruppen zusammenfassen. Beim Single-Linkage-Verfahren wird für die Messung der Distanz zwischen zwei Clustern der minimale Abstand zwischen den enthaltenen Elementen verwendet.

Slicing
Hinter *Slicing* verbirgt sich das flexible Herausschneiden einzelner Scheiben oder Schichten aus einem Datenwürfel, um verschiedene Betrachtungsperspektiven auf die Daten einnehmen zu können.

Stream
Ein *Stream* bezeichnet eine geordnete, in der Länge meist unbeschränkte Sequenz von Verarbeitungsschritten eines Analysepfades bei *Data Mining*-Werkzeugen.

Support
Im Rahmen der Assoziationsanalyse liefert der Support eine Auskunft über die Stärke (Bedeutung) einer generierten Regel. Der Supportfaktor wird ermittelt, indem der Anteil der Transaktionen, die A (Regelrumpf) und B (Regelkopf) beinhalten, in Beziehung gesetzt wird zur Menge aller Transaktionen.

Text Mining
Mit dem Begriff *Text Mining* wird die automatisierte Entdeckung neuer, zielgerichteter und relevanter Informationen aus unstrukturierten Textdaten bezeichnet.

Transaktion *(transaction)*
Eine Transaktion stellt eine feste Folge zusammengehöriger Datenbank-Operationen dar, deren Ausführung entweder vollständig oder gar nicht erfolgt. Bei nicht erfolgreichem Abschluss der Transaktion wird der Zustand vor Beginn der Transaktion wiederhergestellt.

Warenkorbanalyse *(basket of goods analysis)*
Ein Warenkorb beinhaltet die bei einem Einkaufsvorgang gekauften Produkte. Die Warenkorbanalyse untersucht die in unterschiedlichen Warenkörben enthaltenen Bestandteile und konzentriert sich vor allem auf Produkte, die häufig gemeinsam auftreten. U. a. lassen sich so typische Käuferprofile aufstellen, denen dann mit spezifischen Werbemaßnahmen begegnet werden kann.

Wertkette *(value chain)*
Eine Wertkette besteht aus einer Reihe von Tätigkeiten, die den Wert eines Produktes oder einer Leistung verursachen bzw. schaffen. Dabei werden die strategisch wichtigen Funktionen einer Organisation als Werttreiber identifiziert.

Literatur

[BaGü04]
Bauer, A.; Günzel, H.; *Data Warehouse Systeme, Architektur, Entwicklung, Anwendung*, 2. Aufl., Heidelberg, 2004.

[Bang06]
Bange, C.; Bange, Carsten; *Werkzeuge zum Aufbau analytischer Informationssysteme*, in: Analytische Informationssysteme, Hrsg. Chamoni, P.; Gluchowski, P., 3. Aufl., Berlin/Heidelberg, 2006, S. 89–110.

[Bank04]
Bankhofer, U.; *Data Mining und seine betriebswirtschaftliche Relevanz*, in: Betriebswirtschaftliche Forschung und Praxis (BFuP), Heft 4, 2004, S. 395–412.

[BeCh06]
Beekmann, F.; Chamoni, P.; *Verfahren des Data Mining*, in: Analytische Informationssysteme: Business Intelligence-Technologien und -Anwendungen, Hrsg. Chamoni, P.; Gluchowski, P., Berlin/Heidelberg/New York, 2006, S. 263–282.

[BEP+03]
Backhaus, K.; Erichson, B.; Plinke, W.; Weiber, R.; *Multivariate Analysemethoden, Eine anwendungsorientierte Einführung*, Berlin/Heidelberg/New York, 2003.

[BiHu94]
Biethahn, J.; Huch, B.; *Informationssysteme für das Controlling – Konzepte, Methoden und Instrumente zur Gestaltung von Controlling-Informations-Systemen*, Berlin/Heidelberg, 1994.

[BKN93]
Bullinger, H.; Koll, P.; Niemeier, J., *Führungsinformationssysteme (FIS) – Ergebnisse einer Anwender- und Marktstudie*, Baden-Baden, 1993.

[Bode06]
Bodendorf, F.; *Daten- und Wissensmanagement*, Berlin u. a., Springer Verlag, 2006.

[BoSi06]
Boztug, Y.; Silberhorn, N.; *Modellierungsansätze in der Warenkorbanalyse im Überblick*, in: Journal für Betriebswirtschaft (JfB), 56. Jg., Heft 2, 2006, S. 105–128.

[BSC03]
Beekmann, F.; Stock, S.; Chamoni, P.; *Anwendungsmöglichkeiten der Assoziationsanalyse*, in: Das Wirtschaftsstudium (wisu), 32. Jg., Heft 12, 2003, S. 1529–1536.

[CCK+00]
Chapman, P.; Clinton, J.; Kerber, R.; Khabaza, T.; Reinartz, T. & Shearer, C. & Wirth, R.; *CRISP-DM 1.0, Step-by-step data mining guide*, 2000, http://66.249.93.104/search?q=cache:iLECXEj-VjYJ:www.crisp-dm.org/CRISPWP-800.pdf.

[CCS93]
Codd, E. F.; Codd, S. B; Salley, C. T.; *Providing OLAP (On-Line Anlytical Processing) to User-Analysts: An IT Mandate, White Paper*, Codd & Associates., o. O., 1993.

[ChGl06a]
Chamoni, P., Gluchowski, P.; *Analytische Informationssysteme – Einordnung und Überblick*, in: Analytische Informationssysteme, 3. Aufl., Hrsg. Chamoni, P.; Gluchowski, P., Berlin/Heidelberg, 2006, S. 3–22.

[ChGl06b]
Chamoni, P.; Gluchowski, P.; *Entwicklungslinien und Architekturkonzepte des On-Line Analytical Processing*, in: Analytische Informationssysteme, Hrsg. Chamoni, P.; Gluchowski, P., 3. Aufl., Berlin/Heidelberg, 2006, S. 143–176.

[Cron03]
Crone, S. V.; *Künstliche neuronale Netze zur betrieblichen Entscheidungsunterstützung*, in: Das Wirtschaftsstudium (Wisu), 32. Jg., Heft 4, 2003, S. 452–458.

[DeFo95]
Decker, K. M.; Focardi, S.; *Technology Overview: A Report on Data Mining*, in: Technical Report, CSCS TR-95-02, CSCS-ETH, Swiss Scentific Computing Center, 1995, S. 1–31.

[DeTe01]
Decker, R.; Temme, T.; *CHAID als Instrument der Werbemittelgestaltung und Zielgruppenbestimmung im Marketing*, in: Handbuch Data Mining im Marketing: Knowledge Discovery in Marketing Databases, Hrsg. Hippner, H.; Küsters, U.; Meyer, M.; Wilde, K., Braunschweig/Wiesbaden, 2001, S. 671–684.

[Devl97]
Devlin, B.; *Data Warehouse: From Architecture to Implementation*, Amsterdam, Addison-Wesley Professional, 1997.

[Düsi06]
Düsing, R.; *Knowledge Discovery in Databases und Data Mining*, in: Analytische Informationssysteme, Hrsg. Chamoni, P.; Gluchowski, P., 3. Aufl., Berlin/Heidelberg, 2006, S. 241–262.

[FPS96a]
Fayyad, U. M.; Piatetsky-Shapiro, G.; Smyth, P.; *From Data Mining to Knowledge Discovery in Databases: an overview*, in: Advances in Knowledge Discovery and Data Mining, Menlo Park, 1996, S. 1–34.

[FPS96b]
Fayyad, U. M.; Piatetsky-Shapiro, G.; Smyth, P.; *From Data Mining to Knowledge Discovery in Databases*, in: AI Magazine, 17. Jg., Herbst 1996, 1996, S. 37–54.

[FRA05]
Freytag, J. C.; Ramakrishnan, R.; Agrawal, R.; *Data Mining: The Next Generation*, 2005.

[GaGl98]
Gabriel, R.; Gluchowski, P.; *Grafische Notationen für die semantische Modellierung multidimensionaler Datenstrukturen in Management Support Systemen*, in: Wirtschaftsinformatik, Jg. 40, Heft 6, 1998, S. 493–502.

[GaRö03]
Gabriel, R.; Röhrs, H.P.; *Gestaltung und Einsatz von Datenbanksystemen – Data Base Engineering und Datenbankarchitekturen*, Berlin/Heidelberg, Springer Verlag, 2003.

[GaRö95]
Gabriel, R.; Röhrs, H.P.; *Datenbanksysteme: Konzeptionelle Datenmodellierung und Datenbankarchitekturen*, Berlin et al., Springer Verlag, 1995.

[GeHä99]
Gentsch, P.; Hänlein, M.; *Text Mining*, in: Das Wirtschaftsstudium (Wisu), Heft 12, 1999, S. S. 1646–1653.

[GGD08]
Gluchowski, P.; Gabriel, R.; Dittmar, C.; Gabriel, R.; Chamoni, P.; *Management Support Systeme – Computergestützte Informationssysteme für Führungskräfte und Entscheidungsträger*, 2. Aufl., Berlin/Heidelberg, 2008.

[Gluc01a]
Gluchowski, P.; *Semantische Struktur- und Prozessmodellierung multidimensionaler Informtionssysteme*, Arbeitsbericht des Lehrstuhls für Wirtschaftsinformatik 01–39, Ruhr-Universität-Bochum, 2001.

[Gluc01b]
Gluchowski, P.; *Business Intelligence: Konzepte, Technologien und Einsatzbereiche*, in: Praxis der Wirtschaftsinformatik (HMD), Heft 222, 2001.

[Grof97]
Groffmann, H. D.; *Das Data Warehouse Konzept*, in: Theorie und Praxis der Wirtschaftsinformatik (HMD), Jg. 34, Heft 195, 1997, S. 8–17.

[Hahn06]
Hahne, M.; *Mehrdimensionale Datenmodellierung für analyseorientierte Informationssysteme*, in: Analytische Informationssysteme, Hrsg. Chamoni, P.; Gluchowski, P., 3. Aufl., Berlin/Heidelberg, 2006, S. 177–206.

[HaNe05]
Hansen, H. R.; Neumann, G.; *Wirtschaftsinformatik 1 – Grundlagen und Anwendungen*, 9. Aufl., Stuttgart, UTB Verlag, 2005.

[HeHi01]
Hettich, S.; Hippner, H.; *Assoziationsanalyse*, in: Handbuch Data Mining im Marketing: Knowledge Discovery in Marketing Databases, Hrsg. Hippner, H.; Küsters, U.; Meyer, M.; Wilde, K., Braunschweig/Wiesbaden, 2001, S. 427–463.

[Hipp06]
: Hippner, H.; *Komponenten und Potenziale eines analytischen Customer Relationship Management*, in: Analytische Informationssysteme: Business Intelligence-Technologien und -Anwendungen, Hrsg. Chamoni, P.; Gluchowski, P., 3. Aufl., Berlin/Heidelberg/New York, 2006, S. 362–384.

[HiWi01]
: Hippner, H.; Wilde, K. D.; *Der Prozess des Data Mining im Marketing*, in: Handbuch Data Mining im Marketing: Knowledge Discovery in Marketing Databases, Hrsg. Hippner, H.; Küsters, U.; Meyer, M.; Wilde, K., Braunschweig/Wiesbaden, 2001, S. 21–91.

[Holt98]
: Holthuis, J.; *Der Aufbau von Data Warehouse-Systemen: Konzeption – Datenmodellierung – Vorgehen*, Wiesbaden, Gabler, 1998.

[Inmo96]
: Inmon, W. H.; *Building the Data Warehouse*, 2. Aufl., New York et al., Verlag John Wiley & Sons, 1996.

[KaNa98]
: Kauderer, H.; Nakhaeizadeh, G.; *Skalierung als alternative Datentransformation und deren Auswirkungen auf die Leistungsfähigkeit von Supervised Learning Algorithmen*, in: Data Mining: Theoretische Aspekte und Anwendungen, Hrsg. Nakhaeizadeh, G., Heidelberg, 1998, S. 99–108.

[Klin03]
: Klingspor, V.; Michels, E.; *Aufdecken des Kundenverhaltens mittels Data Mining*, in: Information Management & Consulting, 18. Jg., Heft 2, 2003, S. 69–73.

[KMU06]
: Kemper, H.; Mehanna, W.; Unger, C.; *Business Intelligence – Grundlagen und praktische Anwendungen*, 2. Aufl., Wiesbaden, Vieweg Friedr. + Sohn Verlag, 2004.

[Knob01]
: Knobloch, B.; *Der Data-Mining-Ansatz zur Analyse betriebswirtschaftlicher Daten*, in: Informationssystem-Architekturen, 8. Jg., Heft 1, 2001, S. S. 59–116.

[Kore71]
: Koreimann, D. S.; *Methoden und Organisation von Management-Informations-Systemen*, Berlin u. a., Springer Verlag, 1971.

[KrRi87]
: Krallmann, H.; Rieger, B.; *Vom Decision Support System (DSS) zum Executive Support System (ESS)*, in: Handwörterbuch der modernen Datenverarbeitung (HMD), Jg. 24, Heft 138, 1987, S. 28–38.

[Küpp99]
: Küppers, B.; *Data Mining in der Praxis: Ein Ansatz zur Nutzung der Potentiale von Data Mining im betrieblichen Umfeld*, Frankfurt am Main et al., Lang, 1999.

[Kurz99]
Kurz, A.; *Data Warehousing – Enabling Technology*, Bonn, mitp, 1999.

[Küst01]
Küsters, U.; *Data Mining Methoden: Einordnung und Überblick*, in: Handbuch Data Mining im Marketing – Knowledge Discovery in Marketing Databases, Hrsg. Hippner, H.; Küsters, U.; Meyer, M.; Wilde, K., Braunschweig / Wiesbaden, 2001, S. 95–130.

[Laro05]
Larose, D. T.; *Discovering knowledge in data: an introduction to data mining*, Hoboken, 2005.

[LLS06]
Laudon, K. C.; Laudon, J. P.; Schoder, D.; *Wirtschaftsinformatik – Eine Einführung*, München, Pearson, 2006.

[Lusti02]
Lusti, M.; *Data Warehousing und Data Mining*, 2. Aufl., Berlin/Heidelberg et al., Springer Verlag, 2002.

[Mart97]
Martin, W.; *Data Warehousing: Fortschritte des Informationsmanagements, Congressband VIII zur Online '97*, Velbert, 1997.

[MBH+94]
Mertens, P.; Bissantz, N.; Hagedorn, J.; Schultz, J.; *Datenmustererkennung in der Ergebnisrechnung mit Hilfe der Clusteranalyse*, in: Die Betriebswirtschaft (DBW), 54. Jg., Heft 6, 1994, S. 739–753.

[MBK+01]
Mertens, P.; Bodendorf, F.; König, W.; Picot, A.; Schumann, M.; *Grundzüge der Wirschaftsinformatik*, Berlin/Heidelberg, 2001.

[MeLu97]
Mentzl, R.; Ludwig, C.; *Das Data Warehouse als Bestandteil eines Database Marketing-Systems*, Hrsg. Mucksch, H.; Behme, W., 2. Aufl., Wiesbaden, 1997, S. 469–484.

[MeWi00]
Mertens, P.; Wieczorrek, H. W.; *Data X Strategien: Data Warehouse, Data Mining und operationale Systeme für die Praxis*, Berlin, Heidelberg, New York, Springer Verlag, 2000.

[Meye02]
Meyer, M.; *Einsatz von Klassifikation und Prognose im Web Mining*, in: Handbuch Web Mining im Marketing: Konzepte, Systeme, Fallstudien, Hrsg. Hippner, H.; Merzenich, M.; Wilde, K., Braunschweig/Wiesbaden, 2002, S. 192–216.

[Muck06]
Mucksch, H.; *Das Data Warehouse als Datenbasis analytischer Informationssysteme – Architektur und Komponenten*, in: Analytische Informationssysteme, Hrsg. Chamoni, P.; Gluchowski, P., 3. Aufl., Berlin/Heidelberg, 2006, S. 129–142.

[Müll00]
Müller, J.; *Transformation operativer Daten zur Nutzung im Data Warehouse*, Wiesbaden, Deutscher Universitäts-Verlag, 2000.

[Mull93]
Mullen, N. K.; *OLTP Program Design*, in: OLTP Handbook, Hrsg. McClain, G. R., New York, 1993, S. 31–57.

[NRW98]
Nakhaeizadeh, G.; Reinartz, T.; Wirth, R.; *Wissensentdeckung in Datenbanken und Data Mining: Ein Überblick*, in: Data Mining: Theoretische Aspekte und Anwendungen, Hrsg. Nakhaeizadeh, G., Heidelberg, 1998, S. 1–33.

[PaSc06]
Pastwa, A.; Schalk, M.; *Konzeption und Nutzung des Data Mining zur Zielkundenanalyse im Rahmen des Customer Relationship Management*, Arbeitsbericht 06–62 des Lehrstuhls für Wirtschaftsinformatik, Ruhr-Universität Bochum, 2006.

[PoSi01]
Poddig, Th.; Sidorovich, I.; *Überblick, Einsatzmöglichkeiten und Anwendungsprobleme*, in: Handbuch Data Mining im Marketing: Knowledge Discovery in Marketing Databases, Hrsg. Hippner, H.; Küsters, U. L.; Meyer, M.; Wilde, K. D., 2001, S. 363–402.

[Redm98]
Redmann, T. C.; *The impact of poor data quality on the typical enterprise*, in: Communications of the Association for Computing Machinery (CACM), 41. Jg., Heft 2, 1998, S. 79–82.

[RoDe88]
Rockart, J. F.; DeLong, D. W.; *Executive Support Systems – The Emergence of Top Management Computer Use*, Homewood, 1988.

[Roth05]
Roth, G.; *Selbstorganisationseffekte und Prinzipien der Informationsverarbeitung im Gehirn*, in: Information Technology (it), 47. Jg., Heft 4, 2005, S. 182–187.

[ScHe02]
Schaarschmidt, R.; Herrmann, U.; *Daten lügen nicht – oder doch? Vorgehensweise zur Verbesserung der Datenqualität für Business Intelligence*, in: Praxis der Wirtschaftsinformatik (HMD), Heft 226, 2002, S. 110–116.

[Schi01]
Schinzer, H.; *Marktüberblick Data-Warehouse-Werkzeuge*, Hrsg. Schütte, R.; Rotthowe, T.; Holten, R., Berlin/Heidelberg, 2001.

[Schw99]
Schweizer, A.; *Data Mining, Data Warehousing*, Zürich, Orell Füssli, 1999.

[ScMü01]
Schommer, Ch.; Müller, U.; *Data Mining im E-Commerce – ein Fallbeispiel zur erweiterten Logfile-Analyse*, in: Praxis der Wirtschaftsinformatik (HMD), Jg. 38, Heft 222, 2001.

[SRJ01]
    Schnedlitz, P.; Reutterer, T.; Joos, W.; *Data Mining und Sortimentsverbundanalyse im Einzelhandel*, Hrsg. Hippner, H.; Küsters, U.; Meyer, M.; Wilde, K., Braunschweig/ Wiesbaden, 2001.

[WGS99]
    Weber, J.; Grothe, M.; Schäffer, U.; *Business Intelligence*, in: Reihe: Neue Aufgabenfelder und Instrumente, Bd. 13, Hrsg. von Freyend, C. J.; Kälin, W.; Renzel, W.; Schubert, G., Vallendar, 1999.

[WiEi01]
    Witten, I. H.; Eibe, F.; *Data Mining: Praktische Werkzeuge und Techniken für das maschinelle Lernen*, München/Wien, Hanser Fachbuch, 2001.

Sachindex

A
Abweichungsanalyse 136, 140
Ad-hoc-Reporting 22, 56
Akronym 30
Analyseorientiertes
  Informationssystem 3, 6, 20, 63
Application Design for Analytical
  Processing Technologies
  (ADAPT) 85
Assoziationsanalyse 135, 144, 170, 186
  Apriori-Algorithmus 164
  Maßzahlen 161
  Ziel 161

B
Basel II 119, 142
Batch-Verfahren 21
Benutzungsoberfläche 26, 28
Business Intelligence 20
  Vorgehensmodell 65, 102
Business Understanding
  125–127, 137, 166, 174

C
Client-Server-Architektur 55
Cluster 84
Clusteranalyse 144, 159, 170, 186, 193
  agglomerativ-hierarchische
    Verfahren 159
  divisiv-hierarchischen
    Verfahren 159
  Phasen 157
Complete Linkage-Verfahren 159
Controlling 23, 140, 165
CRISP-DM 124, 126
  Phasen 125
  Wurzeln 124
Cross Selling 167, 168, 186
Customer Relationship
  Management 119, 135, 140

D
Data Mart 9, 48, 71, 128
Data Mining 13, 48, 116, 123, 165
  Anwendungsbereiche 139
  Einssatzbereiche 15
  Treiber 117
  Verfahren 134
  Vorgehensmodell von Fayyade 13
Data Mining-Werkzeug 9, 129, 131
Data Modeling 185
Data Preparation 125, 128, 180, 186
Data Understanding 125, 174
Data Warehouse 5, 7, 13, 20
  Architektur 9
  Definition 43
  Enterprise 47
  Komponenten 8
  Merkmale 7
  Ziel 44
Data Warehousing
  virtuelles 46
Daten 3, 6, 10
Datenbanksystem 3, 11, 59, 81
Datenmanipulationssprache 56
Datenwürfel 54, 57, 60, 62, 75
Datenzelle 58
Decision Support Systeme 17, 25
  Charakteristika 25
  Definition 25
Deployment 125, 138, 205
Dialog- & Transaktionssysteme 20, 26
Dicing 61
DOLAP 59
Drill-Down 30, 56, 61, 63, 76, 95

E
Entity-Relationship-Modell 83
Entity Set 83

Sachindex

Relationship Set 83
Entscheidungsbaum 170
Entscheidungsbaumverfahren 144, 151, 186
ETL-Werkzeuge 47
Evaluation 125, 138, 205
Evaluierungsregeln 54
Exception Reporting 30
Executive Information Systeme 17, 18
  Definition 30
Executive Support System 33
Executive Support Systeme
  Definition 34

F
Fusionierungsalgorithmus 158

H
Hidden Layer 149
Hierarchische Verfahren 159
HOLAP 59
Homogenitätsmaß 152
Hypercube 83

I
Induktion 14
Informations- und Kommunikationssystem 2, 16, 21, 32
Informationssystem 3
  analyseorientiertes 4
  operatives 3
Integration 5
  horizontale 5
  vertikale 5
IuK-Systeme 3

K
Kündigeranalyse 140
Künstlichen Intelligenz (KI) 145
Künstliches neuronales Netz 15, 137, 144, 145, 170
  Lernprozess 147
  Unterscheidungsmerkmale 148
Kategorisierung 172
KDD 120
Klassifizierung 15, 151

Knowledge Discovery in Databases 13, 120
Konfidenz 162
Konfirmatorisches Verfahren 14
Kritischer Erfolgsfaktor 31, 123

L
Lernen, überwachtes 149, 155
Lernen, unüberwachtes 149

M
Managementapplikation 16
Management Information Systeme 17
  Anforderungen 21
  Definition 21
  Einsatz 24
Management Support Systeme 16
  Definition 19
  Werkzeuge 16
Metadaten 8, 77, 127
Methode 21
Modeling 125, 134
Modell 21, 78, 126
MOLAP 59
Monitorfunktion 21
Multidimensionale Datenmodelle
  Fact-Constellation-Schema 98
  Galaxien 100
  Snowflake-Schema 98
  Star-Schema 95
Multidimensionalität 12, 52

N
Neuron 146
Normalisierung 11, 93

O
On-Line Analytical Processing 5, 9, 11, 12, 20, 59, 91, 93, 120, 136
  Charakterisierung 52
  Definition 11
  Join 91
  mobiles 60
  Speicherkonzepte 59
  Werkzeuge 136

Sachindex

On-Line Transaction Processing
11
Operatives Informationssystem
3, 20

P

Partitionierende Verfahren 158
Perceptron 145
Personal Information Management 31
Planungs- und Entscheidungsprozess 3, 19, 24, 25, 28
Proximitätsmaße 157
Pruning 154

R

Responseanalyse 140
ROLAP 59
Roll-Up 61, 76, 95

S

Segmentierung 15, 91, 140
semantischer Datenmodelle 82
Simultanplanung 27
Single-Linkage-Verfahren 159
Slicing 60
Stream 170
Support 28, 162

T

Tabellenbeziehungsdiagrammen 94
Text Mining 136, 143
Transaktion 7, 162

W

Warenkorbanalyse 140, 162
Web Mining 143
Wertkette 5

W3L-Verlag

web life long learning

Optimieren Sie Ihre Soft Skills:
Präsentieren, Moderieren, Faszinieren

von Petra Motte

»Es war mir bereits seit Langem ein Bedürfnis, meine intensiven praktischen Erfahrungen, die Beobachtungen anderer Kollegen und Wissensfragmente zum Thema Präsentation und Moderation an einem Ort – vornehmlich in meinem Kopf – zusammen zu führen. Dabei entdeckte ich, dass das wirklich Interessante an der Moderation nicht unbedingt die Daten und Fakten sind, die der puren Informationsübermittlung dienen – sondern für mich liegt die Faszination in der Person des Moderators selbst. Es sind die weichen Faktoren, die eine Präsentation von einer anderen unterscheiden.

Daher setzt sich dieses Buch in erster Linie mit den Eigenschaften des Moderators auseinander, die vielfach aus einer individuellen Perspektive vermittelt und in den Zusammenhang der verfügbaren Medien gestellt werden. Es werden Elemente aus der Pädagogik, der Psychologie, der Betriebswirtschaft und der Gedächtnisforschung miteinander verwoben, um den äußeren Blick auf das umfassende und faszinierende Feld der Moderation und Präsentation zu schärfen. Um wiederum dem Bedürfnis nach Bündelung diverser Informationen zu diesem Themenkomplex gerecht zu werden, ranken sich um die Diskussion über die ambivalente Persönlichkeit des Moderators viele Kapitel als Naschwerk für die Erfüllung der täglichen Arbeit. Die teilweise humorvolle Nuance einiger Kapitel ist nicht etwa ein provokantes Verkennen der Fähigkeit zu präsentieren, sondern möchte den Moderator an die Hand nehmen, um ihn über die eine oder andere Hemmschwelle einfühlsam hinweg zu tragen.«

Erhältlich im W3L-Online Shop: www.W3L.de oder im Buchhandel **ISBN 978-3-937137-87-2**

W3L-Verlag

web life long learning

Optimieren Sie Ihre Soft Skills:
Besser und erfolgreicher kommunizieren!
Vorträge, Gespräche, Diskussionen

von C. Stoica-Klüver, J. Klüver, J. Schmidt

Mit anderen Menschen zu kommunizieren ist die selbstverständlichste Sache der Welt. Dennoch weiß jeder, wie häufig Kommunikationen misslingen. Oft ist man unzufrieden mit dem eigenen Vortrag. In bestimmten Situationen hat man sich unsachgemäß verhalten. Gleichzeitig weiß man, dass der eigene Erfolg davon abhängig ist, überzeugend zu kommunizieren.

Dieses Buch gibt Orientierungen und Hilfestellungen, wie man bewusst an den eigenen kommunikativen Fähigkeiten arbeiten und diese verbessern kann.

Wie bereitet man einen Vortrag vor, was ist bei Medien zu beachten, wie kann man die eigene Erscheinung richtig gestalten, wie geht man mit Nervosität um, wie erfasst man Stimmungen bei den Zuhörern, wie reagiert man auf aggressive Diskussionsbeiträge?

Ebenso wichtig ist es, in sozialen Gruppen zu kommunizieren. Wie überzeugt man Andere argumentativ? Wie erkennt man die eigene Rolle in einer sozialen Kommunikation? Wie verarbeitet man kommunikative Misserfolge und lernt aus eigenen Fehlern? Und vor allem: Wie lernt man es, sich selbst einzuschätzen, um als eigenständige Persönlichkeit wirken zu können?

Für alle, die Ihre kommunikativen Fähigkeiten verbessern wollen.

Mit Checklisten für Vorträge.

Erhältlich im W3L-Online Shop: www.W3L.de oder im Buchhandel **ISBN 978-3-937137-22-3**

W3L-Verlag

web life long learning

Codeknacker gegen Codemacher
Die faszinierende Geschichte der Verschlüsselung
von Klaus Schmeh

»Wirtschaftsspionage muss bereits im alten Mesopotamien ein Problem gewesen sein. Anders ist es nicht zu erklären, dass dort um 1.500 v. Chr. ein Töpfer beim Notieren einer Keramikglasur auf einer Tontafel einen erstaunlichen Trick anwandte: Er veränderte das Aussehen der damals üblichen Keilschriftbuchstaben und machte dadurch den Inhalt des Texts für Außenstehende unlesbar. Mit anderen Worten: Der mesopotamische Töpfer führte eine Verschlüsselung durch. 3.500 Jahre später ist die mesopotamische Tontafel, die später von Archäologen ausgegraben wurde, zu einem einzigartigen kulturhistorischen Dokument geworden. Sie gilt als ältester Beleg für den Einsatz von Verschlüsselung in der Menschheitsgeschichte und bestätigt damit eine interessante Beobachtung: Eine Kultur, die die Schrift nutzt, entdeckt zwangsläufig irgendwann auch die Verschlüsselung. Denn egal, ob es nun um wirtschaftliche, verwaltungstechnische oder militärische Informationen geht, es gibt immer Augen, vor denen sie zu schützen gilt. Früher oder später kommt daher ein schlauer Kopf auf die Idee, aus der Schrift ein Rätsel zu machen, das nur für Eingeweihte lösbar sein soll.«

So beginnt unser Tatsachen-Thriller. Gönnen Sie sich dieses Buch – Sie werden es nicht mehr aus der Hand legen. Nichts ist spannender als die Wirklichkeit

Erhältlich im W3L-Online Shop: **www.W3L.de** oder im Buchhandel **ISBN 978-3-937137-89-6**

Amazon-Leser vergeben 5 Sterne für dieses Buch:
- Extrem spannend
- Das mit Abstand beste Buch zum Thema
- Besser als jeder Fantasy-Roman
- Äußerst anschaulich und spannend
- Unterhaltsam geschriebene Abhandlungen zwischen Spionen und (De-) Chiffrierkünstlern

W3L-Zertifikatskurse

web life long learning

Holen Sie sich Ihr Zertifikat!

Lernen und studieren Sie an der W3L-Akademie!

Studierende können nach einer bestandenen Präsenzklausur ein Zertifikat mit **ECTS Credit Points** erhalten.

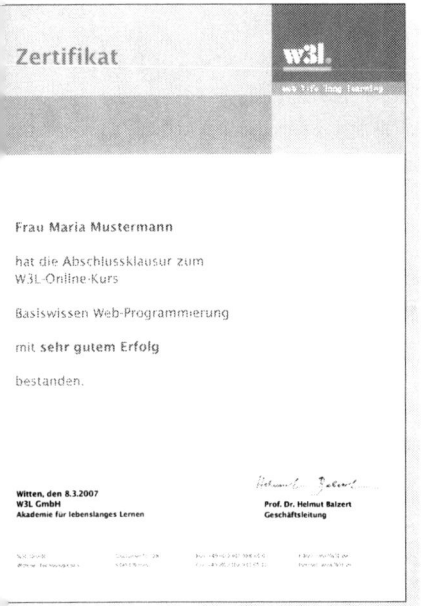

Zertifikatskurse gibt es in zwei Versionen:

■ mit Mentorunterstützung
Für jeden Wissensbaustein können Sie Ihren Lernerfolg mit Tests kontrollieren, die automatisch ausgewertet werden. Mit dem erfolgreichen Bestehen der Einzeltests erhalten Sie die Zulassung zum **Abschlusstest**. Das erfolgreiche Bestehen dieses Abschlusstests wird durch ein **Testzertifikat** dokumentiert. Beim E-Learning sind Sie trotz aller Automatisierung nicht allein – ein menschlicher Mentor steht Ihnen für allgemeine Fragen zur Seite.

■ mit Mentor- und Tutorunterstützung
Zusätzlich zu den Tests erhalten Sie Aufgaben, die von Ihnen bearbeitet werden. Ihre Lösungen werden von einem menschlichen Tutor korrigiert. Ihr Tutor hilft Ihnen auch bei speziellen Fragen zum Kursinhalt weiter. Nach erfolgreicher Bearbeitung der Einzelaufgaben erhalten Sie die Zulassung zur **Abschlussklausur**, die individuell korrigiert wird. Die bestandene Klausur wird durch ein weiteres Zertifikat – das **Klausurzertifikat** – dokumentiert.

Wir unterbreiten Ihnen gerne ein individuelles Angebot.

Senden Sie uns Ihre Anforderungen und Wünsche: Studium@W3L.de

W3L-Inhouse-Seminare

web life long learning

Unsere Kompetenz für Ihre Mitarbeiter

Moderne Didaktik: Wechsel zwischen Wissensvermittlung und aktiver Teamarbeit

Auswahl aus unseren Seminarthemen
- **UML 2:** Präzise modellieren, eindeutiger kommunizieren, schneller programmieren
- **XML:** Dokumente & Daten spezifizieren, verknüpfen, weiterverarbeiten & austauschen
- **Java – Objektorientiert programmieren:** Vom objektorientierten Analysemodell bis zum objektorientierten Programm
- **Java – Anwendungen programmieren:** Von der GUI-Programmierung bis zur Datenbank-Anbindung
- **Entwicklungsprozesse optimieren:** Prozess- & Qualitätsmodelle der Softwaretechnik
- **Requirements Engineering:** Von den Kundenanforderungen systematisch zur fachlichen Lösung

Wir konzipieren mit Ihnen zusammen ein **individuelles**, auf Ihre Teilnehmer und Ihre **Voraussetzungen** zugeschnittenes Seminarprogramm. Sie geben die Themenschwerpunkte und die Lernziele an. Auf Wunsch kann zu jedem Seminar eine **Abschlussklausur** durchgeführt und ein Zertifikat ausgestellt werden.

Wir coachen auch einzelne Mitarbeiter (**Privatlehrer-Konzept**), d.h. wir machen Ihren Mitarbeiter fit für den jetzigen oder zukünftigen Job.

Wir unterbreiten Ihnen gerne ein individuelles Angebot.

Senden Sie uns Ihre Anforderungen und Wünsche: Schulung@W3L.de